Hasso Moesta
Peter Robert Franke

Antike Metallurgie und Münzprägung

Ein Beitrag zur Technikgeschichte

Birkhäuser Verlag
Basel · Boston · Berlin

Abbildung auf vorderer und hinterer Deckelinnenseite:
Farbdreieck der Silber-, Gold- und Kupferlegierungen
(verändert nach P. Taimsalu, aurum *1* [1980]).

Die Deutsche Bibliothek –CIP-Einheitsaufnahme

Moesta, Hasso:
Antike Metallurgie und Münzprägung : ein Beitrag
zur Technikgeschichte / Hasso Moesta und Peter
Robert Franke. – Basel ; Boston ; Berlin : Birkhäuser, 1995
  ISBN 3-7643-5166-7
NE: Franke, Peter Robert:

© 1995 Birkhäuser Verlag, Postfach 133,
CH-4010 Basel, Schweiz
Umschlaggestaltung: Micha Lotrovsky, Therwil
Gedruckt auf säurefreiem Papier, hergestellt aus chlorfrei gebleichtem Zellstoff
Printed in Germany
ISBN 3-7643-5166-7

9 8 7 6 5 4 3 2 1

Inhalt

1. Historische Aspekte von Münzen und Metallen

Auf den ersten Blick erscheint «Münzen und Metalle» als ein Thema, das nur eine selbstverständliche Verknüpfung von Begriffen darstellt. Gewöhnt an den täglichen Umgang mit Münzen, könnten wir fast die vielen technisch-handwerklichen Aspekte der Münzherstellung übersehen, wären wir nicht durch das Wissen um Notmünzen aus allen möglichen Materialien wie Porzellan oder sogar Kohle gewarnt.

Eine «richtige» Münze hat gewohnheitsmäßig aus Metall zu bestehen. Metalle sind beständige Substanzen und versprechen einen beständigen Wert. Dieser ist allerdings an der mehr oder weniger großen Geschwindigkeit zu messen, mit der die Geschichte am Betrachter vorbeiläuft.

Der Aspekt des Wertes einer Münze ist vielfältig. Gemeinhin versteht man bei Gebrauchsmünzen darunter den Geldeswert. Dieser wird in erster Linie vom Metallwert bestimmt, wenn auch der symbolische Wert als abstraktes, in sich aber wertloses Zahlungsmittel immer mehr in den Vordergrund tritt. Man benutzt zwar unser modernes Münzgeld im Alltag, aber niemand legt den Notgroschen in Fünfmarkstücken aus einer Kupfer-Nickel-Legierung an. Bei Sammlermünzen hingegen spielt der Metallwert und zudem die relative Seltenheit eines Stücks eine wichtige Rolle.

Man mag sich fragen, ob edle Metalle noch einen anderen Wert besitzen als den reinen Handelswert. Tatsache ist, daß zu allen Zeiten Gold und Silber eine Wertschätzung genossen, die wohl weit über den praktischen Aspekt ihrer Beständigkeit hinausging. Gold und Silber werden in vielen Kulturen mit Sonne und Mond in Verbindung gebracht, so daß man auch eine magische Qualität in ihrer Wertschätzung erkennen kann.

Diese Wertschätzung bringt es mit sich, daß schon kleine Stücke edler Metalle große Mengen an Handelsware bezahlen können. Bis in unsere Zeit wird in Innerasien gehacktes Silber als Zahlungsmittel verwendet. Der größte Teil des Silberbestandes der Welt ist in Form von Barren und Geschirr in asiatischen Haushalten gehortet[1], und die Sammlerleidenschaft mancher Zeitgenossen für Goldbarren ist uns – wenigstens aus der Zeitung – ebenso bekannt.

Betrachten wir den Handel Ware gegen Metallstück etwas genauer, so fällt das Problem der Abschätzung des Wertes ins Auge. Den Wert der Ware, denken wir einmal an ein Pferd, kann der sachverständige Pferdekäufer anhand vieler Kriterien einigermaßen schätzen. Auch den Wert des Metalls kann der Sachverständige anhand von Farbe, Glanz, Härte und Gewicht abschätzen. Aber wo trifft der Sachverstand für Pferde mit dem Sachverstand für Metalle zusammen?

So wie es neben dem ehrbaren Pferdehändler den Roßtäuscher gibt, so gibt es neben dem ehrbaren Metallverkäufer auch den, der die kostbaren Metalle nachahmt oder verfälscht. Der Anreiz zur Manipulation von Edelmetallen ist groß. Auch Kaiser, Könige und moderne Staaten sind ihm erlegen.

Aus der Möglichkeit, ja Gebräuchlichkeit von Materialverfälschungen resultiert das Bedürfnis nach einer Garantie für die Güte des Metalls, die den fehlenden Sachverstand ersetzen kann. Besonders nützlich ist solch eine Garantie, wenn sie sich außer auf die Güte des Metalls auch noch auf das Gewicht erstreckt. Die geniale Antwort auf dieses Bedürfnis ist die Erfindung der Münze! Sie stammt wohl von den frühen Königen der Lyder in Kleinasien und datiert in das siebente Jahrhundert vor unserer Zeitrechnung.

Der antike Lexikograph Pollux (2. Jahrhundert n. Chr.) nennt in seinem Onomastikon [9,83] neben dem König Pheidon von Argos (8. oder 7. Jahrhundert v. Chr.) und den Bewohnern von Naxos unter Berufung auf den ionischen Naturphilosophen Xenophanes (um 560–470 v. Chr.) die Lyder als Erfinder der Münze, ebenso tut dies Herodot (um 484–430 v. Chr., Hist. I, 94):

«Die Lyder … sind die ersten Menschen, von denen wir wissen, daß sie Gold- und Silbermünzen geprägt (κοψάμενοι) und verwendet haben.»

Seit damals ist die Münze selbst in schier unendlichen Variationen, aber ohne eine prinzipielle Veränderung, in Gebrauch.

Es gibt auch eine «Negativ-Garantie» in der Geschichte des Geldes: In Babylon war für den Geldverkehr nur eine schlechte Silberlegierung zugelassen, die für Gefäße und Opfergaben nicht verwendet werden durfte. Dieses Geldmetall wurde mit einem besonderen Stempel «GIN» gekennzeichnet.[2]

Groß ist die Bedeutung der Münzen als historische Dokumente. Die Numismatik liefert der Geschichtsforschung und ihren Nachbarwissenschaften eine Fülle von Informationen, die zum großen Teil aus anderen Quellen nicht zugänglich wären. Der Beständigkeit des Münzmaterials verdanken wir es, daß die Namen von Menschen und Orten über die Zeiten bewahrt wurden. Neben Handelswert und Besitztrieb ist auch die menschliche Eitelkeit an der Informationsübertragung nicht unbeteiligt. Sie ist z.B. in der bildlichen Ausschmückung von Vorder- und Rückseiten der Münzen und in der gelegentlichen Angabe von Beamtennamen bezeugt.

Ein anderer und häufig etwas stiefmütterlich behandelter Aspekt der Münzen ist ihre Rolle als Dokumente einer Technikgeschichte. Die Gewinnung der Metalle, ihre Mischung und Formung sind Teil der Geistesgeschichte der Menschheit, nämlich die Reaktion des innovativen Geistes auf Forderungen und Bedürfnisse des Zusammenlebens einer immer größeren Zahl von Individuen. Zur Geistesgeschichte gehört auch unbezweifelbar die Tatsache, daß für die Gewinnung der Edelmetalle die ungeheuerlichsten Grausamkeiten verübt wurden.

Der Bergbau der Ägypter wird von Agatharchides[3] in schmerzbewegten Worten geschildert:

«Die Könige von Ägypten schicken nämlich verurteilte Verbrecher und Kriegsgefangene in ihre Goldbergwerke, auch Leute, die man aufgrund falscher Anklagen verdammt oder im Übereifer verhaftet hat. Durch diese Strafe … verschaffen sie sich … die nötigen Arbeiter. … Sie sind alle mit Fußeisen gefesselt und müssen ohne Pause arbeiten. Nicht nur bei Tage, sondern selbst in der Nacht ist ihnen keine Ruhe gegönnt und jede Möglichkeit zur Flucht genommen. … Man kann diese Unglücklichen, die nicht einmal ihren Körper reinlich halten noch ihre Blöße bedecken können, nicht ansehen, ohne ihr jammervolles Schicksal zu beklagen. Denn da findet keine Schonung statt für Kranke, für Gebrechliche, für Greise, für das schwache Geschlecht. Alle müssen, durch Schläge gezwungen, fortarbeiten, bis der Tod ihren Qualen und ihrer Not ein Ende bereitet. Im Übermaß ihres Unglücks stellen sich die Sträflinge die Zukunft immer noch schrecklicher vor als die Gegenwart und harren auf den Tod, der ihnen erwünschter als das Leben ist.»

Die Bergbausklaven von Laurion hatten dagegen ein vergleichsweise etwas erträglicheres Los.[4] Die Praktiken der Römer bei der Ausbeutung der spanischen bzw. portugiesischen Minen lassen sich heute nur als scheußlichster Völkermord verstehen (vgl. Kapitel 5), höchstens noch erreicht durch die Spanier der Conquista.

Gleichzeitig jedoch verdient die Entfaltung der technischen Fähigkeiten bei Griechen und Ägyptern und ganz besonders bei den römischen Bergbauingenieuren die höchste Bewunderung. So ist es kein Zufall, daß der Dakerkönig Decebalus vom Kaiser Domitianus (81–96) unter anderem auch Bergbauingenieure und andere Fachleute für den besseren Betrieb seiner Edelmetallgruben verlangte, die erst unter Traianus um 107 nach Rom zurückkehrten.

Für das Münzwesen ist die metallurgische Manipulation der Metalle, besonders Reinigen und Legieren, von zentraler Wichtigkeit. Hier ist über die Jahrtausende ein gewaltiges empirisches Wissen entstanden, tradiert und immer wieder neu gefunden worden. Die Alchemie bis hin zu Böttcher in Meißen, dem Erfinder des Porzellans, hat hier ihre realen Wurzeln, während ein wissenschaftliches Verständnis dieser Prozesse erst in unserem Jahrhundert entwickelt wurde.

Die Trennung von Silber und Gold geht wohl auf Lyder oder Perser des fünften vorchristlichen Jahrhunderts zurück. Das Verfahren selbst ist, chemisch unverändert, mehr als 2000 Jahre in Gebrauch geblieben und hat sich bis nach Japan verbreitet.

Die Kunst des Legierens, also des Mischens von Metallen zur Erzielung irgendwelcher gewünschter Eigenschaften, ist noch viel älter. Die Bronzezeit trägt schließlich ihren Namen nach einer zweckmäßig hergestellten Legierung.

Der älteste schriftliche Hinweis auf die bewußte Anwendung des Legierens zur Fälschung von Gold findet sich in den Texten von El Amarna, wo sich Burnaburiasch, ein kleinasiatischer König, bei Amenophis IV. Echnaton (1365–1348 v. Chr.) über schlechtes Gold beklagt[5]:

«Das Gold aber, das mein Bruder übersenden wird, wolle mein Bruder keinem Beamten überlassen! (Die Augen) meines Bruders mögen zusehen, und mein Bruder möge versiegeln und so übersenden! Weil mein Bruder das frühere Gold, das mein Bruder übersandte, nicht selbst besah, sondern ein Beamter meines Bruders (es) versiegelte und übersandte, so kam, als ich die 40 Minen Gold, die sie brachten, in den Ofen legte, Vollgewichtiges nicht hervor.»

Nur Beamte werden die Perfidie dieser Höflichkeit der Könige so richtig zu schätzen wissen.

Die Kunst, Metalle zu verfälschen, bedingt die Entstehung einer neuen Kunst, der Analyse, oder, wie man auch sagt, des «Probierens». Der erwähnte Brief des Burraburiasch ist ein besonders alter Hinweis auf ein pyrotechnisches Analyseverfahren. Die Bibel (z.B. Jeremias 6, 27–30) enthält den gleichnishaften Hinweis auf eine heute noch für gerichtliche Schiedsverfahren anerkannte Analysenmethode (Genaueres unter S. 64ff. «Das Verfahren der Kupellation»). Der Zoll bedient sich heute noch der «Strichprobe», die auf die Kenntnisse der alten lydischen Königswerkstätten zurückgeht.

Die enge Verbindung dieser speziellen Metallurgie, einerseits zur Münzherstellung, andererseits zur Fälschung und zum Betrug, bedingt natürlich auch eine enge Verbindung zur Politik. Schon Polykrates soll die Spartaner mit Falschgeld aus vergoldetem Blei bezahlt haben.[6]

Währungsschnitte durch Manipulation des Edelmetallgehaltes sind in der Geschichte so häufig, daß man sie kaum aufzählen möchte. Aber auch das Vorgehen des römischen Kaisers Diocletian (284–305 n. Chr.) gegen die ägyptischen «Goldchemiker» hängt mit deren hochstehender Metallurgie zusammen. Heute spräche man von Industriedemontage und Bücherverbrennung. Technikgeschichte als Geistesgeschichte zu betrachten muß nicht immer erfreulich sein.

Noch ein Wort zum Aspekt der Kunst in den Münzbildern: Viele Münzen können den Anspruch erheben, eigenständige Werke der bildenden Künste zu sein. Der Stempelschneider gestaltet das Kunstwerk Münze, auch wenn er nach einer Vorlage arbeitet. Für seine Arbeit benötigt er eine Vielzahl von Werkzeugen und eine umfangreiche Materialkenntnis.

Gleichzeitig sind Münzen ihrer Natur gemäß aber Massenprodukte, große Stückzahlen aus einer Form. Kein Stück ist besser als die Form oder der Stempel, aus dem es hervorgeht. Die Grundlage der Massenproduktion ist Organisation und Aufteilung der Arbeit in viele Einzelschritte, für die auch geringer qualifiziertes Personal eingesetzt werden kann. So werden wesentliche Merkmale der modernen Arbeitswelt schon in den frühen Münzwerkstätten erkennbar.

Reichen die Aspekte der Münzen auf der einen Seite über Macht, Politik, Handel, Wirtschaft, Betrug und finstere Machenschaften bis zu den bildenden Künsten, so umfassen sie auf der anderen Seite Bergbau, Hüttenwesen, Alchemie, Metallurgie, technische Intelligenz und handwerkliche Fertigkeit.

Die Behandlung dieser anderen Seite, des technisch-naturwissenschaftlichen Aspekts der Münzen, soll hier im Vordergrund stehen.[7] Dabei wird sich immer wieder zeigen, wie beide Seiten der gleichen Medaille – wenn das Wort hier einmal erlaubt ist – miteinander verwoben sind.

2. Gold, Elektron und die ersten Münzen

Die Erfindung der Münzen wird, wie schon gesagt, den Lydern zugeschrieben. Vorläufer der geprägten Münze sind kleine Klümpchen aus Elektron, Gold oder Silber.

Später werden solche Klümpchen mit einem Stempel oder auch schon durch ein eingeprägtes Bild als Zahlungsmittel erkennbar. Sie finden sich bereits im spätminoischen Kreta und in Salamis auf Zypern im 15. bis 13. Jahrhundert v. Chr. Als eine Vorstufe kann man auch die um 730 v. Chr. zu datierenden Silberbarren ansehen, die die aramäische Inschrift «Im Namen des Barrekub» tragen, eines assyrischen Vasallenkönigs in Sendschirli.

Aristoteles[1] hält diese Entwicklung fest:

> *«Zuerst bestimmte man es (das Metall) einfach nach Größe und Gewicht, schließlich drückte man ihm ein Zeichen auf, um sich das Abmessen zu ersparen. Denn die Prüfung wurde als Zeichen der Quantität gesetzt.»*

Gyges, Gefolgsmann des Kandaules, des letzten Lyderkönigs aus dem Geschlecht der Herakliden, gründete um 680 v. Chr. die Dynastie der Mermnaden, Könige von Lydien. Ihre Hauptstadt war Sardis, heute ein Ruinenfeld an der Straße von Izmir[2] nach Ankara, nahe bei Salihli. Das Bett eines kleinen Flusses, der durch die Königsstadt fließt, der Pactolus, führte Gold bzw. Elektron in erheblichen Mengen und wurde deshalb in der Antike auch Chrysorróas, der «Goldströmende», genannt.

Auf Gyges folgten die Könige Ardys, Sadyattes und Alyattes (651–560 v. Chr.)[3], deren letzterer Münzproduktion schon in nennenswerten Stückzahlen betrieben hat. Die frühesten gestempelten, daher als Münzen anzusprechenden Goldstücke werden – allerdings wohl zu Unrecht – schon dem Gyges zugeschrieben.[4]

Ausgrabungen haben metallurgische Aktivitäten zur Raffination des Goldes in einem Tempel in Sardis um die Wende des siebenten zum sechsten Jahrhundert nachgewiesen. Das Gold des Pactolus und die technischen Fähigkeiten der Metallurgen in den Tempeln waren zusammen mit der genialen Einsicht in die Bedürfnisse des Handels, wie sie sich in der Erfindung der Münzen äußert, die Grundlage des Reichtums der lydischen Könige. Heute noch sprichwörtlich ist der Reichtum des Kroisos (560–547 v. Chr.). Kyros besiegte jedoch den König und eroberte sein Land für Persien. Kroisos starb, und mit seinem Tode endete die Dynastie.

Soviel verraten uns die Historiker. Für ein Verständnis der zugrunde liegenden technischen Entwicklungen schalten wir zunächst einige Informationen über Seifengold und Elektron ein.

2.1. Seifengold

Die wohl am weitesten über die Welt verbreiteten Goldvorkommen sind sog. «Seifen», Ablagerungen von metallischem Gold im Sande von Flüssen, Bächen und Quellen. Das Gold stammt aus der Verwitterung goldhaltiger Gesteine und wird vom Wasser, je nach der Kleinheit der Partikel und der Fließgeschwindigkeit, eine gewisse Strecke mitgeführt.

Ändert sich die Strömungsgeschwindigkeit, kann es vorkommen, daß Goldteilchen schon liegenbleiben, während Sand und auch kleine Steine immer noch weiter transportiert werden. Diese unterschiedliche Ablagerung, also eine Sortierung des treibenden Materials nach der Dichte – für Gold rund 19 Gramm pro Kubikzentimeter, Sand nur etwa 3,5

Gramm pro Kubikzentimeter – führt zu einer lokalen Anreicherung des Goldes, die weit über den Gehalt des Muttergesteins hinausgehen kann.

Diese Anreicherung macht die «Seife» so wichtig. Die reichsten Golderze enthalten vielleicht 20, stellenweise auch 50 Gramm Gold pro Tonne, die moderne Grenze der Abbauwürdigkeit wird mit 2 bis 3 Gramm pro Tonne beziffert. Seifen können im Schnitt das Zehn- bis mehrere Hundertfache dieser Werte, wenn auch lokal eng begrenzt, enthalten.

Abb. 2: Karte Kleinasiens

Die Gewinnung des Goldes aus solchen Seifen erfolgt seit mindestens sieben Jahrtausenden nach der gleichen Methode: Der Sand wird unter vorsichtiger Bewegung mit viel Wasser «gewaschen», d.h., die leichten Anteile werden wieder mobilisiert, um vom Wasser fortgeführt zu werden.

Es sind zahlreiche Tricks erfunden worden, das Gold dabei festzuhalten. Das einfachste Mittel ist ein flacher Trog, der «Sichertrog», von dem es die verschiedensten Formen gibt. Der nächste Schritt ist ein mehr oder weniger langes Brett, über das man das Sand-Gold-Gemisch laufen läßt. In das Brett kann man quer zur Strömung kleine Rillen schneiden, in denen die schweren Mineralien bevorzugt liegenbleiben. Eine solche Anordnung ist schon von ägyptischen Wandzeichnungen bekannt geworden.[5]

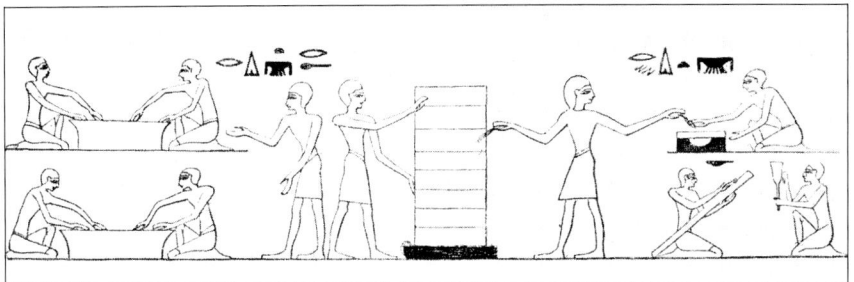

Abb. 3: Ägyptische Goldwäscherei aus einem Grab bei Beni Hassan (ca. 2000 v. Chr., nach Notton, 1974). Links Mühlen für das Erz, Mitte Waschbrett, rechts oben Schmelzofen.

Eine erhebliche Verbesserung dieses Brettes – «Waschherd» oder einfach auch nur «Herd» genannt – ergibt sich, wenn man es mit Tuch oder Fell belegt. In den Haaren bleiben dann auch sehr feine Flitterchen hängen, so daß die Ausbeute unter Umständen wesentlich erhöht wird. Wenn das Tuch oder Fell eine Weile in dem goldhaltigem Wasserstrom gelegen hat, kann man es in einem Bottich auswaschen und so einen hoch angereicherten «Schlich» bekommen.

Das «Goldene Vlies» der Argonauten ist sehr wahrscheinlich ein Tierfell, das für diese Technik verwendet wurde. In den modernen Goldminen Südafrikas hat sich gerade in letzter Zeit gezeigt, daß man mit solchen «Tuchherden» in einer Vorstufe des modernen Laugungsprozesses immer noch – oder wieder – die Ausbeute verbessern kann.

Das «Waschen», eine künstliche Wiederholung der Seifenbildung in der Natur, ist eine universell anwendbare Technik und nicht etwa nur auf Goldseifen beschränkt; auch Seifen anderer Metalle können durch Waschen ausgebeutet werden. Modernere Beispiele hierfür sind die Zinnseifen des Erzgebirges, die von Agricola ausführlich beschrieben wurden, ebenso wie die bis ins vorige Jahrhundert betriebene Gewinnung kleiner Goldmengen aus dem Rhein.

Im Bergbau hat man häufig das gesuchte Gold sehr fein verteilt im Gestein vorliegen. Man mahlt solche Gesteine zu feinem Staub und kann diesen dann durch Waschen anreichern wie den Sand einer natürlichen Seife. Das oben gezeigte Waschbrett aus Ägypten wurde für solches Bergbaugold verwendet.

Der «Schlich», ein schlammiges oder feinkörniges Material, ist bei geschickter Arbeit hoch angereichert mit Gold. Aber auch andere schwere Minerale können im Schlich angereichert werden. Am häufigsten ist ein gewisser Gehalt an Zinnstein, schwerer als Sand und chemisch fast so inert wie Gold.

Eine sehr seltene, aber gerade für die frühesten Münzen wichtige Verunreinigung sind feine Flitter einer Platin-Iridium-Legierung (65 Prozent Pt, 30 Prozent Ir, geringe Mengen Osmium), die Gold aus dem Pactolus kennzeichnen.[6]

Die Entdeckung dieser 20 bis 150 µ großen Flitter[7] ist für die moderne Museumswissenschaft von

13

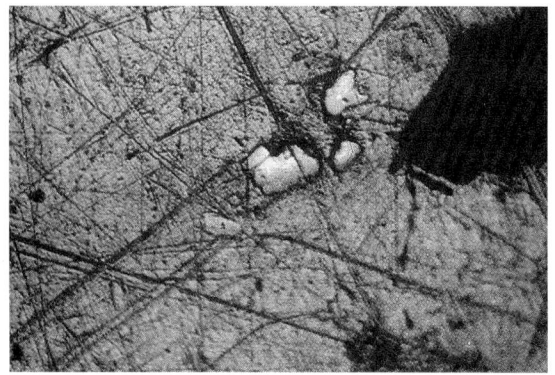

mit mehr als 20 Prozent Silbergehalt als «Elektron», ἤλεκτρον, was so viel wie «Sonnenmetall» bedeutet.[9] Wie schon der Name andeutet, ist dieses Metall nicht golden, sondern eher hellgelb gefärbt, denn der Silbergehalt verändert die Farbe.

Herodot [1,50] bezeichnet eine Goldsorte mit annähernd 70 Prozent Goldgehalt als Weißgold, λευκόχρυσος.

2.2. Münztechnik im sechsten vorchristlichen Jahrhundert

Paszthory konnte drei Hemihekten[10] – drei halbe Sechstel von Münzeinheiten des Lyderkönigs Alyattes – analysieren und metallographisch untersuchen.[11] Dies sind nicht die ältesten Münzen, die die Münzforschung kennt, aber die ältesten, die systematisch metallographisch untersucht wurden. Sie sind ohne Zweifel in Sardis geprägt worden, einer Hochburg der antiken Metallurgie. Die Stadt liegt am Pactolus[12], einem Nebenfluß des Hermus, in dem schon im dritten Jahrtausend v. Chr. Gold gewonnen und verhandelt wurde. Die Stücke tragen einen Löwenkopf nach rechts und auf der Rückseite ein Incusum, einen vertieften Eindruck eines Prägestocks.

Die chemische Analyse des Materials zeigt neben Gold und Silber geringe Kupfergehalte. Diese können kaum Bestandteil des natürlichen Elektrons sein. Es könnte sich um Verunreinigungen des Schlichs mit fremden Erzen handeln oder auch um ungewollte Verunreinigungen beim Schmelzen. Möglicherweise aber sind diese Kupfergehalte Anzeichen einer absichtlichen, künstlichen Legierung.

großer Bedeutung. Sie erlaubt zum Beispiel – wegen des außerordentlich seltenen Vorkommens dieser Verunreinigung – das Gold des Pactolus bis in die Gräber von Ur (2600 v. Chr.) und damit zeitlich bis zurück in die Bronzezeit zu verfolgen. Der Nachweis gelingt aber nur bei sorgfältiger mikroskopischer Untersuchung der Fundstücke. Bei den üblichen chemischen Münzanalysen werden sie gern übersehen.

Wissen wir auf diese Weise, daß die Pactolus-Seifen zur Zeit der ersten Münzprägungen schon buchstäblich seit Jahrtausenden ausgebeutet wurden, erstaunt es weniger, daß sie laut Strabo[8] um 500 v. Chr. bereits erschöpft waren, denn die Erfindung des Münzwesens muß eine erhebliche Steigerung des Bedarfs mit sich gebracht haben.

Sehr häufig, so eben auch im Flußgebiet des antiken Pactolus, ist das Gold der Seifen kein reines Gold, sondern eine natürliche Legierung von Gold und Silber mit wechselnden Gehalten.

Plinius, 79 n. Chr. beim Ausbruch des Vesuv ums Leben gekommen, bezeichnet alle Goldarten

Abb. 5: Münze vom Alyattes-Typ
Abb. 6: Querschnitt durch Alyattes-Münze, geätzt (nach Paszthory, 1980)

Tab. 1: Gehalte der untersuchten Alyattes-Münzen
Nr. 3A ist eine Oberflächenanalyse der Münze 3

Nr.	Au %	Ag %	Cu %	Andere %	Total %	Gewicht g
1	47,82	46,96	2,58	2,78	100,14	1.32
2	45,97	41,30	1,78	10,08	99,13	1,26
3A	50	47	1,5	–	–	1,08
3	5,90	90,29	1,51	2,49	100,19	1,08

Die Münzen 1 und 2 der Tabelle 1 zeigen die für Elektron – bis auf den Kupfergehalt – typische Zusammensetzung. Unter der Bezeichnung «Andere» sind Blei und Eisen zusammengefaßt. Daneben wurden noch Spuren von Nickel und Zinn gefunden. Die an sich für vorderasiatisches Gold als typisch zu erwartenden Spuren von Platin haben sich vermutlich der Nachweisempfindlichkeit der angewandten Methode (naßchemisch) entzogen.

Münze 3 stellt eine Sensation dar: Sie ist die älteste bekannte Fälschung! Die Analyse 3A gibt die Werte, die man bei einer Untersuchung der Münzoberfläche erhält, ganz in Übereinstimmung mit den Werten der Münzen 1 und 2, also scheinbar eine Münze wie alle anderen aus dem richtigen Metall. Beim Aufschneiden der Münze sieht man aber, daß eine dünne Folie aus gutem Elektron über einen massiven Kern aus weniger wertvollem Silber gewickelt und dann geprägt wurde (vgl. Abb. 19). Die Erfindung der «gefütterten» Münzen, die sich immer wieder in der Antike finden, ist also fast so alt wie die Münzprägung selbst. Verlassen wir jetzt zunächst die Fälschung und wenden uns der Herstellung der beiden «guten» Münzen zu. Mit der Fälschung werden wir uns an einer späteren Stelle noch ausführlich beschäftigen.

Abbildung 6 zeigt eine der erwähnten Münzen, durchgesägt quer zu ihrem Äquator. Die Schnittfläche wurde fein geschliffen und poliert. Ätzt man eine solche polierte Fläche mit einer geeigneten Säure vorsichtig an, so entwickelt sich eine für die Herstellungstechnik des Metalls häufig charakteristische Struktur, weil verschiedene Bestandteile von der Säure unterschiedlich angegriffen werden.

Diese Struktur zeigt weiße, langgestreckte Kriställchen in einem dunklen Untergrund. Manche der weißen Kristalle haben quer zu ihrer Hauptrichtung kleine Auswüchse, die an die Zweige eines Bäumchens oder an die Nadeln eines Tannenzweiges erinnern. Solche Gebilde nennt man «Dendriten». Auf ihre Entstehung kommen wir im folgenden Abschnitt genauer zu sprechen. Dendriten zeigen dem Kenner, daß die Münze aus einem erstarrten Tropfen geschmolzenen Metalls geschlagen wurde.

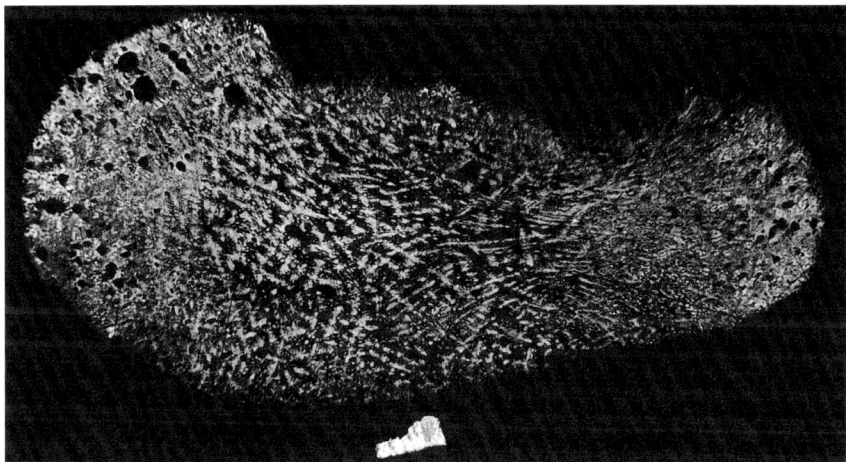

Schon dieses Bild macht deutlich, daß eine Legierung vorliegt, die aus mindestens einer chemisch widerstandsfähigen und relativ hochschmelzenden Komponente neben einer stärker angreifbaren und niedriger schmelzenden Komponente bestand.

Dieses erste Ergebnis, daß nämlich die untersuchten Hemihekten aus erstarrten Gußtropfen geschlagen wurden, führt zu einer weiteren Folgerung: Da das Gewicht der zahlreichen bekannten Hemihekten und damit auch das der verwendeten Gußtropfen nur in sehr engen Grenzen schwankt, ergibt sich, daß die Rohlinge aus lose abgewogenem Metall einzeln aufgeschmolzen wurden, ähnlich wie es viel später die Kelten noch in ihren befestigten Siedlungen, den «oppida», übten.

Die Deutung solcher Ätzstrukturen ist für das Studium der Metallurgie der Münzen und die Erkenntnis ihrer Herstellung von entscheidender Bedeutung. Um die Zusammenhänge verstehen zu können, sei als nächstes ein Exkurs in die einfachsten Grundlagen der Metallurgie eingeschaltet.

2.2.1. Schmelzen und Erstarren reiner Metalle und einfacher Legierungen

Die Eigenschaften der Metalle und ihrer Mischungen werden am besten in Form graphischer Darstellungen vermittelt, wie es in der wissenschaftlichen Metallurgie üblich ist. Erfahrungsgemäß macht das Lesen solcher Diagramme dem Laien einige Schwierigkeiten. Man sollte sich aber vor Augen halten, daß in den Diagrammen ein großes Wissen kondensiert ist. An diesem Wissen geht man vorbei, wenn man die Mühe scheut, solche Darstellungen zu lesen.

Die folgenden Abschnitte versuchen, eine Einführung in die grundlegenden Vorstellungen über Schmelzen und Mischen von Metallen zu geben, die auch ein Teil des geistigen Besitzes jener frühen Zeiten waren.

Betrachten wir zunächst das Schmelzen und Erstarren eines reinen Metalls: Das Metall möge sich in einem feuerfesten, kleinen Gefäß, einem Tiegel, befinden, der in einem konstant brennenden Feuer erwärmt oder beispielsweise an der Luft abgekühlt werden kann. Da sich im Inneren des in unserem Beispiel reinen Metalls keine chemischen Vorgänge abspielen wie etwa Mischung oder Entmischung, sind nur zwei Größen (Variablen) graphisch darstellbar, nämlich die Temperatur, für die man konventionell die senkrechte Achse wählt, und die Zeit, die dann auf der verbleibenden waagerechten Achse dargestellt wird.

Bei genügend hoher Temperatur haben wir eine homogene Flüssigkeit, die Schmelze. Nehmen wir nun den Tiegel aus dem Feuer, beginnt dieser langsam abzukühlen, wobei die Schmelze zunächst noch eine Weile flüssig bleibt. Die Geschwindigkeit des Abkühlens hängt in diesem Zweig der Kurve von der Wärmeabfuhr an die Umgebung ab.

Ist die Temperatur auf den Schmelzpunkt T_m abgesunken, beginnen sich die ersten Kristalle abzuscheiden. Dabei wird die Wärmemenge wieder frei, die man vorher zum Schmelzen einer entsprechenden Menge des Metalls aufgewendet hat. Diese jetzt frei werdende «Schmelzwärme» verzögert die Abkühlung des Tiegels. Die Temperatur bleibt nun im Idealfall so lange konstant (die Kurve verläuft horizontal), als noch Kristalle aus der Schmelze ausgeschieden werden können. Ist schließlich alles er-

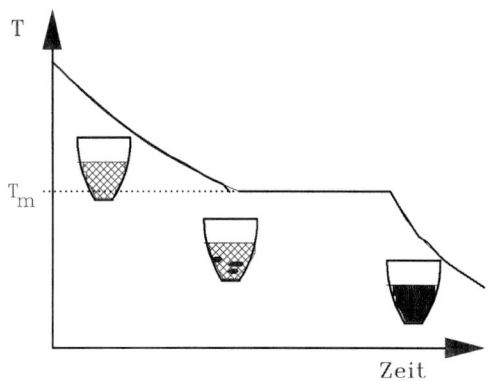

starrt, sinkt die Temperatur wieder weiter; der jetzt feste Tiegelinhalt kühlt einfach weiter ab.

Beim Erhitzen eines reinen festen Metalls kann die Kurve genau in der umgekehrten Richtung durchlaufen werden. Sie beschreibt dann das Schmelzen des Metalls. Die Geschwindigkeit des Schmelzens hängt, bei gegebener Versuchsanordnung, nur von der Wärmezufuhr ab. Wichtig ist, daß man jetzt, bei gleichbleibender Wärmezufuhr, bei der Temperatur T_m eine gewisse Zeit lang keinen Anstieg der Temperatur im Tiegel beobachtet. Dies ist der Zeitraum, in dem die zugeführte Wärme zum Aufschmelzen des Materials verwendet wird, anstatt zur Erhöhung der Temperatur beizutragen. Im Gang des Thermometers tritt eine Pause («Haltepunkt») auf; die Temperatur während dieser Pause nennt man den Schmelzpunkt.

Eine einfache Mischung: Silber und Gold
Abgesehen von der modernen Pulvermetallurgie mischt man Metalle immer im geschmolzenen Zu-

stand. Nicht alle Metalle sind bei allen Temperaturen mischbar. Im flüssigen Zustand lassen sich häufig noch Mischungen herstellen, die im festen Zustand nicht mehr beständig sind, weil es keine Kristallform gibt, die die unterschiedlichen Metallatome vereinigen könnte.

Bei den klassischen Münzmetallen Gold und Silber treten solche Schwierigkeiten aber nicht auf. Jedes dieser Metalle löst sich in dem anderen lückenlos auf, und jede Mischung kann im festen Zustand stabile Kristalle bilden.

Zur graphischen Darstellung müssen wir allerdings jetzt ein neues Variablenpaar wählen, weil sich außer der Temperatur auch die Zusammensetzung der Mischung ändern kann. Um hier eine aufwendige dreidimensionale Darstellung zu vermeiden, verzichtet man auf die Darstellung der Zeit und trägt statt derer als waagerechte Achse die Zusammensetzung auf.

Weil Erstarren oder Schmelzen aber stets zeitabhängige Vorgänge sind, muß man in Wirklichkeit sehr viele Schmelzversuche, wie oben beschrieben, vornehmen. Aus der Menge solcher Versuche mit wechselnden Mischungen kann man dann Diagramme konstruieren, die das Wesentliche zeigen, nämlich die Abhängigkeit der Schmelz- oder Erstarrungstemperatur von der Zusammensetzung.

Wir denken uns viele Mischungen von Gold und Silber mit unterschiedlichen Zusammensetzungen hergestellt. In zahlreichen Versuchen sei für jede Mischung die tiefste Temperatur bestimmt worden, bei der gerade noch der ganze Tiegelinhalt restlos flüssig ist.

Die Menge aller dieser Meßpunkte ergibt die obere Kurve der vorstehenden Abbildung, die man,

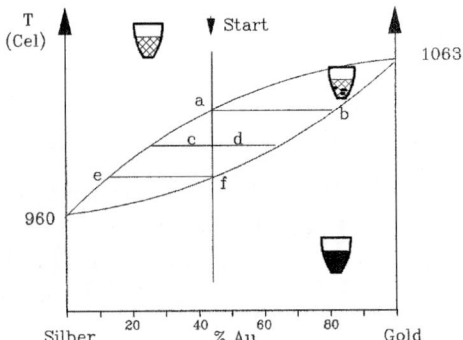

weil darüber alles flüssig ist, gemeinhin als «Liquidus-Kurve» bezeichnet.

Entsprechend kann man auch für jede Mischung diejenigen Temperaturen bestimmen, bei denen gerade alle Flüssigkeit erstarrt ist. Dies ergibt die untere Kurve des linsenförmigen Gebildes in der Abbildung. Sie wird daher «Solidus-Kurve» genannt. Auffallend und wichtig ist das Ergebnis, daß Flüssigkeit und Festkörper nicht mehr dieselbe Zusammensetzung haben, sondern daß der höher schmelzende Bestandteil der Mischung im Festkörper angereichert wird. Man muß auch bemerken, daß dies überall dort auftritt, wo bei gleicher Temperatur Schmelze und Kristalle nebeneinander existieren, d.h. im ganzen Temperaturbereich des linsenförmigen Gebildes aus Liquidus- und Solidus-Kurve.

Was kann man nun aus einem solchen Diagramm herauslesen? Betrachten wir eine bestimmte, beliebig herausgegriffene Mischung. Wir beginnen bei einer Temperatur weit oberhalb der Liquidus-Kurve (Start). Hier liegt eine völlig einheitliche, flüssige Mischung der beiden Metalle vor. Lassen wir jetzt den Tiegel langsam abkühlen, ändert sich zunächst nichts. Die Temperatur sinkt, und das System bewegt sich bei gleichbleibender Zusammensetzung längs der senkrechten Geraden nach unten bis zum Punkt a auf der Liquidus-Kurve.

Dort beginnt die Kristallisation der höher schmelzenden Komponente, hier des Goldes. Da die beiden Metalle sich aber so gut «vertragen», daß sie lückenlos Mischkristalle aus Silber- und Goldatomen bilden können, wird nicht etwa reines Gold ausgeschieden, sondern Mischkristalle mit einem erhöhten Anteil der schwer schmelzbaren Komponente Gold mit einem gewissen Anteil an Silber, der eben durch den Verlauf der Solidus-Linie für jede Temperatur festgelegt wird.

Die ersten sich ausscheidenden Kristalle haben in unserem Beispiel einen fast doppelt so hohen Goldgehalt wie die flüssige Mischung. Mit weiterer Abkühlung fallen immer mehr Kristalle aus, und die Schmelze wird immer ärmer an Gold. Der Bildpunkt der Zusammensetzung der Schmelze bewegt sich entlang der Liquidus-Kurve nach links in Richtung auf den Punkt e. Da die Schmelze ärmer wird, müssen die sich neu ausscheidenden Kristalle schließlich auch ärmer werden. Ihre Zusammensetzung bewegt sich auf der Solidus-Kurve nach links, wegen der sinkenden Temperatur.

Diese Trennung der ursprünglich homogenen flüssigen Mischung in feste Kristalle unterschiedlicher Zusammensetzung durch einfaches Schmelzen und Erstarren ist von größter praktischer Bedeutung und ein wichtiges Werkzeug auch für betrügerische Manipulationen. Wir werden noch oft darauf zurückkommen.

Abb. 8: Schmelzdiagramm
Silber – Gold
(Daten nach Hansen)

Wenn man will, kann man aus solchen Diagrammen auch die jeweils vorhandene Menge an flüssiger oder fester Phase ablesen: Zu jeder gewünschten Temperatur kann man eine Horizontale durch die von Liquidus- und Solidus-Linie gebildete Linse ziehen, z. B. a–b oder c–d bzw. e–f. Die Senkrechte vom Punkt «Start», die also die Abkühlung des Systems beschreibt, teilt diese Horizontalen. Erfahrungsgemäß («Hebelgesetz») ist nun die Länge dieser Teile umgekehrt proportional der Menge der (noch) flüssigen Phase (linkes Teil) und der schon festen Phase auf dem rechten Teilstück. Mit anderen Worten: Die beiden Strecken c und d sind in unserem Falle etwa gleich lang. Bei dieser Temperatur haben wir etwa ebensoviel flüssige Schmelze im Tiegel wie bereits ausgeschiedene Kristalle.

Wird der rechte Teil kürzer, haben wir mehr Kristalle (weil die Strecken umgekehrt proportional zur Menge der Phasen sind); wird der linke Teil kürzer, so ist mehr flüssige Schmelze vorhanden. Zwischen a–b liegt die ganze Strecke auf der rechten Seite der vom Start aus betrachtet senkrechten Abkühlungslinie. Daraus folgt, daß die Kristallisation eben beginnt (überwiegend flüssige Phase). Bei der Strecke e–f ist soeben alle Flüssigkeit erstarrt, weil d hier gerade zu Null geworden ist.

Die genaue Einstellung dieser Verhältnisse hat natürlich zur Voraussetzung, daß die Temperatur genügend lange auf einem bestimmten Wert verweilt. Die Abkühlung muß also sehr langsam erfolgen. Man sagt, daß sich das System im Gleichgewicht befindet, wenn es genügend Zeit zur Einstellung der Konzentrationen entsprechend den von der «Linse» vorgegebenen Werten hatte. Bei der Arbeit des Handwerkers wird im allgemeinen die Abkühlung schneller erfolgen, als zur Einstellung des Gleichgewichts erforderlich wäre. Im Extremfall ganz schneller Abkühlung spricht man von «Abschrecken». Hier kann sich das System nicht mehr nach unserer Linse einstellen, und es fallen einfach Kristalle der Start-Zusammensetzung aus.[13]

Gießt man das Metall in eine Form – bei Münzen ein gelegentlich vorkommendes Verfahren –, darf man, je nach Masse des Gusses und der Wärmeableitung durch die Form, eine Abkühlung erwarten, die irgendwo zwischen den Extremen der Gleichgewichtseinstellung und der Abschreckung liegt.

Etwa am Punkt b der vorigen Abbildung beginnen die ersten Kristalle zu wachsen. Die zugehörige Temperatur wird natürlich zuerst an den Wänden der Form erreicht, die die Abkühlung vermitteln. Dort scheiden sich zuerst die Kristalle mit der höchsten Schmelztemperatur (hier: dem höchsten Goldgehalt) ab.

Bei sinkender Temperatur wachsen an diesen ersten Kristallen neue Kristalle auf, weil dort schon eine Kristallform gleichsam vorgebildet ist und als Keim für die weitere Kristallisation wirken kann. So entstehen Strukturen, die an Bäumchen oder Zweige erinnern, was diesen Gebilden auch den Namen «Dendriten» gegeben hat.

Die später entstehenden Kristalle haben aber einen geringeren Goldgehalt als die zuerst ausgefallenen. Der Guß hat also keineswegs eine homogene Zusammensetzung. Daraus ergeben sich eine Reihe von Konsequenzen.

Einmal ist der Goldgehalt an der Oberfläche des fertigen Gußstücks etwas höher als im Inneren – und eben auch höher als in der eingegebenen Metallmen-

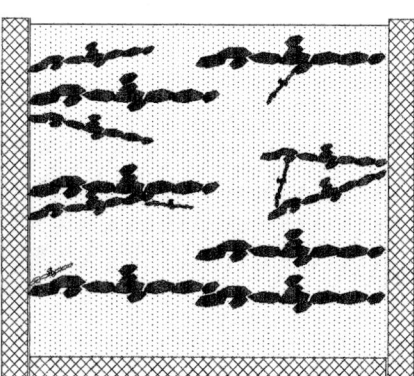

solchen geätzten Schliffen eindeutige Rückschlüsse auf die Herstellungstechnik eines beliebigen Gußstücks ziehen kann. So kann man zum Beispiel gerade an den ältesten lydischen Münzen zeigen, daß sie aus einem schnell abgekühlten Gußtropfen geschlagen wurden (vgl. Abb. 6).

2.2.2. Weitere Details zur Elektron-Prägung

Als Legierung läßt Elektron beim Erstarren eine dendritische Struktur erwarten. In der Tat zeigt Abbildung 6 eine klar erkennbare dendritische Struktur über den ganzen Querschnitt der Münze.

In dieser Abbildung kann man zudem zahlreiche «Luftblasen» entdecken, auch «Lunker» genannt. Sie sind beim offenen Guß kleiner Metallmengen sogar heute kaum zu vermeiden. Gold-schmiede und Zahntechniker verwenden deshalb Zentrifugen oder Handschleudern, um eine geringere Blasenzahl zu erreichen. Werden solche Gußblasen an der Oberfläche einer Münze sichtbar, kann der Sammler oder der Begutachter bei der Frage nach deren Echtheit in Schwierigkeiten geraten. Leicht kann eine echte, geschlagene Münze durch solche Blasen in den Geruch einer nachgegossenen Fälschung kommen. In solchen Fällen wird man eine Entscheidung wohl nur aufgrund anderer Merkmale treffen können.

Blasen im Guß verringern natürlich das spezifische Gewicht, die Dichte, der Münzen. In der numismatischen Literatur gibt es viele Versuche, den Edelmetallgehalt von Münzen durch Bestimmung der Dichte zu ermitteln. Viele Lunker im Guß, etwa wie in Abbildung 6, können die gemessene Dichte

ge. Da die Farbe einer Silber-Gold-Legierung kontinuierlich von gutem reinen Gold über weißliche Farbtöne bis zum Ton des reinen Silbers verläuft, bedeutet dies, daß die Oberfläche unter Umständen «nach mehr Gold aussehen» kann, als tatsächlich eingesetzt wurde.[14] Die in der Literatur so oft gepriesene «schonende» Oberflächenanalyse kann dadurch höchst zweifelhaft werden.

Schleift und poliert man ein solches Gußstück, kann man durch vorsichtiges Ätzen mit einer passend gewählten Säure die Dendriten sichtbar machen. Das höherschmelzende Metall hat nämlich ganz allgemein eine andere chemische Beständigkeit als der andere Legierungspartner, was beim Gold ohne weiteres einzusehen ist. Dadurch werden die Kristalle der Dendriten weniger angegriffen (hier zum Beispiel durch verdünnte Salpetersäure) als die aus der Restschmelze. Solche mikroskopischen Bilder sind ein Beweis dafür, daß das untersuchte Stück gegossen wurde. Es leuchtet sofort ein, daß man aus

erniedrigen und so zu Fehlern bei dieser Methode beitragen. Andererseits sind große Analysenreihen an Münzen aus Karthago bekannt, die zumindest in sich konsistent sind. Erstaunlicherweise stimmen diese Analysen mit Kontrollen durch Neutronenaktivierung gut überein[15], was auf eine bessere Gußtechnik zu schließen ermöglicht.

Wägetechnik
Hat man eine größere Serie von Münzen, lassen sich Rückschlüsse auf die Genauigkeit der damals üblichen Wägetechnik ziehen. Seit dem Ende der Bronzezeit kennen wir Waagen, deren Gewichtssätze auf etwa 1/100 Gramm oder 10 Milligramm justiert waren. Ein solcher Gewichtssatz stammt aus dem Wrack eines Handelsschiffes, das etwa um 1000 v. Chr. bei Gelydonia[16] in Lykien an der südlichen Küste der Türkei gesunken ist, also rund dreieinhalb Jahrhunderte vor der Erfindung der Münzen. Es ist daher durchaus im Rahmen des Erwartbaren, daß die späteren Lyder auch in der Lage waren, die Rohlinge für ihre Münzen mit ähnlicher Präzision einzuwiegen.

Für eine solche Untersuchung benötigt man eine möglichst große Anzahl von Daten gleicher Münzen, die auch alle nach der gleichen Methode untersucht sein sollten. Für die alte sardische Münzstätte liegt solches Material nicht in ausreichendem Umfang vor. Wir besitzen aber in den nur wenige Jahrzehnte später geprägten Münzen von Phokäa und Mytilene umfangreiches und sicheres Material.

Die folgende Tabelle nennt die Gewichte einiger phokäischer Münzen der Legierungsperiode I (600–521 v. Chr.):

Tab. 2: Gewichte und Gehalte phokäischer Münzen nach Bodenstedt[17]

Gewicht in g	Gold %	Silber %	Kupfer %
2,5718	54,6	37,7	7,8
2,5979	54,7	37	8,3
2,6122	50,9	40,8	8,3
2,5662	51,7	40	8,2
2,5824	52,8	40,2	7
2,5601	54,1	37,7	8,2
2,5646	52,6	39,8	7,7
2,5547	54,1	38,1	7,8
2,6249	59,1	34,6	6,3
2,5489	53,4	38,1	8,5

Das größte Gewicht dieser Serie beträgt 2,6249 Gramm, das kleinste Stückgewicht 2,5489 Gramm. Der Mittelwert liegt bei 2,57837 Gramm. Die engen Toleranzen dieser Serienfertigung, ausgedrückt in einer Standardabweichung von 0,024, sind bewundernswert, besonders wenn man sich klarmacht, daß die untersuchten Stücke ja noch unterschiedliche Verluste beim Gebrauch erlitten haben können. Solch enge Toleranzen sind Zeichen für eine beachtlich entwickelte Fertigungstechnik.

Weitere und erstaunliche Einblicke in den Stand der Technik ergaben sich aus einer genaueren Betrachtung der verwendeten Legierung. Die Toleranzen in der Zusammensetzung sind zwar deutlich größer als beim Gewicht, sie zeigen aber doch ohne jeden vernünftigen Zweifel, daß die Münzwerkstatt mit großer Mühe und Sorgfalt ein Metall mit ganz bestimmten Eigenschaften hergestellt hat. Auch in Karthago noch lange Zeit später geprägte

Elektronmünzen sind durch genau eingestellte Legierungen von Gold, Silber und Kupfer bei zum Teil sehr engen Toleranzen im Gewicht gekennzeichnet.[18]

Den Grund für dieses Vorgehen (präzises Einlegieren von Kupfer) kann man nur aus der Metallurgie von Mehrstoff-Legierungen zu erraten versuchen. Urkunden und Beweise gibt es hier – vielleicht wohlweislich – nicht.

Ein erster Blick auf die Legierungen von Gold, Silber und Kupfer

Wie die Farbtafel (Buchdeckel innen) zeigt, kann man in dem Dreistoffsystem Gold-Silber-Kupfer die Farbe der Legierung in weitem Umfang verändern. Eine nützliche Faustregel lautet:

Kupfer färbt rot, Silber weiß und Gold gelb.

Farben vermitteln Psychologisches: Eine Münze, die den «richtigen» Goldton hat, wird vertrauensvoller angenommen als eine andere. Abgesehen von der psychologischen Seite ist das Auge ohnehin das wichtigste analytische Hilfsmittel – nicht nur der damaligen Zeit –, und zwar besonders dann, wenn man es durch kleine Tricks noch besonders schärft. Ein in der Goldbeurteilung von den Lydern bis heute verwendeter Trick ist der «Probierstein».

Es handelt sich bei diesem Stein um einen schwarzen, bituminös verfärbten Kieselschiefer. Besonders geeignete Steine kamen im Altertum aus Lydien, daher der Name «lydischer Stein». Auf dessen mit feinem Sand geschliffener glatter Oberfläche wird durch Abreiben des zu untersuchenden Gegenstandes ein «Strich» aufgebracht.

Die Farbe dieses Striches auf dem schwarzen Stein zeigt die Metallfarbe deutlicher als die vom Gebrauch vielleicht veränderte Oberfläche des Gegenstandes. Setzt man nun neben diesen Strich einen zweiten von einem vertrauenswürdigen Gegenstand aus eigenem Besitz, lassen sich die Farben der Striche vergleichen und Rückschlüsse auf den Goldgehalt ziehen.

Der Name «lydischer Stein» deutet über den geographischen Ursprung hinaus zweifellos auch auf seine Erfinder, denen natürlich die Farbe als analytisches Mittel zur Bestimmung des Goldgehaltes bekannt gewesen sein muß. Wer Goldlegierungen herstellte, kann über die Farbe dieser Legierungen nicht im unklaren gewesen sein.

Bis ins 15. nachchristliche Jahrhundert, bis zur Verbreitung der Salpetersäure, war der lydische Stein – und seine Nachahmungen anderer Herkunft – die einzige Möglichkeit, zerstörungsfrei einen Goldgehalt zu bestimmen.

Plinius[19] betrachtet es als wichtiges und überliefernswertes Ereignis seiner Zeit, daß der lydische Stein nunmehr auch in Italien gefunden worden sei. Der Leidener Papyrus (vgl. S. 120 ff.) kennt ihn, und noch Agricola (1494–1555) beschreibt seinen Gebrauch ausführlich, besonders die Herstellung der Vergleichslegierungen.[20]

Diese frühe Möglichkeit einer Gehaltsbestimmung über die Farbe hat sicher auch Anreize gegeben, die Farbe von Goldlegierungen zu manipulieren. Gold ist teuer, Silber ist zwar billiger, macht eine Legierung aber weißlich. Was liegt näher, als die vielleicht etwas zu weiß gewordenen Gold-Silber-Legierungen durch etwas Kupfer wieder röter zu machen?[21]

Der Vertrag von Phokäa mit Mytilene[22], der aus dem frühen 4. Jahrhundert v. Chr. (vor 394?) stammt, sieht schwere Strafen für Münzmeister vor, die Münzen mit zu niedrigen Goldgehalten herstellen: «Wenn er (der Legierer) aber überführt wird, das Gold absichtlich geringhaltiger gemischt zu haben, soll er mit dem Tode bestraft werden.»[23]

Interessant und vielleicht auch ein Anreiz zu weiteren historischen Forschungen ist es, das Wechselspiel zwischen den Künsten der Legierer und denen der Probierer, der Analytiker, zu betrachten.

Das Auge hat ein hohes, aber selbst bei ausgeprägter Übung begrenztes Auflösungsvermögen für Farben. So lassen sich Goldgehalte oberhalb von etwas mehr als 90 Prozent bei der damals allein möglichen trockenen Strichprobe nicht mehr unterscheiden. Bei niedrigen Gehalten hört die Erkennbarkeit für Unterschiede bei etwa 30 Prozent Goldgehalt auf. Bei den für Münzen relevanten Gehalten von ca. 35 bis 90 Prozent dürfte die Bestimmung mit dem Stein, je nach Stein und Probierer, eine Genauigkeit von etwas besser als fünf Prozent im Goldgehalt erreichen.

Diese Spanne muß man dem alten Münzmeister zwangsläufig zugestehen, wie in dem obigen Zitat auch in dem Wort «absichtlich» zu erkennen ist. Er muß ja innerhalb dieser Spanne mindestens die Unsicherheiten im Goldgehalt seines Ausgangsmaterials auffangen. Durch Beimischung anderer Metalle kann er seinen Gewinn – oder den des Münzherrn – vergrößern.

Für solche Beimischungen haben ihm wohl in erster Linie schlechter, d.h. zu weißer Schlich aus Seifen oder auch fertiges Silber zur Verfügung gestanden. Wird die Legierung dabei zu weiß, kann dies eine Entdeckung herbeiführen. Das wiederum läßt sich aber durch das rot färbende Kupfer ziemlich weit überdecken.

Gerade die Kupfergehalte der Tabelle 2 lassen an eine solch vorsätzliche «Schönung» des Münzmetalls denken.

Ein anschauliches Beispiel für Manipulationen am Metall liefert eine Münze von Pisa, nahe bei Olympia gelegen. Als die Arkader 365 v. Chr. die Eleer besiegten, gaben sie den um 570 v. Chr. von Elis unterworfenen Pisaten die Freiheit zurück. Zur Finanzierung des weiteren, wenn auch erfolglosen Kampfes gegen die Eleer prägte Pisa mangels ausreichender Silbervorräte eine Serie von kleinen Goldmünzen, nämlich Oboloi und Trihemioboloi im Gewicht von etwa 1,03 und 1,5 Gramm.

Dafür wurde offenbar das Gold der von Phidias kurz nach 438 v. Chr. geschaffenen Kolossalstatue des Zeus verwendet. Die Analyse eines in der Universitätsbibliothek Erlangen aufbewahrten Stücks durch Zwicker ergab 81,5 Prozent Gold, 12,8 Prozent Silber, 4,5 Prozent Kupfer und 1,2 Prozent Zinn. Offenbleiben muß allerdings, ob bereits das Metall für die Statue, eventuell aus Gründen der Festigkeit, gestreckt und «nachgefärbt» wurde, oder ob dies erst bei der Herstellung der Schrölinge erfolgte.

Es ist faszinierend zu betrachten, wie die von der Geschichte nicht Beachteten – nämlich diejenigen, die mit hoher technischer Intelligenz die notwendigen Kenntnisse bereitstellen konnten – über die politisch wichtige Manipulation der Metalle gelegentlich den Lauf der Geschichte beeinflußt haben mögen.

Gemische von Gold, Silber und Kupfer sind sogenannte Dreistoff-Systeme, die ein recht kompliziertes Verhalten aufweisen, wie der Leser in den nächsten Abschnitten selbst sehen kann. Man darf wohl nicht unterstellen, daß solche Kenntnisse immer erst im Bedarfsfall durch Empirie jeweils neu erworben werden konnten, vielmehr muß auch eine Überlieferung von Kenntnissen stattgefunden haben. Die Wege solcher Überlieferungen sind, bis auf ganz wenige Fälle der nachchristlichen Zeit, nicht aufgeklärt.

Um dem Leser das Verständnis der Zusammenhänge zu erleichtern, wollen wir uns langsam von dem einfachen Gold-Silber-System über ein etwas schwierigeres Zweistoff-System an die höheren Schmelzsysteme heranarbeiten.

Gold und Kupfer
Nicht immer ist das Schmelzdiagramm einer binären Mischung so einfach wie im Falle Silber – Gold. Schon eine geringe Änderung der chemischen Eigenschaften eines der Metalle kann zu recht bemerkenswerten Folgen führen.

Verliefen bisher die Schmelzpunkte einer binären Mischung wenn schon nicht linear, so doch monoton mit der Zusammensetzung, gibt es Systeme, bei denen ein Minimum des Schmelzpunktes bei einer gewissen Zusammensetzung auftritt.

Das Material, das bei dieser tiefsten Temperatur des Mischsystems mit konstanter Zusammensetzung ausgeschieden wird, heißt «Eutektikum». Die folgende Abbildung zeigt ein vereinfachtes Diagramm mit einem Eutektikum:

Solche Eutektika werden in der Technik heute in großem Umfang zum Löten benutzt. Sie werden uns noch bei der Besprechung römischer Münztechnik näher beschäftigen.

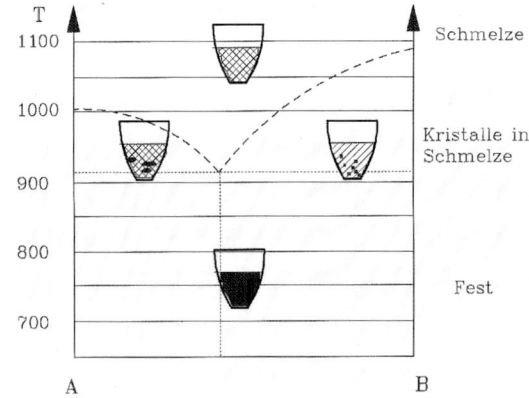

Abb. 10: Schmelzdiagramm mit Eutektikum

Die Variationsbreite zwischen der Zusammensetzung der Dendriten einerseits und der Zusammensetzung der Schmelze andererseits ist in einem solchen System eingeschränkt: Auf der rechten Seite kann die Zusammensetzung nur um Werte zwischen dem reinen B und dem Schmelzpunktminimum, auf der linken Seite nur zwischen diesem und der des reinen A differieren.

Schmilzt man Kupfer und Gold zusammen, sind die Wechselwirkungen zwischen den Atomen der Metalle wesentlich stärker als im vorigen Beispiel von Gold und Silber, und es tritt ein Minimum des Schmelzpunktes auf, d.h., es gibt eine eutektische Zusammensetzung.

Rechts und links des Minimums haben wir eine Linse aus Liquidus- und Solidus-Linie, aber an einem Punkt fallen die beiden Linien zusammen. Bei rund 20 Prozent Kupfer (44% Atomprozent) liegt der Schmelzpunkt des Gemisches fast 200 Grad unter den Schmelzpunkten der reinen Komponenten.

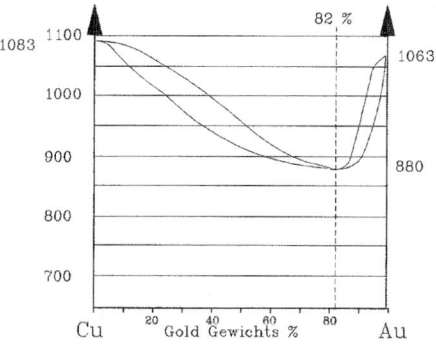

Lassen wir eine reichere Mischung langsam abkühlen, geschieht Folgendes: Auf der Goldseite (also bei geringeren Kupfergehalten) werden beim Abkühlen wieder zunächst Dendriten mit erhöhtem Goldgehalt ausgeschieden; die Mischung sieht nach dem Guß etwas «goldener» aus, als ihrem Gehalt entspricht (vgl. Abb. 8). Dies geht so lange vor sich, bis der Punkt erreicht ist, wo die Liquidus- und die Solidus-Linie zusammenfallen. Von nun an findet eine einheitliche Kristallisation bei konstanter Zusammensetzung mit 82 Prozent Gold statt.

Umgekehrt werden aus Mischungen mit höheren Kupfergehalten, als es dem Eutektikum entspricht (linke Seite des Diagramms), beim Erstarren zunächst Dendriten mit erhöhtem Kupfergehalt ausgeschieden. Diese bevorzugten Ausscheidungen auf den Seiten des Diagramms haben eine Reihe von technischen Folgen:

Einesteils wird auf der linken Seite die Goldfarbe stärker vom rötlichen Kupferton überdeckt, als es der wahren Zusammensetzung entspricht. Das

Farbdiagramm (Buchdeckel, innen) zeigt, daß man diesen Farbton, falls gewünscht, wieder durch Zugabe von Silber in gewissen Grenzen aufhellen könnte.

Andererseits bekommt das Gold durch Kupfer einen wärmeren Farbton, der häufig als Zeichen hohen Wertes mißverstanden wird. Insbesondere kann man durch Kupferzugabe weißliche Goldsorten röter machen und damit eventuell auch unerlaubt hohe Silbergehalte zudecken, worauf wir noch verschiedentlich zu sprechen kommen werden. Die Zumischung eines dritten Metalls führt aber zu den sogenannten Dreistoff-Systemen, auf die wir später näher eingehen werden.

Auch die mechanischen Eigenschaften der Legierung – für Münzen besonders wichtig ist die Härte – hängen von der Zusammensetzung ab. Gold ist von Natur aus ein recht weiches Material. Münzen werden im Gebrauch leicht zerkratzt, ihr Prägungsbild wird schnell beeinträchtigt. Durch die Beimischung von Kupfer wird das Metall härter und bleibt länger schön. Andererseits macht die Härte unter Umständen Schwierigkeiten beim Schlagen der Münzen.

Elektron, als Gold-Silber-Legierung, ergibt beim Mischen mit Kupfer ein Dreistoff-System, das älteste im Münzwesen verwendete System aus drei Komponenten. Bis heute spielt das Zulegieren von Kupfer zu Gold und Silber eine große praktische Rolle in der Münztechnik und ist so alt wie diese.

Legierung und Prägetechnik
Die Beimischung von Kupfer hat aber außer der Farbe noch eine andere technische Konsequenz. Für das Verhalten des Metalls bei der Prägung, dem Schlagen der Münze, ist eine zweite Faustregel wichtig:

Alle Beimischungen zu Gold erhöhen dessen Härte; bei Kupfer stark, bei Silber weniger.

Die oben genannte phokäische Legierung stellt einer Verformung sicher einen höheren Widerstand entgegen als es beispielsweise bei reinem Gold zu erwarten wäre. Da man außerdem ein ziemlich hohes Profil des Münzbildes zu erreichen trachtete, gab es offensichtlich technische Schwierigkeiten.

Um das Metall in die negative Form des Stempels hinein zu «treiben», verwendete man eine Stange aus Bronze (in anderen Prägestätten auch aus Eisen) anstelle eines Rückseitenstempels. Dieses Gerät, der «Treibstock», hat eine erheblich kleinere, meist quadratische Fläche als der Münzrohling, übt also einen höheren Druck beim Schlag aus. Dadurch wird das Metall besser in die Vertiefungen des Unterstempels geleitet. Dieser Treibstock hinterließ auf der Rückseite der Münze einen charakteristischen Eindruck, das «Quadratum incusum». Die technische Notwendigkeit eines solchen Werkzeuges beruht auf der Notwendigkeit, das Metall zum kalten Fließen in die Münzform zu zwingen. Über die sogenannte «Fließmechanik» der Metalle wird in einem späteren Kapitel noch näher berichtet.

Die Abbildung 12 zeigt ein rauhes, wenig definiertes Incusum, das wohl einer frühen Technik zuzuordnen ist. Im Laufe der Zeit werden die Treibstöcke «schöner», d.h., sie werden sauber quadratisch und bekommen eine Unterteilung durch zwei Linien, die die Fläche in vier Felder aufteilen. Noch später wird das Incusum durch Bilder ergänzt, um schließlich durch einen regulären Stempel mit Bild ersetzt zu werden.

In der Veränderung der Incusa spiegelt sich wohl nicht nur ein simpler Wechsel des Geschmacks, sondern eher eine technische Entwicklung wieder. Zum Beispiel könnte die Einführung schwererer Hämmer einen besseren Schutz gegen das Abrutschen von den ja mehr oder weniger linsenförmigen Rohlingen erforderlich gemacht haben, der durch verstärkte Profilierung gesucht wurde.

Eine besondere Ausbildung eines Treibstocks zeigt eine wesentlich spätere Prägung aus Lukanien, die aber aus dem technischen Zusammenhang hier behandelt werden kann. Bei dieser Münze war – aus Gründen, die wir nur ahnen können – das Bild einer Kornähre in sehr hohem Relief erwünscht. Ein so hohes Relief war mit den gängigen Stempeln nicht zu erzielen, so daß man sich des alten Treibstocks entsann, ihm aber jetzt eine dem Vorderstempel genau angepaßte Form verlieh.

Abb. 12: Quadratum incusum einer Elektron-Münze aus Lydien, um 550 v.Chr. (Kat. Kastner 4,1979, 146, 1995 als falsch verdächtigt)

Abb. 13: Münze aus Lukanien, Ähre «tiefgezogen», 5. Jh. v. Chr. (nach Franke/ Hirmer 1972, Tafel 81, 228)

Diese Technik, nämlich ein Blech zwischen zwei genau angepaßten Stempeln in eine Form zu pressen, ist heute weit verbreitet und wird als «Ziehen» bzw. «Tiefziehen» bezeichnet. Die lukanische Münze ist weniger als eine Prägung, sondern eher als Vorläufer der modernen Technik des Ziehens anzusehen.

Die Vorderseiten-Stempel, also die Unterstempel, tragen das eigentliche Münzbild, dessen Anfertigung in einzelnen Stücken in der damaligen Zeit keine Schwierigkeit bereitet haben dürfte, war doch das Schneiden von Gemmen schon seinerzeit eine alte Kunst. Auf die Fertigung dieser Stempel und insbesondere die für eine Massenproduktion von Münzen erforderliche Vervielfältigung der Stempel kommen wir auf S. 89 ff. ausführlich zu sprechen.

Wie nicht anders zu erwarten, werfen nicht nur die frühen Elektronprägungen eine Vielzahl von schwierig zu beantwortenden technischen Fragen auf. Auf den Vorgang der Prägung selbst kommen wir später noch einmal zurück. Für die Datierung der frühesten Prägungen sind die Münzen wichtig, die in einer Gründungsschicht des Artemis-Tempels in Ephesus von Hogarth 1904 gefunden und viel – auch kontrovers – diskutiert wurden.[24]

2.2.3. Frühe Manipulationen

Falls die Münzen wirklich gegen Ende des siebenten Jahrhunderts von den Lydern erfunden wurden, stehen wir vor einem faszinierenden geschichtlichen Schauspiel, nämlich der geradezu unheimlichen, explosionsartigen Ausbreitung einer Erfindung. Diese schnelle Ausbreitung war möglich auf der Grundlage der schon lange vorher entwickelten und weithin verbreiteten Kunst der Edelmetallverarbeitung: Ein Metallhandwerker brauchte offenbar nur eine Münze in die Hand zu bekommen um mit eigenem Know-how an vielen Plätzen eine Massenproduktion von Münzen aufzunehmen. So gibt es bereits im

sechsten Jahrhundert rund ums östliche Mittelmeer viele Münzstätten, die Münzen unterschiedlicher Art prägen, also nicht etwa sklavisch einem Vorbild folgen.

Während Lyder und Griechen von den Kleinasien vorgelagerten Inseln als Wertbasis ihrer Prägungen Elektron verwendeten, war im Einflußgebiet Athens das Silber – wohl vorwiegend aus den Gruben von Laurion – als Münzmetall im Gebrauch. Bei engen wirtschaftlichen und politischen Beziehungen zwischen beiden «Währungsgebieten» waren Umrechnungskurse unvermeidlich, die Wertrelation von Silber zu Gold und Elektron mußte allgemein bekannt und akzeptiert sein.

Da der Goldgehalt von Elektron damals wohl nur über die Farbe (auch bei der Strichprobe!) zu erkennen war und eben diese Farbe metallurgisch beeinflußt werden kann, ergeben sich hier Möglichkeiten – unter Umständen auch Notwendigkeiten –, Wertrelationen metallurgisch zu manipulieren.

Vergleich verschiedener Währungseinheiten
Um die praktische Bedeutung metallurgischer Kenntnisse deutlich zu machen, wollen wir zunächst einige ungefähre Beziehungen zwischen Währungseinheiten aufstellen. Dabei verwenden wir angenäherte Werte als Gedächtnisstützen und überlassen die Feinheiten den Spezialisten. Die folgenden Zahlen gelten für Anfang und Mitte des fünften Jahrhunderts v. Chr., die Zeit der Perserkriege (Tod des Dareios 485, Seeschlacht bei Salamis 480 v. Chr.) und des ersten attischen Seebundes von 478/477 v. Chr.

Die größte Recheneinheit im Zahlungsverkehr war das Talent für Silber, 26,2 Kilogramm. Für den praktischen Gebrauch wurde diese große Menge in

Münzen kleineren Gewichts unterteilt. Das attische Talent ließ sich in 6000 Drachmen zu 4,3 Gramm Silber unterteilen. Geprägt wurden aber auch Tetradrachmen, also Münzen mit einem Gewicht (theoretisch gleich dem Silbergehalt) von 17,4 Gramm, sowie gelegentlich Dekadrachmen von 43 Gramm.

24 attische Drachmen, etwa 103 bis 105 Gramm Silber, entsprachen einem phokäischen Elektron-Stater, auch dem von Lampsakos, 250 Statere also einem attischen Talent. Nur Kyzikos verwendete einen anderen Stater, nämlich zu 27 attischen Drachmen.

Von Lampsakos existieren nur einige wenige Elektron-Statere, die Masse der Elektron-Münzen jener Zeit waren Hekten, also Ein-Sechstel-Statere, wie sie in Phokäa geprägt wurden. Auch kleinere Nominale waren vorhanden.

In Kyzikos wurde nach Xenophon[25] ein Elektron-Stater von rund 16 Gramm mit einem Dareikos von 8,4 Gramm Gold gleichgesetzt, was rechnerisch 48 Prozent Goldgehalt für den Kyzikener ergibt. Demnach war letzterer mit 25 attischen Drachmen zu verrechnen. In Pantikapaion auf der Krim hingegen kamen nach Demosthenes [34,23] 28 attische Drachmen auf einen Kyzikener. Dies zeigt deutlich, daß es örtlich bedingte Unterschiede im Wechselkurs gab.

Ein Gefühl für die Kaufkraft dieses Geldes geben die folgenden Zahlen: Die Verfassungsreform Solons (594/593 v. Chr.), häufig als Beginn der Demokratie aufgefaßt, teilt die Wählbarkeit eines Bürgers für politische Ämter nach dem Vermögen zu:

- 500 Scheffel Getreide (25.000 Liter) oder 500 Schafe oder 500 Drachmen Einkommen berech-

tigen zu den höchsten Ämtern, Archon und Tamias (Schatzmeister).
- 300–500 Drachmen berechtigen zum Ritterstand und zu den anderen Ämtern, ebenso
- Besitzer von 200–300 Drachmen, sog. Zeugiten oder Hopliten. Der Hoplit ist im Kriegsfall der schwerbewaffnete Fußsoldat. Seine Bewaffnung kostete damals etwa 30 Drachmen, die eines Ritters etwa das Doppelte.
- Für Bürger mit geringerem Vermögen oder Einkommen verblieb nur das aktive Wahlrecht.

Zu Beginn des Peleponnesischen Krieges (431 v. Chr.) besaß Athen 6000 Talente Silber, entsprechend 9,25 Millionen Tetradrachmen zu rund 17 Gramm Silber mit einem Gesamtgewicht von rund 157 Tonnen. Thasos und das anschließende Festland produzierten jährlich rund 300 Talente.[26]

Eine Drachme, also rund vier Gramm Silber, war gegen Ende des 5. Jahrhunderts der Tagelohn für einen gelernten Handwerker, Lehrer oder Söldner. Ein Elektron-Stater läßt sich also etwa als Monatslohn eines gut bezahlten Mittelständlers bewerten.

Um 600 v. Chr. betrug in Athen der Preis für ein Rind fünf, für ein Schaf eine Drachme. Ein Olympiasieger erhielt damals ein Ehrengeschenk von 500 Drachmen, während ein Bronzestandbild von ihm vom 4. bis zum 1. Jahrhundert v. Chr. ziemlich konstant etwa 3000 Drachmen einschließlich Künstlerhonorar und Herstellungskosten erforderte.

Im persischen Einflußbereich gab es daneben noch die auf Kroisos zurückgehende bimetallische, Gold und Silber nebeneinander verwendende persische Währung. Ihr höchster Wert war der Dareikos[27], 8,41 Gramm Gold, geteilt in 20 Sigloi zu 5,6

Gramm Silber. Dies ergibt eine feste, staatlich gesicherte Relation der Werte von Gold und Silber, nämlich 1 zu 13,3, die wohl auf babylonische Vorbilder zurückgeht.

Diese Relation hat auch, wenigstens als Mittelwert, im athenischen Bereich lange Zeit gegolten. Sie war allerdings auf dem «freien Markt» Schwankungen des Silber- und Goldangebotes unterworfen.[28] Sie sinkt im Laufe der Zeit, vielleicht durch Erschließung reicher Goldvorkommen im Pangaion[29] und auf Thasos, auf 1 zu 10 um 350 v. Chr.

Für reine Metalle bietet eine solch feste Relation keine naturwissenschaftlichen Probleme, sie ist politisch oder wirtschaftlich entweder vertretbar oder nicht.

Anders liegt die Sache bei einer Währung, die auf ein Mischmetall, eine Legierung, gegründet ist. Die Elektronwährung der griechischen Staaten in Kleinasien und auf den vorgelagerten Inseln mußte ständig mit der Silberwährung des von Athen bestimmten griechischen Mutterlandes ebenso wie mit der persischen Goldwährung verrechnungsfähig bleiben. Eine handelsfähige Wertrelation zwischen reinem Silber und dem in seiner Zusammensetzung ständig schwankenden natürlichen Elektron kann nicht auf Dauer bestehen. Man muß vielmehr irgendwann dafür sorgen, daß auch das Elektron eine normierte Zusammensetzung bekommt, d.h., das Naturprodukt muß durch eine künstlich hergestellte Metallmischung ersetzt werden.

Um nun künstliches Elektron mit fester und garantierbarer Zusammensetzung herstellen zu können, muß man die Scheidung von Gold und Silber sowie die Herstellung von Legierungen beherrschen. Dies ist, wieder nach den Bodenstedtschen Analysen, spätestens ab 600 v. Chr. in Phokäa der Fall.

Mit dieser technischen Leistung kommen dann neben der erwünschten Vereinheitlichung auch die Versuchungen, beim Legieren der Erkennbarkeit der wirklichen Goldgehalte etwas «nachzuhelfen». Analyse oder Probierkunst treten mit der Legierungskunst in Wettbewerb, wobei immer noch die Fragen der Akzeptanz und Glaubwürdigkeit der Währung im Auge behalten werden müssen.

Es beginnt ein reizvolles und gelegentlich raffiniertes Wechselspiel zwischen naturwissenschaftlich-technischen Künsten einerseits und Gewinnsucht sowie politischen Rücksichten andererseits, gelegentlich durch plumpe Fälschungen unterbrochen.

«Währungsanpassungen»
Bodenstedts Analysen der phokäischen Elektron-Hekten lassen drei Legierungsperioden erkennen:

- Von 600 bis 522 v. Chr. enthalten die Hekten im Mittel 53,8 Prozent Gold, 38,4 Prozent Silber und 7,8 Prozent Kupfer.
- In einer zweiten Periode von 521 bis 478 v. Chr. finden sich 45,7 Prozent Gold, 44,6 Prozent Silber und 9,7 Prozent Kupfer, und
- schließlich sind in der dritten Legierungsperiode, der Zeit eines großen Aufschwungs nach überstandenen Perserkriegen von 477 bis 326 v. Chr., nur noch 38,9 Prozent Gold, 49 Prozent Silber und 12 Prozent Kupfer zu finden.

Die beiden Legierungswechsel sind mit politischen Ereignissen zu korrelieren: 522 v. Chr. stürzt Polykrates, und die samische Seeherrschaft geht zu Ende. Phokäa und Mytilene können ihren Einfluß ausdehnen, und dies erfordert Geld. Bei genauer Einhaltung des Münzgewichts von 2,53–2,58 Gramm wird die Legierung um rund 15 Prozent ihres Goldgehaltes beraubt und die Farbe durch relativ wertloses Kupfer aufrechterhalten.

Mit dem griechischen Sieg über die Perser und der Gründung des attischen Seebundes, 478/477 v. Chr., konnte der Fernhandel erneut kräftig aufblühen. Starke Zuwachsraten der Wirtschaft bedingen – wie in unserer Zeit – merkwürdigerweise eine Geldverschlechterung. Die Legierung wird nochmals, wohl in Absprache mit den Nachbarstädten, herabgesetzt. Sie hat jetzt nur noch rund 72 Prozent des ursprünglichen Goldgehaltes. Auch diese Verschlechterung wird durch Kupfer für den Nichtfachmann verschleiert.

Die Absenkung des Goldgehaltes der Münzen hat aber noch eine weitere Konsequenz: Das Elektron des Pactolus enthält um 80 Prozent Gold. Will man die eigenen Vorräte an wertvollem Gold voll für die Münzprägung mit 50 Prozent Gold und darunter nutzen, muß man Silber zum «Verdünnen» zukaufen. Importiertes Silber müßte aber überwiegend nach dem später zu beschreibenden Kupellationsverfahren gewonnen worden sein. Kennzeichnend ist dabei ein unvermeidbarer Bleigehalt von wenigen Zehntel Prozenten.

Die von Bodenstedt zur nassen Analyse geopferten Münzen von Phokäa [P 10 Leg.Periode I] und Mytilene [M 7, M 16, M 57 aus Leg.Periode III] zeigen tatsächlich Bleigehalte von 0,2 und 0,3 Prozent. Bezieht man diese Bleigehalte auf das in den Münzen enthaltene Silber, erhält man rund 0,5 Prozent Blei im Silber – ohne Zweifel ein starker Hinweis auf Zukauf aus einer Kupellation. Die Vermutung liegt nahe, daß dieses Silber aus griechischem Vorkommen stammt.

Wir sind heute Währungsmanipulationen – letztlich betrügerischer Art – zu sehr gewohnt, um noch etwas Besonderes daran zu finden. Der Gerechtigkeit halber sei deswegen gesagt, daß diese phokäischen Manipulationen auch eine echte Anpassung an die bereits erwähnte Änderung der Gold-Silber-Relation auf dem Athener Markt bedeuten kann.

Neben solchen «amtlichen» tauchen natürlich noch private Manipulationen in Einzelstücken auf, Fälschungen, die sehr unterschiedliche Mittel und Fertigkeiten zur Anwendung bringen.

Die Kunst des Legierens
Die Krönung der Kunst der alten Metallurgen war die offensichtliche Beherrschung von Legierungen aus drei Metallen. Damit konnte man nicht nur die Edelmetallgehalte, sondern auch Farbe, Härte und Klang von Münzen beeinflussen. Nicht zu verhehlen ist, daß diese Kunstfertigkeit natürlich auch zu Betrügereien dienen kann: sei es, daß der Herausgeber der Münzen dem Abnehmer einen höheren Metallwert vortäuschen will, sei es, daß ein Münzwerker sich privat zu bereichern versucht. Gerade die bei solchen allzu menschlichen Ausübungen der Fertigkeiten aufgewendete Raffinesse aber ist geeignet, die technischen Kenntnisse jener Zeiten zu beleuchten. Zur Würdigung dieser Kenntnisse ist, wie beim Eingang ins Schlaraffenland, erst eine naturwissenschaftliche Einschaltung zu überwinden.

Das Gibbssche Dreieck

Für die Beschreibung von Dreistoff-Legierungen müssen die Gehalte an drei verschiedenen Bestandteilen auf der zweidimensionalen Ebene des Papiers dargestellt werden. Dafür braucht man drei Achsen, die nun nicht mehr im rechten Winkel zueinander stehen können. Man wählt deshalb die Seiten eines gleichschenkligen Dreiecks als Achsen, auf die man die Gehalte der drei Komponenten auftragen kann.

Der große amerikanische Thermodynamiker Josiah Willard Gibbs (1839–1903, Physiker am Yale College, New Haven) hat im vorigen Jahrhundert diese Darstellung für Dreistoff-Systeme gefunden, die heute allgemein verwendet wird. Die folgende Abbildung zeigt ein solches Gibbssches Dreieck für alle denkbaren Systeme (Mischungen) aus den Komponenten A, B, C:

Das in diesem Dreieck eingezeichnete Netz kommt folgendermaßen zustande (siehe Abb. 15):

Es sollen die Gehalte an drei verschiedenen Substanzen eingetragen werden können. Betrachten wir zunächst ein einfaches gleichseitiges Dreieck mit den Eckpunkten A, B, C. Dieses Dreieck hat eine «Höhe», nämlich die Entfernung vom Punkt C zur Mitte der gegenüberliegenden Seite A–B. Wir setzen nun fest, daß die Länge dieser Höhe 100 Prozent Gehalt an C entsprechen soll, so daß im Punkt C als Gehalt an C 100 Prozent, auf der Seite A–B dann entsprechend 0 Prozent C vorliegen sollen. Die sich so ergebende lineare Skala tragen wir an der Höhe als horizontale Linien auf (Teilfigur c).

Das gleiche tun wir für ein Dreieck, das die Gehalte an Komponente A angibt (Teilfigur a) und ebenso für die Komponente B (Teilfigur b). Legen wir nun die drei Teilfiguren übereinander, erhalten wir gerade das Koordinatennetz der vorhergehenden Abbildung. Für die Ablesung einer Zusammensetzung muß man sich also nur merken, daß der Gehalt an der gesuchten Komponente durch diejenigen Geraden beziffert wird, die zu der dem 100-Prozent-Punkt gegenüberliegenden Seite parallel sind.

Die Bedingung, daß die Summe aller Komponenten der Mischung sich immer zu 100 Prozent addieren muß, erfüllt der geometrische Satz: Die Summe der Abstände eines inneren Punktes von den Seiten ist in einem gleichseitigen Dreieck immer gleich der Höhe des Dreiecks. Die Abstände eines Punktes von den drei verschiedenen Dreiecksseiten ergeben also in unseren Gehaltsskalen zusammen gerade 100 Prozent, wie man für eine Mischung aus drei Komponenten erwarten muß.

Abb. 14: Das Gibbssche Dreieck

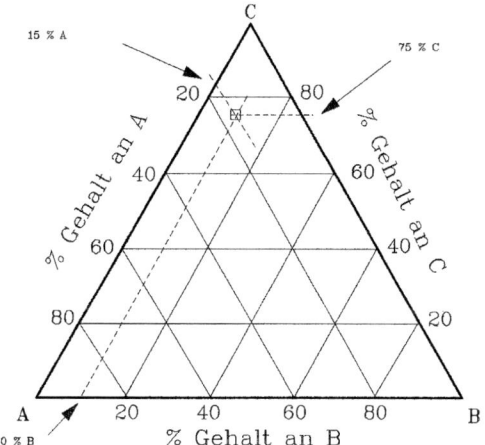

31

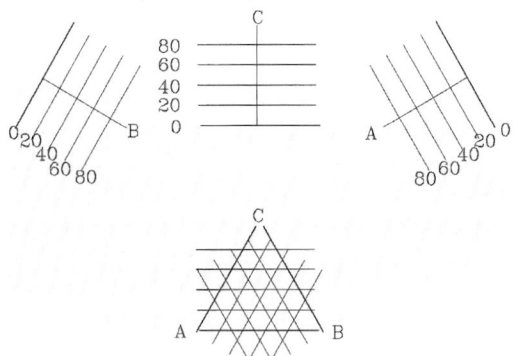

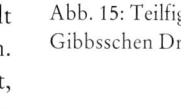

Der in der Abbildung 14 markierte Punkt entspreche einer gegebenen Legierung aus den Stoffen A, B, und C. Wir fragen nach deren Zusammensetzung in Prozenten von jeweils A, B, und C. Dazu ziehen wir durch diesen Punkt drei Linien, jede parallel zu einer der drei Dreiecksseiten.

Die in der Abbildung 14 horizontal liegende Parallele durch den Legierungspunkt entspricht dem Abstand des Punktes von der Grundlinie A–B. Man erkennt aus dem oben Gesagten, daß man auf der Seite B–C den Gehalt der Legierung an C unmittelbar ablesen kann. Die gleiche Überlegung gilt für die anderen Parallelen: Der Gehalt an B ergibt sich aus dem Schnittpunkt der Parallelen zu A–C mit der A–B-Seite und der Gehalt an A aus dem Schnittpunkt der parallel zu B–C gezogenen Geraden mit der Seite A–C.

Bedeutet nun Punkt C 100 Prozent Gold, B 100 Prozent Kupfer und A 100 Prozent Silber, so erhalten wir für die Legierung eine Zusammensetzung von 75 Prozent Gold, 15 Prozent Silber und 10 Prozent Kupfer.

Eine nützliche Umrechnung: Der Goldgehalt wird häufig statt in Prozenten in Karat angegeben. Reinem Gold (100 Prozent) entsprechen 24 Karat, höhere Karatwerte gibt es nicht. Nach unserem aus dem Diagramm ermittelten Goldgehalt von 75 Prozent liegt also eine Goldlegierung von 18 Karat vor.

Alle Legierungen auf der horizontalen Linie durch unseren Punkt sind 18karätige Legierungen, unabhängig von den relativen Anteilen an Kupfer und Silber, die natürlich zusammen nicht mehr als 25 Prozent betragen können.

Auf der Ebene des Gibbsschen Dreiecks kann man nun eine beliebige Eigenschaft der Legierungen auftragen. Dafür muß man aber jetzt eine perspektivische Darstellung wählen. Ein häufig vorkommendes Beispiel für einen solchen weiteren Parameter ist die Liquidus-Temperatur, also diejenige Temperatur, bei der alles restlos geschmolzen ist. Die Liquidus-Temperatur hängt natürlich von der Zusammensetzung ab. Man erhält dann ein in perspektivischer Darstellung dreidimensional vorstellbares Bild des Verlaufes dieser Temperatur und kann ablesen, wie sich diese Eigenschaft mit der Zusammensetzung der Legierung verändert.

Die Seitenflächen der dreikantigen Säule, wie z.B. die Fläche A, B, T, sind die bereits bekannten Schmelzdiagramme der zweikomponentigen Systeme. Vorn ist ein System mit einem Eutektikum eingezeichnet, die anderen beiden Seiten zeigen jeweils nur die Liquidus-Kurve eines vollständig mischbaren Systems (wie in Abb. 8).

Wie man leicht einsieht, vermittelt eine solche perspektivische Darstellung einen anschaulichen Überblick über den Verlauf der gewünschten Größe. Sie eignet sich aber nicht für eine genaue Able-

Abb. 16: Auftragung der Liquidus-Temperatur über dem Gibbsschen Dreieck

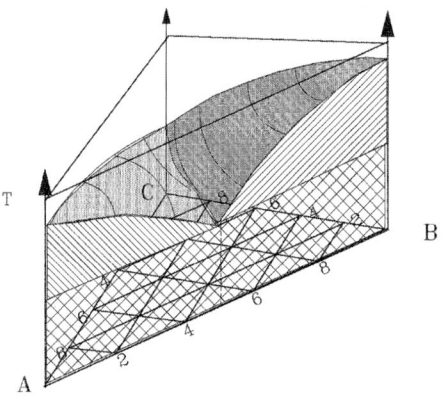

Buchdeckel innen), die Härte und andere mechanische Daten.

Für unser Thema ist die Legierung zwischen Gold, Silber und Kupfer von zentraler Bedeutung. Durch Variation der Zusammensetzungen der Legierung aus diesen drei Metallen lassen sich Farbe, Härte, Schmelztemperatur und viele andere Eigenschaften nahezu frei auf gewünschte Werte einstellen.

Beginnen wir mit den Schmelz-(Liquidus-)Temperaturen. Diese haben ihre technische Bedeutung beim Löten und beim Gießen, ihre Kenntnis gestattet aber auch die Abschätzung des Dendritenwachstums für das Erstarren einer gegebenen Legierung.

Die Abbildung 17 zeigt eine Darstellung der Schmelz-Temperaturen für das System Kupfer-Silber-Gold. Man erkennt deutlich, wie das niedrigschmelzende Eutektikum des Kupfer-Silber-Systems hier eine «Rinne» mit Schmelzpunkten unter 800 Grad Celsius verursacht, die sich von dem zweikomponentigen System weit in den Bereich der dritten Komponente Gold erstreckt. Solche «eutektischen Rinnen» zeigen Legierungen an, die sich besonders gut zum Löten eignen, wenn die Farben in diesem Gebiet mit den zu verbindenden Metallen gut genug übereinstimmen. Im vorliegenden Falle ist die Farbe an der Spitze des 800-Grad-Bereiches ein recht brauchbares Gelb, kann also zum Löten von Goldgegenständen bereits verwendet werden. Wegen des niedrigen Schmelzpunktes eines solchen Lotes wird die Arbeit des Handwerkers sehr erleichtert.

sung. Daher hat es sich eingebürgert, für genauere Ablesungen die in der Darstellung perspektivisch nach oben eingezeichneten Werte der gesuchten Variablen nach Art der Höhenlinien auf den Boden des Gibbsschen Dreiecks abzubilden und so wie bei einer Landkarte die Eigenschaften der Legierungen darzustellen.

Solche häufig gefragten Eigenschaften sind neben der Schmelztemperatur die Farbe (vgl. Farbtafel,

Für das Münzwesen sind Farbe und Härte in diesen ternären (dreifachen) Legierungen aber noch wichtiger als die Schmelztemperaturen, da letztere allgemein leicht erreicht werden können. Wir kommen darauf zurück.

Abb. 17: Liquidus-Temperaturen im System Kupfer-Silber-Gold

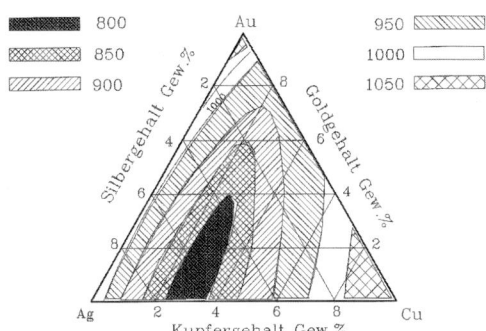

Farbe und Legierung

An den Eckpunkten des Systems Gold-Silber-Kupfer liegen natürlich die Farben der reinen Komponenten Silber, Gold und Kupferrot vor. Die Mischung der Metalle nimmt nun eine Reihe von Farbtönen an, die nicht einfach aus der Zusammensetzung hergeleitet werden können; sogar grünliche Töne tauchen auf.

Im Buchdeckel, innen, findet sich ein Farbdiagramm des Kupfer-Silber-Gold-Systems. Es soll einen Eindruck des Farbwechsels mit der Zusammensetzung geben, wobei man berücksichtigen muß, daß im Druck viele Nuancen verlorengehen.

Während bei der Farbe der Zweistoff-Legierung Gold-Silber (sog. «Randsystem» auf der Linie zwischen den Punkten Au und Ag) der Ton des Goldes einfach immer weißer wird («Weißgold»), kann man durch Beimischen von Kupfer auch noch sehr silberhaltigen Legierungen wieder einen goldenen Farbton zurückgeben. Andererseits erkennt man, daß geringe Zugaben von Kupfer den Farbton noch nicht erkennbar ändern.

Da Kupfer und auch Silber während der ganzen Geschichte des Münzwesens immer viel billiger waren als Gold, ergeben sich aus diesem Verhalten der Legierungsfarben vielfältige Möglichkeiten zu leichten Gewinnen. Schon die ältesten Münzen aus Elektron haben geringe absichtliche Zuschläge von Kupfer, die ganz zweifellos die Gewinne entweder der Münzwerker oder aber der Herausgeber der Münzen diskret erhöhen ließen (vgl. S. 20 ff.).

Auf der kupferreichen Seite des Diagramms herrschen schöne warme rotgoldene Töne vor. Sollten diese zu auffällig sein, kann man durch Silberzugabe wieder «echter» aussehende Goldtöne erreichen.

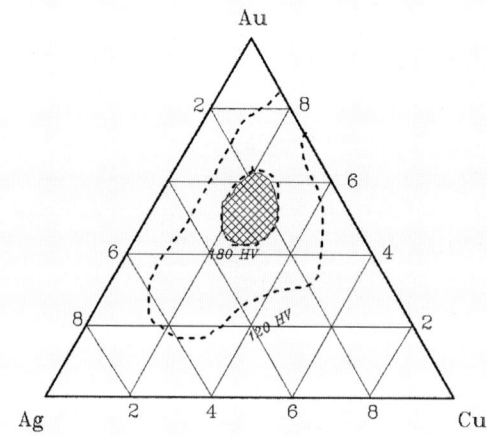

Abb. 18: Härte der Legierungen von Gold, Silber und Kupfer

Gleichzeitig erhöhen aber kräftige Zuschläge an Kupfer die Härte des Metalls. Dies kann nun ein erwünschter Effekt sein, weil die größere Härte die Münze länger schön erhält und ihre Umlaufzeit vergrößert. Andererseits bedingt die größere Härte auch größere mechanische Beanspruchungen der Prägeeinrichtungen.

In der Abbildung ist der Verlauf der Härte über der Zusammensetzung der Legierungen aufgetragen. Viele moderne Goldmünzen liegen in der Umgebung dieses Härtemaximums. Um beim Käufer jeden Verdacht auf Betrug auszuschließen, gibt man bei solchen modernen Münzen den Feingehalt besonders an; man ist dann frei, eine schöne oder auch nur praktische Legierungszusammensetzung zu wählen.

Im Altertum hat die Härte stark verschnittener Legierungen zu besonderen Problemen bei der Prägung geführt, wie etwa bei den byzantinischen Münzen im 10. Jahrhundert, wo man eine Schüsselform für die Münze wählen mußte, um das Ausreißen der Ränder in erträglichen Grenzen zu halten.

Es ist wichtig zu wissen, daß die Härte einer Legierung kein eindeutiges Merkmal einer bestimmten Zusammensetzung ist. Da die Härte stark von Verspannungen im Kristallgitter des Metalls bestimmt wird, verändert jeder äußere Einfluß auf solche Spannungen auch die Härte der Legierung. Allgemein wird durch Wärme die Härte vermindert. Durch mechanische Beanspruchung werden Spannungen aufgebaut, die Härte vergrößert sich. Ein Brand oder die Lagerung in sich häufig durch die Sonne erwärmenden Bodenschichten kann so erhebliche Wirkungen auf einen naturwissenschaftlich zu bestimmenden Parameter haben.

Bei vielen Legierungen treten aber auch bei tiefen Temperaturen noch Kristallumwandlungen auf, die keineswegs in allen Fällen hinreichend bekannt sind. Solche Umwandlungen können extrem langsam ablaufen und entziehen sich dann der Erfassung im Laboratorium. Während der jahrtausendelangen Liegezeiten archäologischer Artefakte aber können solche Umwandlungen die Härte alter Gegenstände weit über die Werte hinaus steigern, die wir aus den heute hergestellten Vergleichslegierungen ermitteln können. Diskrepanzen zwischen Angaben über die Härte alter Münzen und moderner Legierungen sind also mit Vorsicht zu bewerten.

Frühe Fälschungen
Die aufgeführten Möglichkeiten, bei Legierungen den Metallwert zu manipulieren, machen eine verläßliche Unterscheidung zwischen mehr oder weniger legaler Abwertung und einfachem, unmittelbaren Betrug recht schwierig. Daneben gibt es natür-

lich auch mechanische Manipulationen, bei denen die Fälschungsabsicht klarer erkennbar ist.

Ein eindrucksvolles Beispiel einer knallharten Fälschung ist die bereits oben erwähnte Münze 3 aus den von Paszthory untersuchten Stücken. Die frühe Datierung dieser Münze belegt, daß die Falschmünzerei offenbar ebenso alt ist wie die Erfindung der Münzen.

Die folgende Abbildung zeigt einen polierten und geätzten Schnitt durch dieses Stück.

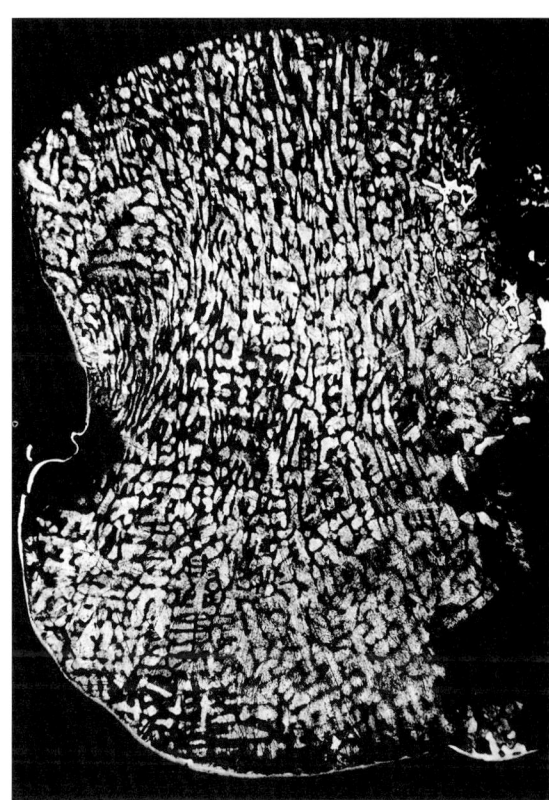

An der Unterseite erkennt man ein scharf abgesetztes dünnes weißes Detail, das wie eine Folie die eigentliche Münze umhüllt. Diese Folie ist aus «gutem» Elektron geschlagen, vielleicht sogar aus dem Schlich zusammengehämmert. Mit dieser Folie wurde der silberne Kern vor dem Prägen umhüllt.

Ob die Folie bei erhöhter Temperatur quasi aufgeschweißt wurde, läßt sich nicht überzeugend feststellen, ist aber wahrscheinlich. Die Folie liegt im Präparat nicht überall an. Es muß dahingestellt bleiben, ob dies nur eine Folge der Präparation ist oder ob dies schon im Originalzustand der Fall war. Eine Zwischenschicht, die auf die Anwendung eines Bindemittels oder eines Lotes hindeutet, ist nicht zu finden.

Wie Tabelle 1 (vgl. S. 15) zeigt, war diese Münze erheblich untergewichtig. Dies scheint den Fälscher aber nicht gestört zu haben, vielleicht spekulierte er auf eine gewisse Unkenntnis seiner «Kunden». Einer Strichprobe auf dem Stein hätte die Umhüllung wahrscheinlich standgehalten.

Unter den von Bodenstedt bearbeiteten Hekten aus Phokäa und Mytilene finden sich einige «Abweichler» in Legierung und Gewicht, deren Identifikation als Fälschung teilweise naheliegt, die aber den Rahmen denkbarer Irrtümer nicht überschreiten.

Herodot [III,56,2] berichtet – wenn auch an der Glaubwürdigkeit der Überlieferung zweifelnd –, der Tyrann Polykrates habe 524 v. Chr. den seine Hauptstadt Samos belagernden Lakedaimoniern für ihren Abzug Geld angeboten. Er bezahlte aber mit vergoldeten Bleimünzen, deren Goldüberzug durchaus nach dem oben geschilderten Verfahren hergestellt gewesen sein könnte. Der griechische Text spricht nur von Vergoldung, aber die Verwendung von Blattgold ist nur eine Verfeinerung der besprochenen Technik. Eine Quecksilbervergoldung kommt bei Bleimünzen kaum in Frage.

Kraay[30] meint, die Spartaner könnten nicht so naiv gewesen sein, und möchte die Geschichte wie Herodot ins Reich der Fabel verweisen, obwohl die Bleikerne solcher Münzen bekannt sind. Das Vorkommen einer Folien-Fälschung schon bei Alyattes gibt der Geschichte aber doch eine neue Glaubwürdigkeit.

Auf eine andere Fälschungsmethode, auch schon aus frühester Zeit, kommen wir nach der Besprechung der Zementation zurück.

Abb. 20: Bleikerne samischer Münzen des Polykrates (Foto: A. Furtwängler)

3. Das Scheiden von Gold und Silber mit Salz

«Scheiden», das Zerlegen eines auf den ersten Blick einheitlich erscheinenden Stoffes in zwei oder mehrere verschiedene Stoffe, setzt das Bewußtsein voraus, daß eben mehrere Stoffe in einer nur scheinbaren Einheit vorliegen. Die Entwicklung eines solchen Bewußtseins hat bei den Gold-Silber-Legierungen sicher einer langen Vorgeschichte bedurft. Elektron ist, trotz leichter Farbvariationen, ein so einheitlich erscheinender Naturstoff, daß eine Zufallsbeobachtung nur schwerlich die Einsicht in die gemischte Zusammensetzung eröffnen kann. Möglicherweise hat sich diese Einsicht im Laufe der Entwicklung des Goldschmiede-Handwerks herausgebildet. Ein Exkurs über das Löten des Goldschmieds mag verdeutlichen, wie solche tieferen Materialkenntnisse entstanden sein können:

Lötungen wurden schon im dritten Jahrtausend v. Chr. in den verschiedensten Kulturen mit Hilfe verschiedener «Goldsorten» durchgeführt.[1] Löten ist das Verbinden zweier Metallteile mit Hilfe eines weiteren Metalls, welches einen niedrigeren Schmelzpunkt haben muß als die zu verbindenden Teile. Eutektika sind die heute vorwiegend verwendeten Lötmittel; aber auch mehr zufällig entstandene Mischsysteme, die nicht genau einem Eutektikum entsprechen, können sich als Lot eignen. Die Herabsetzung des Schmelzpunktes kann bei Metallen nur durch Zulegieren eines weiteren Metalls erfolgen.

Eine Legierung muß nicht immer künstlich hergestellt sein. Gerade bei Gold gibt es zahlreiche natürliche Legierungen mit Silber – eben das Elektron mit verschiedenen Zusammensetzungen. Ferner werden beim Einschmelzen von Goldgegenständen häufig auch «wilde» Legierungen unbewußt entstehen, deren verschiedene Schmelzpunkte dem Goldschmied bei seiner Arbeit unmittelbar auffallen mußten.

Für die Beschaffung der für eine Lötarbeit nötigen Goldsorten war der Goldschmied auf die Auswahl aus einem größeren, viele Sorten umfassenden Angebot angewiesen. Beute, Tribute, Geschenke und Opfergaben können ein geographisch hinreichend weit gestreutes Angebot in den Vorräten von Fürsten und Tempeln zusammengebracht haben. Auch der Handel stand wohl entweder dem Handwerker oder seinen Herren als Materialquelle zur Verfügung.

Kannte man reines Gold (Nuggets und Bergbaugold) und reines Silber, konnte durch Farb- und Gewichtsvergleiche nicht lange verborgen bleiben, daß Elektron möglicherweise aus diesen beiden Metallen bestand.

Kannte der Goldschmied somit das Legieren von Gold und Silber aus der täglichen Arbeit, bedurfte es jedoch einer größeren innovativen Leistung, die Umkehrung dieses Prozesses, die Trennung von Legierungen wie etwa Elektron in Gold und Silber – oder, wie man heute sagt, das «Scheiden» – zu erfinden. Wie viele Versuche angestellt worden sein mögen, um einem Metall, dem man seinen Goldgehalt ansieht, dieses Gold auch zu entziehen, vermag man nicht einmal zu ahnen. Die Schwierigkeit der Scheidung liegt in der relativ engen chemischen Verwandtschaft der beiden Metalle.

Die hervorragende Eigenschaft des Goldes ist, neben seiner Seltenheit, gerade seine Beständigkeit gegen alle äußeren Einflüsse, sogar gegen das Feuer. Silber aber ist in seinen Eigenschaften dem Gold am nächsten. Von unedlen Metallen wie Kupfer kann man beide durch lang fortgesetztes Glühen und Schmelzen durchaus trennen und reinigen. Eine Legierung von Gold und Silber jedoch übersteht solche Prozeduren praktisch unverändert – im Rahmen der den Alten möglichen Unterscheidungen. Es bedarf vielmehr subtilerer chemischer Verfahren, um die relativ geringen Unterschiede der beiden Metalle zu einer Trennung auszunützen. Um so mehr ist die Erfindung eines Trennverfahrens zu bewundern. Das älteste, übrigens bis weit in die Neuzeit noch geübte Verfahren wird in einer heute nicht mehr unmittelbar verständlichen Wortwahl als «Zementation» bezeichnet. Es handelt sich allgemein um einen trockenen Glühprozeß, wie heute bei der Herstellung von Zement, bei der Scheidung um ein Glühen der Silber-Gold-Legierung mit verschiedenen Zusätzen, besonders von Kochsalz.

Bei der altehrwürdigen Zementation wie beim modernen Naß-Verfahren führt die Scheidung über die Bildung des Silberchlorids[2] AgCl. Unter den den Alten zugänglichen Stoffen kommt als Lieferant für Chlor nur das allgemein verbreitete Kochsalz Natriumchlorid (NaCl) in Frage. Metallurgisches findet sich im Schrifttum der Antike nur spärlich, eine Kombination von Salz und Gold in einem Verfahren wohl nur zweimal: bei Plinius d.Ä. und bei Diodorus Siculus, der einen früheren Reisenden zitiert. Beide Stellen sind es wert, wörtlich zitiert zu werden, schon um einen Einblick in die Art der schriftlichen Überlieferungen technischer Inhalte zu geben.

Plinius [33,84]:

«Man röstet auch Gold mit dem doppelten Gewicht Salz, drei Teilen misy[3] *und abermals mit zwei Teilen Salz und einem Teil vom sogenannten Spaltstein* σχιστός, *[bei Plinius ein Alaun(schiefer)]. So zieht es das Gift heraus, bleibt aber selbst rein und unverdorben. …»*

Plinius fährt dann mit der Verwendung der «Asche» als Heilmittel fort.[4]

Dieser Text um 77 n. Chr. deckt sich hinsichtlich des Salzes weitgehend mit einem viel älteren Text des Agatharchides (2. Jahrhundert v. Chr.), der bei Diodorus Siculus, geschrieben in der Zeit des Augustus, erhalten geblieben ist.[5]

Nach der bereits erwähnten Beschreibung des Bergbaus und des Mahlens der Erze fährt Agatharchides fort:

«Zuletzt nehmen geschickte Werkleute das Ge-wonnene (den Schlich einer Waschstufe) und fül-len es nach festem Maß und Gewicht in irdene Tiegel, mischen es nach Gewicht mit Blei, Klum-pen von Salz und ein wenig Zinn und fügen Gerstenkleie hinzu; darauf setzen sie einen gut passenden Deckel und verschmieren ihn sorgfäl-tig mit Schlamm. Sie backen es in einem Ofen, fünf Tage und ebensoviele Nächte. Am Ende der Periode, wenn sie die Tiegel haben abkühlen las-sen, finden sie keine Rückstände anderer Mate-rialien in den Tiegeln außer dem Gold. Dies ist in reiner Form, und die Verluste sind nur gering.»

Dieses Rezept scheint sehr klar beschrieben, ist aber durchaus irreführend, wie wir später noch sehen werden.

Ein noch älterer Hinweis auf ein Reinigungsver-fahren, allerdings ohne die explizite Angabe des Ver-fahrens, findet sich bei Herodot [4,166], interessant aber wegen einiger psychologischer Implikationen:

«Dieser Aryandes … Statthalter von Ägypten …, der später gestürzt wurde, weil er sich gleiche Rechte wie Dareios anmaßte. Als er nämlich hörte und sah, daß Dareios ein Denkmal hinter-lassen wollte, wie es noch kein König vorher geschaffen habe, ahmte er ihn nach, bis er dann seinen Lohn erhielt. Dareios hatte nämlich ganz reines Gold, das er durch möglichst scharfe Läu-terung gewonnen hatte, zu Münzen schlagen lassen. … Als Satrap von Ägypten tat Aryandes das gleiche mit Silbermünzen. Noch jetzt ist das aryandische Silber das reinste. Als aber Dareios dies erfuhr, warf er ihm etwas anderes vor, näm-lich Empörung gegen ihn, und ließ ihn töten.»

Das Prägen von Münzen durch einen Satrapen, der ja nur Statthalter des Großkönigs war, stellte ein Verbrechen gegen das königliche Münzregal dar und wurde entsprechend bestraft.

3.1. Techniken der Ägypter, Lyder und Perser

Direktes faktische Wissen über die Raffination des Goldes und seine Erfinder ist spärlich und wider-sprüchlich. Bei den Ägyptern war der Gott Ptah der «Meister der Goldschmelzer und -schmiede» und sein Tempel in Memphis war die «Goldschmiede».

Man hat versucht, aus der Analyse von ägypti-schen Goldgegenständen Rückschlüsse auf die Exis-tenz von Reinigungsverfahren zu ziehen, was aber aus den verschiedensten Gründen nicht schlüssig gelungen ist. D. und R. Klemm haben neuerdings die Existenz von Reinigungsprozessen gänzlich in Ab-rede gestellt.[6] Andererseits zeigt das Grabbild des Baqt bei Beni Hassan (ca. 2000 v. Chr.) Details, die einem Verfahren nach der Beschreibung des Aga-tharchides ähnlich sehen, besonders das Bearbeiten des Goldes in einem geschlossenen Tiegel.

Bei dieser unklaren Lage war es wichtig, empi-rische Kenntnisse einzuführen, um wenigstens zu erfahren, ob das Rezept des Agatharchides über-haupt funktionieren würde. Dies hat J.H.F. Notton, Chemiker bei einer bekannten englischen Scheide-anstalt, getan.[7]

In einem Tiegel wurde ein dünnes Blech einer niedrigen Goldlegierung, 37,5 Prozent Gold (Rest Silber und Kupfer) zusammen mit Salz und Ziegel-mehl so lange bei 800 Grad erhitzt, bis der Tiegel aufhörte zu rauchen. Dies war zufälligerweise gera-

de nach fünf Tagen, wie bei Agatharchides angegeben, der Fall. Der geöffnete Tiegel enthielt, neben dem Ziegelmehl, nur noch Gold von über 93 Prozent Gehalt.[8]

Erinnern wir uns, daß etwa 93 Prozent Goldgehalt gerade die obere Nachweisgrenze bei der Strichprobe auf dem Stein sind, wäre also solches Gold nach antiken Begriffen «reines Gold», eben so, wie Dareios es nochmals reinigen ließ, gewesen.

Dies Ergebnis ist nicht weiter überraschend, ist doch genau nach diesem Verfahren bis in die Neuzeit hinein Gold «zementiert» worden. Die für die Beurteilung des Rezeptes des Agatharchides wichtigen Befunde ergaben sich erst, als Notton die anderen Ingredienzien – Blei, Zinn und Kleie – bei neuen Versuchen zusetzte.

Der Zusatz von Kleie bzw. Kohle reduziert den Goldgehalt am Ende des Versuches auf 80 Prozent. Zinn und Blei hinterließen Schlacken, die eine vollständige Reaktion verhindert hatten, außerdem nimmt das Gold Zinn auf. Die Kombination der drei Substanzen liefert besonders schlechte Ergebnisse, kann also auf keinen Fall einer effektiven Reinigung des Goldes gedient haben.

Vermutlich gehen also in Agatharchides' Beschreibung – oder im Zitat des Diodorus – Angaben über verschiedene Prozesse durcheinander. Ein gewisser Bleizusatz, aber ohne die reduzierende Kleie, könnte Bleioxyd bilden und Restverunreinigungen von Sand und Silikaten verflüssigt haben. Bei einem saugfähigen Tiegel wären diese dann verschwunden.

Ein Zinnzusatz mit Kohle oder Kleie könnte der Verfälschung des Goldes gedient haben.[9] Eine Deutung des Prozesses als Kupellation ist unhaltbar, solange Kleie oder andere reduzierende Substanzen beigegeben werden.

Wir wollen aber trotz der Merkwürdigkeiten der schriftlichen Überlieferung festhalten, daß die Ägypter den Zementationsprozeß mit Salz offenbar kannten. Eine ganz andere Frage aber ist die nach der Priorität an dieser Erfindung.

Hanfmann hat mit vielen Schülern und Kollegen Tempel und andere Bereiche der alten Stadt Sardis am Pactolus ausgegraben. Neben den wissenschaftlichen Berichten schrieb Hanfmann regelmäßig Briefe an die Sponsoren, um sie bei der Stange zu halten. Diese Briefe sind auch für den Amateur eine genußvolle Lektüre.[10]

Uns interessiert hier aus der Fülle der Grabungsergebnisse ein Tempelbezirk in «Pactolus Nord», wo dicht neben dem obligaten Altar eine Fülle metallurgischer Herde und Öfen zum Vorschein kamen. Stratigraphisch und mit Hilfe von Keramik wird die Betriebszeit dieser Anlage in das zweite Viertel des sechsten Jahrhunderts v. Chr. datiert, mit einer unteren Grenze definiert durch zwei

Abb. 22: Grundriß des lydischen Tempels in Sardis, Plan «Pactolus North» mit den metallurgischen Anlagen (nach Hanfmann, Waldbaum 1970). Die punktierten Gebiete enthielten Kupellen für die Entfernung unedler Metalle, die Zementation erfolgte in kleinen Öfen, Furnace Area A (W280, S345) und Furnace Area B (W275, S325).

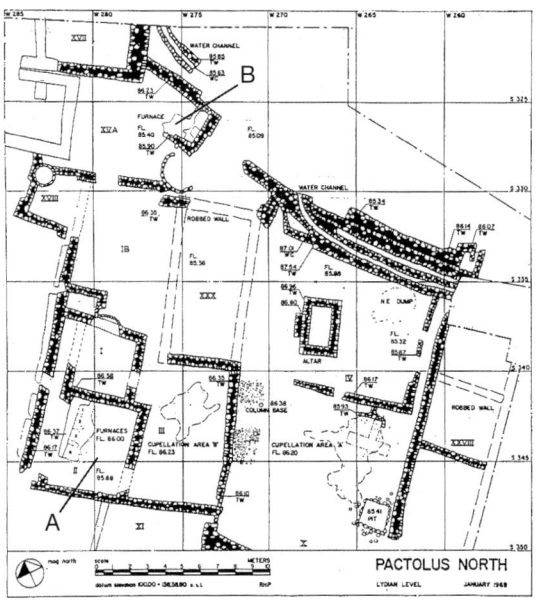

archaische Löwen am Altar und einer Begrenzung nach oben durch lydische Scherben aus dem Übergang vom 7. zum 6. Jahrhundert.[11] Die obige Abbildung gibt den Grundriß dieser Tempelanlage:

Südwestlich des Altars erkennt man einen mit «Furnace Area A» bezeichneten Bereich, der nordwestlich des Altars ein Gegenstück, «Furnace Area B» besitzt. Diese Ofenanlagen haben, lange vor dem Bericht des Agatharchides über die ägyptischen Verfahren, eindeutig der Zementation des Goldes, also der Entfernung des Silbers aus dem Waschgold des Pactolus gedient. Auf die beiden anderen metallurgischen Anlagen, zwei als «Cupellation Area A (bzw. B)» gekennzeichnete Bereiche werden wir später zurückkommen.

In der «Furnace Area B» wurde neben weiteren Ofenresten eine besonders gut erhaltene Batterie von drei Öfen entdeckt, deren bester rechteckig, 50 Zentimeter breit, 35 Zentimeter tief und bis zu einer Höhe von 60 Zentimeter erhalten war.

Der Lehm dieser Öfen war rotgebrannt, aber nicht verglast oder verschlackt. Daraus folgt, daß diese Öfen nicht bei hohen Temperaturen, sondern allenfalls bis etwa 800 Grad betrieben wurden. Zahlreiche Stückchen von sehr dünner Goldfolie legen den Gebrauch dieser Öfen für einen Prozeß unterhalb der Schmelztemperatur des Goldes nahe.

Die gefundenen Folienstückchen lassen sich in zwei Gruppen einteilen: Es gibt «helle» Folien, mit glatter, sauberer Oberfläche und scharfen Rändern neben «dunklen» Folien mit stark deformierter Gestalt, lockigen Rändern, zahlreichen Falten, stark porös und mit vielen Löchern.

Die hellen Folien enthalten um 20 Prozent Silber in bester Übereinstimmung mit aus dem Pactolus gewaschenen Goldproben von 17 bis 24 Prozent Silber. Die dunklen Folien dagegen erreichen Goldgehalte von 99 Prozent. Die dunklen Folien haben häufig Spuren eines rötlichen «Korrosionsproduktes» an ihrer Oberfläche, die hellen nicht.[12]

Es kann überhaupt kein Zweifel daran bestehen, daß hier in Sardis um 600 v. Chr. Waschgold zu dünnen Folien geschlagen (helles Material) und diesen Folien bei etwa 800 Grad in einem chemischen Prozeß das Silber entzogen wurde. Als Agens kommt dafür aus chemischer Sicht nur Kochsalz in Frage. Darüber hinaus läßt das rötliche «Korrosionsprodukt» die Zugabe von Ziegelmehl vermuten. Dies ist genau der Zementationsprozeß, von dem wir hier immer gesprochen haben. Es ist der älteste datierbare Nachweis eines solchen Prozesses, mag er in Sardis erfunden worden sein oder nicht.

Was geschieht nun mit dem Silber während der Zementation? Es reagiert mit dem Chlor des Kochsalzes zu dem bei hoher Temperatur flüchtigen Silberchlorid, AgCl. Dieses wird vom Tiegel oder von dem beigegebenen Ziegelstaub, dem «Zement» aufgenommen. Es bildet eine Art künstliches Silbererz, chemisch dem Mineral Hornsilber nicht unähnlich, und kann nach einfachen Verfahren, die schon in der Antike uralt waren, zurückgewonnen werden. Solches Silber aus der Zementation des Goldes liefert auch einen weiteren wichtigen Hinweis darauf, daß in Sardis die Zementation im Gebrauch war:

Der Schatz von Asyut[13], eine große Zahl von Silbermünzen, vergraben um 475 v. Chr., enthielt auch solche von der Insel Ägina, die im Laufe ihrer Geschichte öfter mit Athen verfeindet und damit von der Silberzufuhr aus den Gruben von Laurion abgeschnitten war. Eine Reihe von sehr frühen (ca. 530–520/510 v. Chr.) Münzen dieser Insel zeigt nun einen Goldgehalt (0,2–1,6 Prozent), der zu hoch ist, um aus einem der griechischen Vorkommen zu stammen. Gentner vermutet überzeugend, daß dieses Silber nur aus der Aufarbeitung von Zementationsrückständen stammen könne. Bei den Handelsbeziehungen Äginas zu dieser Zeit liegt eine Beschaffung dieses Silbers aus Sardis, allenfalls aus noch nicht identifizierten makedonischen Quellen, nahe.[14]

Sardis wird 547 v. Chr. durch den Perserkönig Kyros erobert, der den sagenhaften Goldschatz des Kroisos nach Gazaca ins Ostiran bringen läßt. Ob die Perser die Raffination des Goldes vorher kann-

ten, scheint ungewiß, spätestens von diesem Zeitpunkt an mußten sie jedoch im Besitz des technischen Wissens sein, das später dem Dareios das Prägen von Münzen aus reinstem Gold, den «Dareiken», gestattete.

3.2. Eine Spur durch die Geschichte

Das Zementationsverfahren hat über mehr als zweitausend Jahre die Reinigung des Goldes – und damit auch die Reinheit der goldenen Münzen – bestimmt. Läßt sich, so wie die Numismatik die Geschichte der Münzen verfolgt, auch die Tradition eines technischen Verfahrens durch die Geschichte verfolgen?

Ob aus alter Zeit oder aus Kontakt mit den Lydern, spätestens aber mit der Eroberung Ägyptens durch die Perser, ist die Zementation den Ägyptern bekannt und wird ständig ausgeübt. Zosimos, ein bekannter Alchemist, soll im 3. Jahrhundert n. Chr. den Tempel des Ptha in Memphis besucht haben, wo er den Stand der Goldtechnologie ganz seinen eigenen Kenntnissen entsprechend fand.[15]

Über den Kontakt mit den Alchemisten, und besonders durch Werkstattbücher, wie wir im Leidener Papyrus ein bemerkenswertes Beispiel besitzen, sind diese alten Kenntnisse weit verbreitet und in spätere Jahrhunderte vermittelt worden.

Dies ergibt sich aus dem Wiederauftauchen immer der gleichen Rezepte im siebenten, achten und zehnten Jahrhundert.[16] Eines dieser immer wieder vorkommenden Rezepte des Papyrus betrifft eindeutig die Zementation, und zwar mit der schon bei Plinius[17] angegebenen Beimischung von Alaun neben dem Salz:

«Behandlung von Gold
Zur Behandlung von Gold, um es gründlich zu reinigen und glänzend zu machen: Misy 4 Teile; Alaun 4 Teile; Salz 4 Teile. Mahle mit Wasser, und wenn das Gold damit überzogen ist, tue in ein irdenes Gefäß, stelle in einen Ofen und verschmiere mit Lehm. Erhitze, bis die Substanzen geschmolzen sind, ziehe es heraus und reinige sorgfältig.»

Bedeutet «Misy» hier ein Verwitterungsprodukt kiesiger Eisen- oder Kupfererze, dann darf man in der Reaktionsmischung mit dem Entstehen von Schwefel- und Salzsäure rechnen, die die Auflösung vieler Verunreinigungen begünstigen sollten.

In Deutschland taucht die Zementation in Theophilus Presbyters «Schedula Diversarium Artium» auf, um 1100 im Kloster Helmarshausen, Bistum Paderborn, verfaßt. Lateinische Abschriften dieses Werkes befinden sich in Wien und Wolfenbüttel, in London, Cambridge, Leipzig und Paris. Im Buch III, 33 findet sich eine genaue Anleitung zur Zementation.[18] Beginnend mit dem Ausschmieden des Goldes zu dünnen Blechen fährt die Anleitung fort:

«Zerkleinere einen Ziegelstein oder den rotgebrannten Ton eines Ofens, wäge ihn nach dem Zerkleinern in zwei gleiche Teile ab und füge als dritten Teil Salz von gleichem Gewicht hinzu.»

Es folgt die Anweisung, die Goldbleche wechselweise in einen Tiegel zu legen und diesen gut mit Ton und einem zweiten Tiegel zu verschließen. Weiter wird der Bau eines geeigneten Ofens im Detail beschrieben. Schließlich heißt es:

«Sorge dafür, daß es über den Zeitraum eines Tages und einer Nacht an kräftigem Feuer nicht fehlt.»

Aus der islamischen Welt liegt uns ein Werk des berühmten Enzyklopädisten Al Hamdani über «Die beiden Edelmetalle Gold und Silber» vor, geschrieben frühestens im Jahre 942.[19] Hier werden genaue Vorschriften für die Zementation mit Salz, Ziegelstaub und Bleisulfat, auch mit einer als Alaun verstehbaren Substanz, gegeben. Die Feuerführung und der Bau der Öfen werden aufs genaueste beschrieben. Inhaltlich decken sich diese Angaben vollstän-

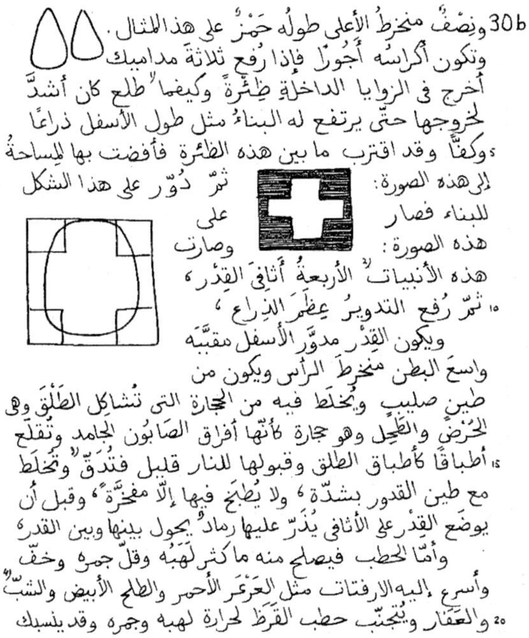
30b ونصف منخرط الأعلى طوله جمز على هذا المثال.
وتكون أكراسه أجوزا فإذا رفع ثلاثة مداميك
أخرج في الزوايا الداخلة طئرة وكيفما طلع كان أشد
لخروجها حتى يرتفع له البناء مثل طول الأسفل ذراعا
وكفا وقد اقترب ما بين هذه الطئرة فأفضت بها المساحة
إلى هذه الصورة: ثم دوّر على هذا الشكل
للبناء فصار على
هذه الصورة: وصارت
هذه الأنبيات الأربعة أثافي القدر،
ثم رفع التدوير عظم الذراع،
ويكون القدر مدور الأسفل مقببه
واسع البطن منخرط الرأس ويكون من
طين صليب ويخلط فيه من الحجارة التي تشاكل الطلق وهي
الحرض والطحل وهو حجارة كأنها أفراق الصابون الجامد وتقلع
أطباقا كأطباق الطلق وقبولها للنار قليل فتدق وتخلط
مع طين القدور بشدة، ولا يطبخ فيها إلا مفخرة، وقبل أن
يوضع القدر على الأثافي يذر عليها رماد يحول بينها وبين القدر،
وأما الحطب فيصلح منه ما كثر لهبه وقل جمره وخف
وأسرع إليه الارفتات مثل العرعر الأحمر والطلح الأبيض والشب
والعقار ويتجنب حطب القرظ لحرارة لهبه وجمره وقد ينسبك

Abb. 23: Textseite aus Al Hamdanis Beschreibung eines Ofens zur Zementation (nach Toll, 1968). Oben die Andeutung der Tiegelform, darunter das Fundament und die Auflagen für den Tiegel.

dig mit dem, was wir von anderen Quellen schon beschrieben haben.

Wichtig ist diese islamische Quelle noch unter einem anderem Aspekt. Im Zusammenhang mit dem arabischen Welthandel, nämlich über die Seidenstraße und ihre Verästelungen, werden hier deutlich Möglichkeiten eines Austausches technischer Kenntnisse über Indien bis in den fernen Osten sichtbar.[20]

Daß die Scheidekunst auf dem Weg durch Raum und Zeit Fortschritte gemacht hat, folgt aus einem weiteren Rezept bei Theophilus [III, 34]. Hier wird das mit dem Gold legierte Silber durch Behandeln mit Schwefel in Schwefelsilber überführt. Dieses Verfahren wird besonders für kleine Goldmengen empfohlen sowie für die Gewinnung von «Niello», einer schwarzen Legierung von Schwefelsilber, die noch heute wie im Altertum gelegentlich zum Verzieren von Silbergegenständen verwendet wird.

Das 16. Jahrhundert sieht eine kleine Explosion metallurgischen Schrifttums. Nach einigen «Feuerwerksbüchern» und «Probierbüchern» erscheint 1540 Biringuccios «Pirotechnica» in Venedig. Biringuccio, geboren in Siena etwa 1480, war städtischer Werkmeister – wir würden heute vielleicht sagen: Leiter der technischen Betriebe, besonders des Zeughauses. Er war bekannt als Geschützgießer, wurde öfter wegen undurchsichtiger Angelegenheiten verfolgt und sogar mehrmals geächtet, auch der Goldverfälschung beschuldigt. Ein Fachmann in allen technischen Arbeiten mit Feuer, schrieb er seine «Pirotechnica» in den letzten Jahren seines Lebens als eine Art «Testament» und starb entweder Ende 1538 oder Anfang 1539.[21]

Die «Pirotechnica» beschreibt im 7. Kapitel die Zementation sehr genau als Anleitung, inhaltlich deckungsgleich mit der oben zitierten Vorschrift des Theophilus: *«Von feinem Ziegelpulver eine beliebige Menge, dazu 1/3 vom Ganzen fein gemahlenes Kochsalz, das Ganze in einen Tiegel und 24 Stunden bei Rotglut halten, aber nicht aufschmelzen.»*

Interessant ist im Hinblick auf manche der weiter oben gegebenen Rezepte der Satz: *«Einige setzen der Mischung 1/8 Vitriol (Eisensulfat) zu; im allgemeinen genügt aber das oben beschriebene Ziegelpulver und das Salz.»*

Neben dieser uralten Methode kennt Biringuccio auch schon die Herstellung hochprozentiger Salpetersäure, das noch heute verwendete «Scheidewasser», stellt aber fest, daß «große Kosten und Umstände» mit der Scheidung einer größeren Menge von Gold und Silber auf diesem Wege verbunden sind.

Einen ersten Hinweis auf einen Vorläufer der Scheidung mit Salpetersäure (hier *in statu nascendi*) findet sich auch bei Al Hamdani.[22] Dieser erwähnt eine besondere Art des Zementierens für schwer zu trennende Goldsorten. Man soll sie mit «Salzen des Staubes, der am Fuß von Mauern ist»[23] – neben dem üblichen «Mittel» aus Salz, Ziegelstaub und Sulfaten – erhitzen. Die Ausblühungen am Fuß von Mauern enthalten mit hoher Wahrscheinlichkeit Kalksalpeter (aus Urin), der beim Glühen mit Sulfaten geringe Mengen von Salpetersäure gebildet haben kann, ohne daß diese als definierte Substanz in Erscheinung trat.

Auch die Rückgewinnung des Silbers wird bei Al Hamdani erstmalig ausführlich und technisch richtig beschrieben.

Biringuccio kennt ebenfalls das schon bei Theophilus angeführte Verfahren des Scheidens mit Schwefel und führt als dritte Variante der trockenen Verfahren das Scheiden mit Antimonglanz, Spießglanzerz (Sb_2S_3), an.

Agricola[24] im zehnten Buch seiner «De re metallica» von 1556 kennt zahlreiche Rezepte zur Herstellung von Scheidewasser, zum Scheiden mit Schwefel, mit Antimonglanz, aber auch immer noch als Standardverfahren die Zementation. Für das Salzgemisch werden mehrere Rezepte, wieder mit Zuschlägen von Vitriolen und anderem, angegeben. Den gleichen Kenntnisstand zeigen auch das Probierbuch des Lazarus Ercker 1556 und das Münzbuch 1563.[25]

So führt eine mehr oder weniger geschlossene Linie der technischen Tradition bei der Scheidung von Gold und Silber von den alten Lydern über die

Ägypter, über die Alchemisten bis in die beginnende Neuzeit. Bleibt nur noch anzumerken, daß Agricolas Werk die Hüttentechnik, und nicht nur in Deutschland, bis in den Anfang des 19. Jahrhunderts befruchtet und begleitet hat.

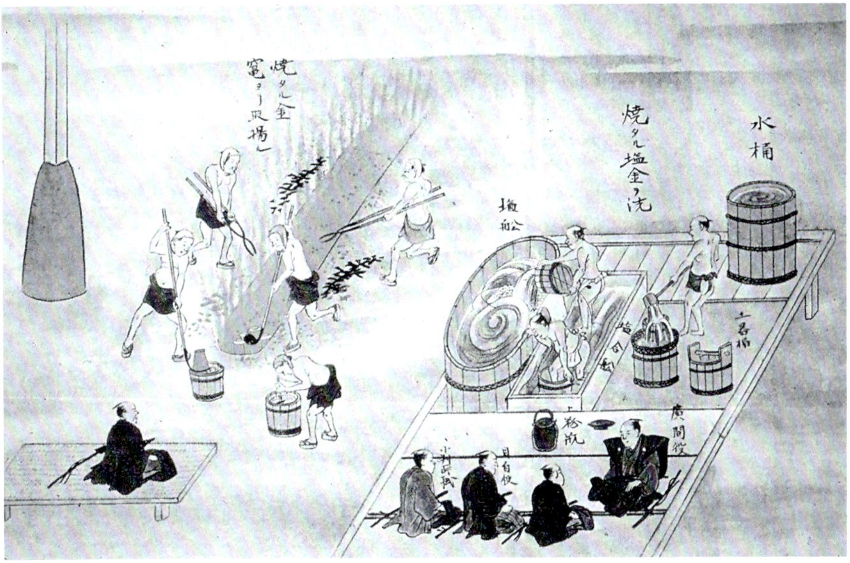

Eine Betrachtung der Spuren einer weit gewanderten fundamentalen technischen Kunst wäre nicht vollständig, wenn wir nicht erwähnten, daß eben diese Technologie auch im fernen Osten anzutreffen ist.

Japan besitzt einige berühmte Edelmetall-Bergwerke. Einen Weltrekord in Betriebsdauer dürfte die Silbergrube von Ikuno aufweisen. Sie war, als sie 1973 geschlossen wurde, rund 1200 Jahre lang in Betrieb gewesen. Die berühmteste Goldmine aber ist die auf der Insel Sado, vor der nördlicheren Westküste.

Von dieser Mine und den zugehörigen Hüttenanlagen existieren schriftliche und vor allem bildliche Unterlagen noch aus der frühen Edo-Zeit, etwa ab 1600 n. Chr.[26]

Die Leiter der Gruben, dem Shogun verantwortliche Daimios – das sind Samurais im Range von Fürsten –, ließen sich von bei der Grube angestellten Malern bei Beendigung ihrer Dienstzeit eine Bildrolle, e-maki, als Erinnerung anfertigen. Diese Rollen zeigen das Bergwerk, die Hüttenvorgänge und das Prägen von Münzen in künstlerisch hervorragender Form. Die technische Treue der Darstellung ist, da die Maler ja sachverständige Angehörige der Gruben waren, so hoch, daß man Hütten- und Bergbauverfahren leicht rekonstruieren kann.

Die Universität von Tokio besitzt eine solche Rolle, die auf die zweite Hälfte des 18. Jahrhunderts datiert wird, der Künstler ist unbekannt. Aus dieser Rolle stammt die Abbildung 24, die unschwer einen Zementationsprozeß erkennen läßt.

Abb. 24: Zementation in der Sado-Mine, aus einem in Tokio aufbewahrten e-maki. Links langer Ofen mit Tiegeln, rechts Auswaschen des Tiegelinhalts.

In einem großen Feuerbett links oben stehen viele Tiegel mit gut verschmierten Deckeln. Die Tiegel sind mit einer Gold-Silber-Legierung sowie Salz gefüllt. Aus der Art des Feuers folgt auch, daß hier ebenso wie im Abendland sorgfältig vermieden wurde, daß das Gold während der Zementation die Schmelztemperatur erreichen konnte.

Nach einer längeren Expositionszeit im Feuer werden die Tiegel noch heiß in Wasser geworfen, und der Inhalt wird gewaschen. Aus dem so gewonnenen Gold werden dann große längliche Blechplatten gegossen. Diese werden gewaschen und gebürstet, in kleine, ovale Platten geschnitten und schließlich zur Münze gestempelt.

Es ist zweifelhaft, ob diese Technik auf rein asiatischen Traditionen beruht. Im 16. Jahrhundert sind verschiedene Hüttenverfahren, teils aus Korea, teils durch Jesuiten und Holländer in die japanische Metallurgie eingeflossen. Andererseits gibt es viele technische Begriffe, die auf ein vor den genannten Kontakten gebräuchliches Alt-Japanisch zurückgehen. Der technisch hohe Stand der Metallurgie in Japan seit dem achten nachchristlichen Jahrhundert läßt viele eigenständige Entwicklungen durchaus möglich erscheinen. Für die Zementation müssen wir die Frage nach einem eventuellen Technologietransfer mangels konkreter Hinweise – zumindest einstweilen – noch offenlassen.

Abb. 25: In der Sado-Mine geprägte Goldmünze (M=ca. 1:3)

4. Goldmünzen

Goldmünzen, Münzen aus reinem oder gering legiertem Gold, sind wohl ebenso wie die Elektron-Münzen, zuerst in Lydien geprägt worden. Gold und Elektron werden im Schrifttum häufig nicht sauber unterschieden. Reines Gold war in der griechischen Welt verhältnismäßig rar, auch wenn Homer (Ilias VI, 234) berichtet, Glaukos habe seine goldenen Waffen im Wert von 100 Stieren gegen eherne des Diomedes im Wert von nur 9 Stieren getauscht. Es kam vorwiegend als Geschenk fremder Fürsten wie Gyges oder Kroisos ins Land und wurde in Form von Weihegeschenken in den Tempeln verwahrt.[1] Noch in der klassischen Zeit wurden solche Goldvorräte nur aus Not zu Münzen geprägt. Erst in der militärisch und politisch verzweifelten Lage Athens 407/406 v. Chr. prägte man aus rund 420 Kilogramm Gold des Tempelschatzes etwa 100.000 Drachmen, von denen noch 26 erhalten sind.[2]

Anders im nordafrikanischen Kyrene mit seiner überwiegend griechischen Bevölkerung. Hier hatte man neben vielem Silbergeld schon immer Gold in kleinen Nominalen ausgeprägt. Insgesamt aber waren Goldmünzen wohl stets nur in wesentlich geringerer Zahl vorhanden als solche aus Silber.

Wertangaben, auch für Gold, werden übrigens zur damaligen Zeit fast nur in Silber-Talenten gerechnet bzw. umgerechnet. Vor Alexander war das Wertverhältnis Gold zu Silber etwa 13 zu 1, später 10 zu 1 und in Rom bis Augustus etwa 12 zu 1.

Rom war vor seiner Expansion relativ arm an Gold; der Staatsschatz enthielt vor der Plünderung durch die Gallier (387 v. Chr.) nur 2000 römische Pfund Gold, rund 655 Kilogramm. Man erbat noch um 250 v. Chr. von König Ptolemaios II. von Ägypten ein Darlehen von 2000 Talenten Silber, das sind etwa 52 Tonnen, zur Finanzierung des Krieges gegen Karthago.

Ein grundlegender Wandel im Münzwesen setzt mit der Zeit des frühen Hellenismus ein. Im Norden Griechenlands fanden sich erhebliche Goldvorkommen in Thasos und im Pangeiongebirge, aus denen besonders König Philipp II.[3] große Mengen von Münzen, die Φιλίππειοι, die «Philipper»[4], prägen ließ. Diese Statere attischen Gewichts, 8,6 Gramm schwer, waren berühmt und sicher auch Bestandteile der Last der Goldesel, die nach den bei Plutarch überlieferten «Denksprüchen von Königen» (apoph.bas. 14) jede noch so gut befestigte und bewachte Mauer übersteigen konnten. Die Menge der griechischen Goldmünzen vermehrte sich wenig später durch die Beute, die der Sohn des Königs, Alexander der Große, in Persien machte, um ein Vielfaches.

Diodor berichtet [17, 66, 1] unter anderem, daß Alexander der Große in der persischen Hauptstadt Susa 330 v. Chr. Goldmünzen, die bekannten Dareiken, im Werte von 9000 Talenten Silber vorfand. Dies sind, bei einem Wertverhältnis von Gold zu Silber von 1 zu 13,5, rund 17,5 Tonnen oder 2.035.000 Münzen. Diese und weiteres Gold aus der Beute ließ Alexander zu Stateren, den goldenen «Alexandreiern», Ἀλεξάνδρειος στατήρ oder χρυσοῦς um- bzw. ausprägen. Ohne den Zusatz «Stater» oder «goldener» verstand man in der Antike unter «Alexandreios» immer die Silbermünzen dieses Herrschers, die in noch weit höherer Zahl umliefen.[5]

Diese Flut von Gold- und Silbermünzen strömte natürlich bis Makedonien und Griechenland, ihre Menge machte sie zum «Handelsgeld». Sicher hat der große Feingehalt – also der Metallwert – dazu beigetragen, daß angesichts der großen Prägezahlen von einst vergleichsweise nur relativ wenige Stücke bis heute überliefert und erhalten sind.

Insgesamt sind damals mehr als 500 Millionen Münzen in wenigen Jahren geprägt worden – neben all dem anderen Bedarf eines großen Heeres eine unglaubliche Leistung industrieller Organisation.[6]

Der hohe Wert der erhaltenen Stücke hat für den Betrachter der metallurgischen Künste einen schweren Nachteil: Sie stehen nur selten für Analysen und schon gar nicht für eine metallographische Untersuchung zur Verfügung. Daher besitzen wir kaum experimentell belegtes Material über ihre Herstellung.

Die Metallurgie der alten Goldmünzen muß vielmehr aus Analogien zur Silberprägung, gestützt auf Analysen und Eigenschaften der bekannten Legierungen, erschlossen werden.

4.1. Methoden der modernen Analyse

Da wir in unserer Kenntnis der Goldmünzen so stark auf die Ergebnisse der Analytik beschränkt sind, wollen wir an dieser Stelle einen kurzen Blick auf die wichtigsten Methoden zur quantitativen Bestimmung der Inhaltsstoffe werfen.

Analysenmethoden unterscheiden sich außer durch Genauigkeit und Empfindlichkeit auch darin, ob sie den untersuchten Gegenstand zerstören, beschädigen oder, als Idealfall, keine erkennbaren Beschädigungen hinterlassen. Die Spektralanalyse ist zwar sehr empfindlich, eignet sich aber nicht besonders für quantitative Untersuchungen. Die Atom-Absorptions-Analyse wird häufig für Spurenelemente verwendet, ist aber wegen der erforderlichen Probenahme nicht hinreichend beschädigungsfrei. Diese beiden Methoden werden hier, trotz ihrer häufigen Anwendung, nicht näher erörtert.

Die konventionelle naßchemische Analyse braucht, je nach gewünschter Genauigkeit, etwa 10 bis 50 Milligramm Substanz. Diese wird aufgelöst und geht für immer verloren. Bei der Dokimasie, (siehe S. 64 ff. «Das Verfahren der Kupellation») sollte die Probemenge eher im Bereich von 100 Milligramm liegen. Für Gold mit einer Dichte von 19,3 Gramm pro Kubikzentimeter bedeuten 20 Milligramm Probennahme aber schon die Entfernung eines Würfels von 1 Millimeter Kantenlänge.

Die Probenahme stellt also unvermeidbar eine ernste Beschädigung dar. Man muß daher in jedem Falle sorgfältig abwägen, ob der Wert der zu erwartenden Information einen solchen Schaden an einem immerhin unersetzlichen Stück Kulturgut aufwiegt.

Andererseits wird man häufig bei der Anwendung beschädigungsfreier Methoden eine gewisse Unsicherheit bei der Bewertung des Ergebnisses in Kauf nehmen müssen. Ein Musterbeispiel hierfür ist die «Analyse» von Goldmünzen mit Hilfe der Dichte.

Bei dieser dem Archimedes (287–212 v. Chr.) zugeschriebenen beschädigungslosen Methode wird die Münze einmal in Luft und dann ein zweites Mal, untergetaucht in Wasser oder einer anderen Flüssigkeit bekannter Dichte, genau gewogen. Die Differenz der beiden Wägungen liefert das Volumen der Münze. Teilt man nun das Ergebnis der ersten Wägung durch diese Differenz, erhält man die gesuchte Dichte.

Da die Dichten von Silber und Kupfer mit 10,52 und 8,92 Gramm pro Kubikzentimeter wesentlich geringer sind als die von Gold, kann man aus der gemessenen Dichte der Münze auf deren Zusammensetzung schließen. Besteht der Prüfling nur aus zwei Metallen, also etwa Gold und Silber, kann man so recht verläßliche Daten der Zusammensetzung erhalten.[7]

Enthält die Münze aber neben Gold sowohl Silber als auch Kupfer, muß man wenigstens das Verhältnis zweier der beteiligten Metalle kennen, also etwa das Verhältnis von Silber- zu Kupfergehalt. Es besteht nun die Gefahr, daß dieses Verhältnis – auch in einer zusammenhängenden Serie – von Münze zu Münze schwankt (vgl. Tabelle 6). Um den Betrag dieser Schwankungen sind die Analysen prinzipiell unsicher. Für viele numismatische Fragen sind solche Unsicherheiten aber ohne Belang. Bei der überwiegenden Anzahl der veröffentlichten Analysen antiker Goldmünzen ist nach diesem Verfahren vorgegangen worden.

Ein beschädigungsloses[8] Analysenverfahren, mit dem man nahezu alle Elemente nebeneinander bestimmen kann, bietet die sogenannte Mikrosonde. Bei diesem Gerät wird ein fein gebündelter Elektronenstrahl punktweise in einem Raster über die Münzoberfläche geführt. Von der Oberfläche zurückgestreute oder sekundär emittierte Elektronen können aufgefangen werden und liefern ein mikroskopisches Bild der Oberfläche (Raster-Elektronenmikroskop).[9]

Die auffallenden Elektronen erzeugen aber auch Röntgenstrahlen im Metall der Münze. Diese Röntgenstrahlen haben eine für jedes Metall charakteristische Energie. Mißt man nun Energie und Menge der von einem ausgewählten Bereich der Münzoberfläche durch den Elektronenbeschuß erzeugten Röntgenstrahlen, kann man nach einigen Rechnungen und Korrekturen eine recht gute quantitative Analyse dieses Bereiches erhalten.

Doch auch bei dieser nahezu vollkommenen Analysenmethode muß man einige Unsicherheiten in Kauf nehmen. Zum einen liegt die Nachweisgrenze für Verunreinigungen nur knapp unter einem Gewichtsprozent (in günstigen Fällen bei vielleicht 0,1 Prozent). Sogenannte Spurenelemente können also nicht erfaßt werden. Gerade im Metall aufgelöste Spuren von Gold, Blei und Wismut in Silbermünzen, sowie Spuren von Platin und Zinn in Goldmünzen, können aber bei der numismatischen Metallurgie von großem Interesse sein. Auf diese Informationen muß hier also verzichtet werden. Nicht gelöste Verunreinigungen und Ausscheidungen können aber bis herab zu etwa einem Tausendstel Millimeter Größe noch einzeln untersucht werden, ein nicht zu unterschätzender Vorteil der Methode.

Zum anderen dringt der anregende Elektronenstrahl nur wenige Mikrometer in die Tiefe der Münze. Darunter liegendes Material entgeht der Analyse. Wir wissen aber, daß die Oberfläche jedes alten Fundgegenstandes durch die Bodenlagerung chemisch verändert werden kann. Durch die Beschränkung der Methode auf eine sehr dünne Oberflächenschicht können solche Veränderungen in der Regel nicht erkannt werden, wenigstens solange man strikt die Forderung nach völliger Freiheit von Beschädigungen erfüllt, d.h. auf Präparation oder Anschliff verzichtet. Es besteht die Gefahr, die veränderte Oberflächenschicht fälschlich für das tatsächliche Münzmaterial zu halten.

Trotz der erwähnten Einschränkungen ist das Verhältnis von Arbeits- und Kostenaufwand zur Menge der erhaltenen Informationen wegen der Verknüpfung von Mikroskopie und Analyse außerordentlich günstig.

Eine nützliche, allerdings apparativ sehr aufwendige Methode für die Analyse antiker Goldmünzen liefert die Kernphysik. Diese Methode, die «Neutronen-Aktivierungsanalyse», verläuft wie folgt: Man bestrahlt die Münze oder Probe eine gewisse Zeit mit Neutronen. Dabei entstehen radioaktive Isotope des Goldes, Silbers und Kupfers. Auch die radioaktiven Folgeprodukte von Arsen, Antimon und Zink können beobachtet werden, falls diese Metalle in der Münze vorhanden sind. Die Folgeprodukte der Bestrahlung lassen sich anhand unterschiedlicher Energien ihrer Gammastrahlung getrennt erfassen. Unter Berücksichtigung einiger Korrekturen kann man daraus brauchbare quantitative Analysen ermitteln.

Mit dieser Methode läßt sich erheblich weiter «in die Tiefe sehen» als mit der Mikrosonde. Bestrahlt man aber in einem Reaktor mit hohen Neutronenflüssen, entstehen zu viele langlebige Isotope des Silbers, d.h., die Münze behält über einige Jahre eine geringe, aber nachweisbare Radioaktivität – bei der heutigen Einstellung der Menschen zu diesem Thema ein kaum akzeptierbarer Umstand.

Die heute mögliche extreme Empfindlichkeit beim Nachweis radioaktiver Elemente bietet hier einen geschickten Ausweg. Man muß ja nicht die ganze Münze bestrahlen; es genügt, einen Abstrich der Münze auf einem rauhen Quarzglas herzustellen. Dieser kann dann beliebig bestrahlt werden. Der alte Probierstein hat somit eine Auferstehung gefeiert. Mit dieser Methode[10] sind inzwischen viele Tausende von Analysen angefertigt worden. Eine besondere Bedeutung hat diese Methode auch dadurch gewonnen, daß mit ihrer Hilfe das wesentlich breiter anwendbare und billigere Verfahren der Dichtemessung nachgeprüft und stetig verbessert werden konnte.

Hier ist vielleicht der Ort, einige kritische Bemerkungen über Münzanalysen einzuflechten. Nach landläufiger Meinung liefert eine Analyse Auskunft über die Inhaltsstoffe der Probe, und der Laie versteht darunter «alle» Inhaltsstoffe. In Wirklichkeit findet der Analytiker nur diejenigen Stoffe, nach denen er sucht, und auch diese nur in dem durch seine Ausrüstung und seine Fähigkeiten bestimmten Rahmen. Die Antworten hängen von der

Fragestellung ab, und nicht gestellte Fragen finden keine Antwort. Das heißt für die Münzanalyse, daß nur diejenigen Metalle gefunden werden, die von vornherein vermutet wurden. Wegen der hohen Kosten an Geld und Zeit für jede einzelne Bestimmung wird nun in aller Regel die Analyse auf diejenigen Elemente beschränkt, die der Auftraggeber oder der Analytiker aus seinem Kenntnisstand vor Beginn der Arbeit für wichtig hält.

Diese Selbstbeschränkung kann positive und negative Folgen haben. Positiv ist zu sehen, daß durch geschickte Einschränkung der zu analysierenden Elemente eine unter Umständen große Zahl von Proben im Hinblick auf eine ganz bestimmte Fragestellung mit den verfügbaren Geldmitteln untersucht werden kann.

Negativ wirkt sich die Einschränkung aus, wenn die ursprüngliche Fragestellung geändert oder, vielleicht durch einen späteren Bearbeiter, erweitert werden muß. Dann kann es vorkommen, daß gerade ein für die neue Fragestellung wichtiges Element nicht bestimmt wurde und die alten Analysen nicht zu verwenden sind, trotz all der bereits erfolgten Beschädigungen am Münzbestand. Viele Analysen von keltischen Muschelstateren und auch die in einem früheren Kapitel behandelten Analysen der lydischen Elektron-Münzen sind Musterbeispiele für dieses Dilemma, weil das gerade für die Kulturgeschichte dieser Münzen wichtige Platin nicht oder nur in zu wenigen Fällen bestimmt wurde. Damit sind wichtige Informationen nicht ermittelt und unter Umständen sogar für immer verlorengegangen.

Aus diesen Überlegungen folgt, daß der Vergleich von Analysen verschiedener Laboratorien und verschiedener Münzen einer Abwägung nicht nur hinsichtlich eventueller Meßfehler, sondern auch und besonders hinsichtlich der Fragestellungen bedarf.

Mit aller Vorsicht verallgemeinernd, kann man die Suche nach den folgenden Elementen in der Münzanalyse als notwendig einstufen:

- In Goldmünzen: Kupfer als Hinweis auf Farbkorrekturen, Zinn als Hinweis auf Seifengold und schließlich die Platinmetalle als Hinweis auf vorderasiatische Herkunft.
- In Silbermünzen: Blei ist ein wichtiger Indikator für Kupellation und ihre Güte, Wismut manchmal für die Herkunft aus bestimmten Lagerstätten; Gold kann auf Rückgewinnung aus einer Zementation hindeuten.
- In Kupfermünzen könnte die bisher praktisch nie durchgeführte Schwefelbestimmung hilfreich sein, um Hypothesen über die Herkunft des Metalls zu prüfen (z.B. Herkunft aus sulfidischen Kupfererzen des Balkans bei römischen Münzen).
- Bei Münzen aus stark vermischten Metallen kann man sich wohl auf die Bestimmung der Hauptbestandteile beschränken.

Als Kontrapunkt zu den bisherigen Überlegungen wollen wir noch die einzige bekannte «Vollanalyse» einer Goldmünze betrachten. Es handelt sich um einen Aureus des Nero aus der römischen Münze.[11] Angegeben werden die Mittelwerte aus zwei Bestimmungen in Gewichts-ppm (*parts per million*), bezogen auf die Goldmatrix.

Tab.3: Massenspektrometrische Analyse eines Aureus von Nero (nach Cope, 1972)

Aluminium	3	Niob	< 0,5
Antimon	2	Palladium	25
Arsen	0,3	Phosphor	0,3
Barium	2	Platin	7
Wismut	< 0,2	Kalium	3
Brom	1,5	Scandium	< 0,2
Bor	< 0,03	Calcium	< 10
Selen	< 2	Chlor	1,5
Silicium	< 10	Chrom	< 0,6
Silber	5000	Kobalt	0,6
Natrium	4	Kupfer	125
Strontium	0,5	Gallium	< 0,3
Schwefel	1,5	Eisen	200
Zinn	20	Blei	3
Titan	1	Magnesium	10
Vanadium	0,8	Mangan	22
Zink	5	Molybdän	2
Zirkon	2,5	Nickel	2

Mit Einschluß von Gold sind in dieser Analyse 37 von insgesamt nur 92 natürlichen Elementen vorhanden. Es fehlen im wesentlichen nur einige der Seltenen Erden, Wasserstoff, Jod, die Edelgase, die radioaktiven Elemente und Uran.

Was lehrt uns dieser extreme Aufwand? Die Münze wurde aus sehr reinem Gold geprägt. Das Gold ist so rein, daß nur Silber, Eisen und Kupfer überhaupt von einer konventionellen naßchemischen Analyse hätten erfaßt werden können, alle anderen Gehalte liegen unter deren Nachweisgrenze.

Die Römer besaßen also zu dieser Zeit ein hervorragendes Verfahren zur Raffination des Goldes. Über das Verfahren an sich sagt die Analyse überhaupt nichts aus. Man kann nur vermuten, daß, vielleicht nach einer Kupellation, die weiter vorn beschriebene Zementation, möglicherweise mehrmals, angewendet wurde.

Im übrigen zeigt die Analyse gar nichts. Die Bleigehalte sind viel zu gering, um sie als Nachweis der Kupellation auffassen zu können. Die Gehalte an Platinmetallen sind zwar analytisch signifikant, haben aber viel zu geringe Werte, um auf irgendeine spezielle Lagerstätte (siehe unten) schließen zu lassen.

Die angeführte Analyse ist aber trotzdem sehr wichtig, gerade um der Erkenntnis vom begrenzten Wert der Spurenanalyse willen. Sie zeigt, daß man sich hüten sollte, Analysen nach der Anzahl der nachgewiesenen Elemente zu bewerten. Eine auf einer kulturgeschichtlichen Fragestellung basierende, geschickte Auswahl der zu analysierenden Elemente erscheint ebenso schwierig wie notwendig für wertvolle Arbeitsergebnisse.

Die eine geopferte Münze hat also eine wertvolle – wenn auch negative – Erkenntnis gebracht. Es wäre völlig witzlos, bei weiteren kostbaren Münzen Spuren in dieser Vollständigkeit und Empfindlichkeit zu analysieren, es sei denn als *l'art pour l'art*. Dafür aber sind antike Münzen zu schade.

4.2. Goldstatere, ein Beispiel für den Nutzen der Spurenanalyse

Die Statere Alexanders beeindruckten auch die nördlichen Handelspartner, die «Barbaren», die die-

Abb. 26: Keltische Nachprägung eines Staters Philipps II. von Makedonien

se Münzen so hoch einschätzten, daß sie sie zum Vorbild für eigene Prägungen nahmen. Die Funktion als Vorbild erstreckte sich nun – und das ist das eigentlich Interessante – nicht nur auf Gewicht und Münzbild, sondern auch auf die hohe Feinheit des Goldes, vielleicht eine Nachwirkung der Auffassung des Dareios von königlicher Ehre.

Vorderasiatisches Gold ist, wie wir gesehen haben, sehr oft durch nennenswerte Gehalte an Platinmetallen ausgezeichnet. In mitteleuropäischen Lagerstätten dagegen kommt Platin nicht oder nur in wesentlich geringeren Mengen vor. Mit einiger Vorsicht kann man diese Platingehalte als Argument gebrauchen, wenn man die Frage untersucht, ob z.B. die keltischen Nachprägungen[12] auf einer eigenen Rohstoffbasis fußten. Platinhaltiges Gold ist im vorlatenezeitlichen Mitteleuropa auch bei anderen Artefakten äußerst selten[13], es verbreitet sich erst im Laufe der Latenezeit. Die Verbreitung dieser Goldsorten kann also gut mit den ausgedehnten Wanderungsbewegungen, Handelsbeziehungen und Raubzügen keltischer Stämme in Verbindung stehen, die häufig den Raum des Mittelmeeres, in dem vorderasiatisches Gold kursierte, zum Ziel hatten.

Man beachte die typisch keltische Form des Pferdes, die einwandfrei beweist, daß es sich nicht um eine Fälschung in unserem Sinne handelt, sondern um eigenständiges Geld. Ganz offenbar wurde hier an ein weithin bekanntes Vorbild angeknüpft, um Eigenes auch als vertrauenswert zu kennzeichnen.

Die folgenden Tabellen sollen die hohe Feinheit des Münzgoldes der Dareikos-Alexander-Kelten-Tradition zeigen und können anhand der Platingehalte Material für Spekulationen über die Herkunft des Goldes liefern.

Tab. 4: Einige Analysen von Stateren Philipps II., Alexanders d.Gr. und der keltischen Bojer, leider alle ohne Fundort (nach Hartmann, 1985).
Angaben in Gewichtsprozenten, «n.d.»: nicht nachzuweisen (not detected)

Statere Philipps II.

Nr.	Gewicht	Gold	Silber	Kupfer	Platin
Au275	8.583	100	< 0,01	0,07	n.d.
Au276	8.574	100	ca.0.01	<0.01	n.d.
Au277	8.582	98–99	ca.1	0.42	0.036
Au4962	8.593	100	ca.0.01	Sp.	n.d.

Statere Alexanders

Nr.	Gewicht	Gold	Silber	Kupfer	Platin
Au4921	8.614	100	ca.0.05	ca.0.01	n.d.
Au4920	8.558	ca.99	0,5–0,1	0.15	0.024
Au395	8.530	ca.100	0.2	0.05	0.058
Au274	8.488	99	0.33	0.4	0.052
Au4924	8.575	99–100	0.07	0.31	0.052
Au273	8.456	100	ca.0.01	ca.0.02	0.096

Keltische Nachprägungen

Nr.	Gewicht	Gold	Silber	Kupfer	Platin
Au400	8.575	ca.98	2	0.08	0.03
Au397	8.49	96–97	3	0.32	0.053
Au4494	8.290	95	4	1.1	0.025
Au272	8.449	ca.97	2	0.52	0.040
Au398	8.430	97	2.5	0.64	0.027

Die Tabelle lehrt zunächst etwas über den Zusammenhang zwischen Analysenmethoden und Prozentangaben. Die Analysen dieser Tabelle wurden spektralanalytisch durchgeführt, sonst wären die für die Fragestellung wichtigen Spurenelemente nicht zu erfassen gewesen. Dafür sind mit dieser Methode die Hauptbestandteile nicht genau zu bestimmen, daher die nur ungefähren Angaben in der Spalte Gold. Tatsächlich werden die Spurenelemente auf die gesamte Probe so bezogen, als wäre diese reines Gold. Am Ende werden die so bestimmten Spuren von den (hypothetischen) 100 Prozent Gold abgezogen. Daraus folgt ein neuer, verbesserter Wert für den Goldgehalt, der aber nun alle Meßfehler der Begleitelemente in sich aufgenommen hat. Bei der Summation können sich dadurch auch Werte über 100 Prozent ergeben. Bei der Wahl einer Methode muß man zwischen «Genauigkeit» und «Empfindlichkeit» sorgfältig unterscheiden. Hier kam es auf das Spurenelement Platin an, nicht auf den Goldgehalt.

Als Ergebnis dieser Analysenreihe kann man die folgenden Schlüsse als einigermaßen wahrscheinlich bezeichnen:

■ 1. Philipps Gold kam, wie auch die Überlieferung weiß, von europäischen Lagerstätten, eben vermutlich vom Pangeion und/oder aus Thasos. Das muß nicht heißen, daß nicht auch einmal eine Partie platinhaltigen, vermutlich vorderasiatischen Goldes mitverarbeitet worden sei, siehe die Analyse Au277 mit ihrem Gehalt von 0,036 Prozent Pt, als einziger unter den hier angeführten Münzen Philipps.

■ 2. Die Alexander-Statere aber stammen wohl sicher aus einer anderen Rohstoffbasis, eben aus platinhaltigen vorderasiatischen Lagerstätten.

Das hätten wir auch ohne alle Analytik schon aus schriftlichen Quellen gewußt. Spannend wird es erst, wenn wir die barbarischen Prägungen, für die keine nennenswerten Quellen vorliegen, im Lichte der Analysen betrachten. Die Nachprägungen der Alexander-Statere, die im Münzbild noch eindeutig griechische Vorlagen verraten, haben sogar einen nachweisbaren Gehalt an Platin. Wenn man will, kann man sehen, daß die Platingehalte vielleicht etwas geringer sind als bei den weiter oben angeführten Vorbildern. Ob solche Unterschiede nicht nur durch die geringe Zahl der Analysen vorgetäuscht werden, bleibt abzuwarten.

Zunächst bedeuten die gefundenen Platingehalte, daß hier kein europäisches Gold, sondern immer noch vorderasiatisches, also Alexander-Beute, verarbeitet wurde. Da die Gewichte dieser Prägungen denen vollwertiger Originale entsprechen, läßt sich schwer ein Grund erkennen, warum diese Münzen aus echten Alexander-Stateren umgeprägt worden sein sollten. Näher scheint die Annahme zu liegen, daß hier ungemünztes vorderasiatisches Gold, vielleicht mit einheimischem Gold verschnitten, verwendet wurde.

Daß die Kelten auch aus einheimischem, platinfreiem Gold eigene Statere prägten, zeigt die nächste Tabelle. Die Boier, ein Keltenstamm in Westböhmen, prägten eine eigene Münze, den «Muschelstater».[14] Von diesem Stater gibt es eine Vorläuferform, die zeitlich wohl den Alexander-Nachprägungen nachzuordnen ist. Bis auf einige Ausnahmen zeigen diese Vorläufer Platin nur in nicht mehr quantitativ erfaßbaren Spuren, sofern sich Platin überhaupt noch nachweisen läßt.

Tab. 5: Analysen einiger Vorläuferformen des Muschelstaters der Boier (nach Hartmann, 1985)

Nr.	Fundort	Gewicht	Gold	Silber	Kupfer	Platin
Au5514	CSFR	7.486	96	4	0.06	n.d.
Au5515	CSFR	7.581	96	4	0.17	n.d.
Au220	CSFR	7.369	95	3.5	0.83	n.d.
Au219	CSFR	7.374	96	3.5	0.47	0.009

Die Analysen dieser eigenständigen boiischen Münzen zeigen mit großer Sicherheit, daß hier kein Gold aus der Alexander-Beute mehr verwendet wurde. Es scheint sich vielmehr um eine eigene Goldproduktion zu handeln.

Ein sorgfältiger Analytiker wird bei Gold stets auch nach Spuren von Zinn suchen. Tatsächlich ist in vielen der hier angeführten Analysen auch Zinn gefunden worden. Dies weist auf die Herkunft des Goldes aus Seifen hin, eine sehr einleuchtende Goldquelle, wenn man bedenkt, daß Tschechei und Slowakei von vielen Gebirgen mit alten Gesteinen umrahmt sind.

Der Silbergehalt ist wahrscheinlich natürlichen Ursprungs, eine Reinigung des Goldes scheint nicht stattgefunden zu haben. Wir haben hier ein Beispiel eines «Technologie-Transfers» mit eigener Weiterentwicklung vor uns. Begehrte Münzen werden zunächst noch mit dem ursprünglichen Material – etwa importiertes Gold oder Münzen – nachgeahmt, die künstlerische Form wird dem eigenen Verständnis immer mehr angepaßt, schließlich wird eine eigenständige Form und auch eine eigene Materialversorgung aus eigenen Quellen und nach im Lande tradierten Techniken gefunden. Die Entwicklung hört auf, sobald ein überzeugendes Produkt hergestellt

werden kann. Die Reinigung des Goldes wird nicht erlernt, weil das eigene Gold den Ansprüchen genügt. Die drei bis vier Prozent Silber lassen sich mit den damaligen Mitteln nämlich kaum erkennen, Farbe und Weichheit der Münzen müssen nach den Analysen nahezu identisch mit denen der Vorlagen gewesen sein (vgl. die Härte für Goldlegierungen, Abb. 18 und die Farbtafel im Buchdeckel innen).

4.3. Hauptbestandteile, Tricks und Farben

Der hohe Wert des Goldes hat natürlich stets Versuche ausgelöst, den Feingehalt der Münzen etwas zu senken. Der Erfolg solcher Bemühungen hängt weitgehend von der Erkennbarkeit des tatsächlichen Goldgehaltes ab, also nicht von den Spurenelementen. Farbe, Dichte, Klang und Härte (Beißprobe!) waren sicher die ältesten «Analysenmethoden». Gerade die Farbe aber läßt sich weitgehend manipulieren.

Es würde zu weit führen, all die vielen veröffentlichten Analysen im einzelnen zu erörtern und zu würdigen. Statt dessen soll an einem, im Grunde willkürlich herausgegriffenen Beispiel erläutert werden, welche Beobachtungen man an Analysenreihen der Hauptbestandteile machen kann und welche metallurgischen Künste oder Absichten sich hinein- oder herausinterpretieren lassen.

Wir wählen eine zusammenhängende Reihe von Analysen sogenannter Byzantiner, Goldmünzen aus meistenteils sarazenischen Prägungen der Kreuzfahrerzeit.[15] 193 Analysen aus verschiedenen Hortfunden, alle Münzen aus der Mitte des 12. Jahrhunderts, sind nach der gleichen Methode – Neutronenaktivierung an Abstrichen – angefertigt. Die folgende

Tabelle gibt eine kleine Auswahl aus dem Corpus der Analysen, um den Vergleich mit dem Farbdiagramm zu ermöglichen.

Tab. 6: Ausgewählte Analysen einiger Goldmünzen der Kreuzfahrerzeit (nach Gordus und Metcalf, 1980)

Nr.	Gold	Silber	Kupfer	Ag/Cu
1	97,4	2,2	0,4	5,5
10	92,5	6,3	1,2	5,3
25	80,0	17,3	2,7	6,4
50	78,2	17,3	4,5	3,8
65	78,7	17,8	3,5	5,1
73	75,9	21,5	2,6	8,2
99	73,6	19,3	6,1	3,2
125	70,4	21,0	8,6	2,5
150	65,8	23,4	10,7	2,2
170	60,7	26,7	12,6	2,1
187	50,4	35,8	13,8	2,6

Die Goldgehalte reichen von 97,4 Prozent (Münze von AKKO, Nr. 1) bis herab zu 50,4 Prozent (Fragment Marash hoard, Nr. 187). Sie decken eine Zeitspanne von ca. 1150 bis 1260, also rund ein Jahrhundert. Einige wenige Münzen der Analysenserie enthalten sehr wenig Kupfer, sie sind bei der Auswahl nicht berücksichtigt. Die ersten drei der hier aufgeführten Münzen sind «gute» Münzen von hohem Feingehalt, es ist nicht einmal mit Sicherheit zu behaupten, daß das Silber vorsätzlich beigemischt wurde. Diese Münzen bestimmten wahrscheinlich den Farbtyp der folgenden Prägungen.

Betrachten wir das Farbdiagramm der Gold-Silber-Kupfer-Legierungen und tragen die Analysenwerte ein, so sehen wir, daß alle analysierten Münzen in den beiden gelben Feldern liegen, in dem etwas dunkleren Gelb, dessen linke obere Grenze den Rand des Diagramms bei etwa 20 Prozent Silber schneidet, und in dem helleren Gelb in der Mitte des Diagramms.

Das Lesen des Diagramms wird erleichtert, wenn man eine gerade Linie von der Goldecke auf die Silber-Kupfer-Kante zum richtigen Silbergehalt einträgt. Auf einer solchen Geraden ist das Silber-Kupfer-Verhältnis überall gleich.

Ganz offensichtlich gab es für den Verschnitt des Goldes eine Nebenbedingung: Die Legierung mußte bestimmten Ansprüchen an die Farbe genügen. Sie mußte eben aussehen, wie der «Kunde» es von vollwertigem Gold erwartete. Diese Erwartung einer bestimmten Goldfarbe kann von Volk zu Volk und von Zeit zu Zeit unterschiedlich sein, man denke nur an den heute so werbewirksamen roten Ton des modernen «Krüger-Rand». Zur Zeit der Kreuzzüge wurde offenbar ein satter Gelbton bevorzugt.

Dieser Gelbton verlangte einen Kupferzusatz, da man sonst, zu nahe am Gold-Silber-Rand des Systems, grünliche Farbstiche erhalten hätte. Verschnitt nur mit Kupfer hätte zu rote Farbtöne geliefert, die offenbar trotz des Preisvorteils des Kupfers nicht erwünscht waren. Das «richtige» Gelb war eben nur durch den gleichzeitigen Gebrauch von Silber und Kupfer in Verhältnissen zu erreichen, die den beiden Gelbfeldern des Diagramms entsprechen. Der Vorteil des Legierens mit drei Metallen liegt eben darin, daß sich fast die Hälfte des Goldes einsparen läßt und man trotzdem eine nach «gutem» Gold aussehende Münze erhält.

Geldwechsler und erfahrene Kaufleute konnten die Unterschiede natürlich erkennen, ihnen standen

Erfahrung und Probiersteine zur Verfügung. Dem einfachen Mann blieb nur eine Erkennungsmethode: der Biß. Durch Vergleich mit dem Härtediagramm Abbildung 18 sieht man leicht, daß diese schönen gelben Legierungen bereits recht hart sind. Die Bißprobe hätte sehr wohl gezeigt, daß die Nr. 1 der Tabelle eine «gute» und die Nummern ab etwa Nr. 50 weniger gute Münzen waren. Die Bißprobe wird noch in vielen Reisebeschreibungen aus Afrika, Arabien und Indien bis zum Anfang unseres Jahrhunderts erwähnt.

Da die Farbe eine wichtige Rolle bei der Akzeptanz der Münzen spielt, sind auch die Tricks, mit denen Goldmünzen gefärbt werden können, uralt und zahlreich. Die von Darling und Healy[16] mit dem Rastermikroskop untersuchte lydische Elektron-Münze hatte schon einen an der Oberfläche gegenüber dem Inneren erhöhten Goldgehalt. Dies kann eine Seigerung des gegossenen Schrötlings sein, vielleicht aber auch durch ein leichtes Zementieren der fertigen Münze oder des Schrötlings mit Salz erreicht worden sein.

Die Kunst des Färbens ist natürlich nicht ohne weiteres aus dem einzelnen Fundstück zu erschließen. Wir können aber aus neueren literarischen Quellen etwa die Künste auch der alten Werkstätten erraten. Als Beispiel folgen einige Rezepturen des Lazarus Ercker aus dem 16. Jahrhundert zum Färben von Gold, deren Aufbau vermuten läßt, daß sie auf dem Wege über die Alchemisten aus langer Vergangenheit tradiert worden sind.

In dem «Kleinen Probierbuch»[17] von 1556 heißt es zum Beispiel:

«Die grüne Goldfarbe oder Klär für den Gulden. Nimm 5 Teile Salmiak, 4 Teile Grünspan, 3 Teile Salpeter und 2 Teile Kupferwasser. Stoße alles klein untereinander und mache es mit Essig an. Danach glühe die Gulden, lasse sie kalt werden, bringe sie in eine Kupferschale oder ein glasiertes Geschirr, tu dazu ein wenig von der gemachten grünen Farbe nach deinem Gefallen, rüttle die Schale und wirf die Gulden darin hin und wieder, bis sie grün werden, und lasse sie ein wenig stehen. Setze nun einen Tiegel ans Feuer, und sobald dieser gut durchglüht ist, bringe die grünen Gulden darein. Rüttle und schüttle den Tiegel, bis die Gulden alle schwarz geworden sind. Lösche mit Urin ab und wasche sie mit reinem Wasser aus. Wenn sie fleckig sind, scheuere sie mit ein wenig Salz ab.»

Der Chemismus dieses Rezeptes ist nicht ganz klar. Es erzeugt jedenfalls eine oberflächliche Anreicherung mit Kupferoxiden, die durch den Harn mindestens partiell wieder reduziert werden. Es könnte sein, daß eine solche Mehrfachschicht besondere optische Effekte, etwa analog zu den «Farben dünner Häutchen» ergibt und so einen grünen Schimmer entstehen läßt.

Neben diesem Rezept gibt es noch andere, um Gold die Farbe «ungarischen» oder «Stuttgarter» Goldes zu verleihen. Besonders im obigen Zusammenhang interessant ist, daß noch ein echtes Zementationsrezept angegeben wird:

«Geringes Gold, halb aus Silber und halb aus Gold bestehend, zu färben.»[18]

Eine experimentelle Nachprüfung dieser Färberezepte steht leider noch ebenso aus wie eine wissenschaftliche Farbmessung an Münzen.

5. Silber

Silber nimmt unter den Münzmetallen eine besondere Stellung ein. Zu seiner Gewinnung ist seit ältester Vorzeit ein besonderer extraktiver Hüttenprozeß notwendig gewesen.

Bereits aus dem vierten Jahrtausend v. Chr. stammen große Artefakte wie eine schwere Speerspitze aus Ägypten. Die mit sehr feinen Details aus Silber kunstvoll gegossenen Füße eines kleinen Stieres aus Uruk in Mesopotamien stammen aus der Zeit um 3000 v. Chr. Diese ganz frühen Silbergegenstände haben einen erheblichen Bleigehalt, der die Herkunft aus gediegenem Silber ausschließt. Vielmehr wurde schon dieses ganz frühe Silber offenbar aus Blei extrahiert, nachdem dieses vorher aus einem Erz gewonnen worden war.

Der Extraktionsprozeß ist somit schon Ende des vierten Jahrtausends v. Chr., vielleicht auf einer der griechischen Inseln oder auch in Mesopotamien erfunden worden. Ohne Zweifel aber waren es die Griechen, die den Prozeß zuerst und in dem für die Massenproduktion von Geld nötigen Maßstab angewendet haben.[1]

Reichtum und Macht Athens kommen aus den Bergwerken von Laurion, deren Anfang bis ins dritte Jahrtausend vor Christus zurückreicht. Unsere Kenntnis des attischen Silberbergbaus ist recht gut, sie stützt sich sowohl auf archäologische Funde als auch auf schriftliche Quellen. Zahlreiche der alten Bergwerke sind noch zugänglich, und manche Reste der über- und unterirdischen Anlagen können untersucht werden.[2]

Um etwa 560 v. Chr., also nur rund sechs Jahrzehnte später als die ersten kleinasiatischen Prägungen, beginnt auch die schon damals bedeutende Wirtschaftsmacht des ägäischen Raumes, Athen, mit der Ausgabe von Münzen. Im Gegensatz zu den Prägungen am Ostrand des Meeres schlägt Athen seine Münzen aber von Anfang an aus Silber.

Man weiß, daß in Zeiten hoher Konjunktur in Laurion bis zu 50.000 Sklaven beschäftigt waren. Ihr Los war wohl nicht immer so schrecklich[3], wie wir es aus den Berichten des Agatharchides aus Ägypten kennen[4], aber sicher zu bedauern. Die antike Welt war in dieser Hinsicht nicht besonders edel. Ihre Technik und die Fähigkeit zur Organisation großer Arbeiten hingegen kann nur bestaunt werden.

Die Römer betrieben später in Spanien einen gewaltigen Bergbau auf Silber mit den zugehörigen

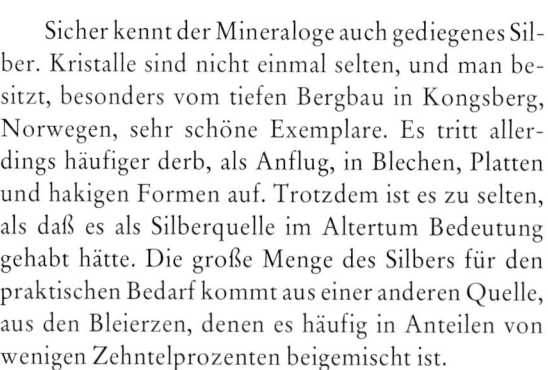

Sicher kennt der Mineraloge auch gediegenes Silber. Kristalle sind nicht einmal selten, und man besitzt, besonders vom tiefen Bergbau in Kongsberg, Norwegen, sehr schöne Exemplare. Es tritt allerdings häufiger derb, als Anflug, in Blechen, Platten und hakigen Formen auf. Trotzdem ist es zu selten, als daß es als Silberquelle im Altertum Bedeutung gehabt hätte. Die große Menge des Silbers für den praktischen Bedarf kommt aus einer anderen Quelle, aus den Bleierzen, denen es häufig in Anteilen von wenigen Zehntelprozenten beigemischt ist.

Vielleicht war in den Anfängen der Blei-Metallurgie wegen seiner besonders leichten Verhüttbarkeit der meist farblose oder weiße Cerussit (Weißbleierz, $PbCO_3$) wichtig. Dieser tritt als Verwitterungsprodukt am Ausbiß der Bleiglanzgänge, also an der Erdoberfläche auf und dürfte wohl aus chemischen Gründen das erste dem Menschen zugängliche Bleierz gewesen sein. Dieses Erz hat die Besonderheit, daß es schon bei milder Hitze von etwa 500 Grad, wie sie ein einfaches Lagerfeuer aus Holz liefern kann, unter leichtem Aufbrausen metallisches Blei bildet.

Bleiglanz (PbS), ein bläulich silbriges Mineral mit metallischem Glanz im frischen Bruch, ist jedoch das häufigste «Silbererz». Das Silber ist dabei in Form winziger Einsprenglinge von Silbermineralien, den sogenannten «Silberträgern», mit dem Bleiglanz verwachsen. Silbergehalte von 0,5 Gewichtsprozent im Bleiglanz gelten bereits als sehr reich; als «gute» Erze sieht man solche mit mehr als 0,2 Prozent Silbergehalt an.

Gerade im Raume des östlichen Mittelmeeres führen die an der Kontaktzone von Marmoren mit Tiefengesteinen häufigen Vorkommen von Blei-

Hüttenwerken, den wir getrennt erörtern wollen. Allein am Rio Tinto, wo vor ihnen schon die Phönizier Bergbau in großem Maßstab trieben, müssen viele Zehntausende von Sklaven gearbeitet haben. Die römischen Werke in Nord-Portugal dürften eine ähnliche Größenordnung gehabt haben.

Das Auftreten so gewaltiger Industrien zeigt, welche Macht das Silber vermittelte, zeigt aber auch, welch technischer Aufwand erforderlich war, um jenes Geld herzustellen, an dessen letzten verbliebenen Zeugnissen wir heute unsere Sammlerfreude haben können.

5.1. Vorkommen

Während Gold ganz überwiegend als gediegenes Metall in Seifen und im Berg vorkommt, fast immer dem Auge unmittelbar zu erkennen, ist Silber ein schwieriger zu findendes – ja, man möchte sagen: ein verborgenes – Metall.

Abb. 28: Bleiglanz, Stufe aus antikem Bergwerk in Laurion

Abb. 29: Karte der Blei-Vorkommen im ägäischen Raum als potentielle und tatsächliche Silber-Vorkommen (nach Pernicka, 1987)

Bleivorkommen in der Ägäis

glanz oft Silber in Konzentrationen von mehr als 0,2 Prozent, können also als «gute» Silbererze gelten. So nimmt es nicht wunder, daß von dort auch die ältesten Hinweise auf die Silbergewinnung aus solchen Erzen bekannt geworden sind.[5]

Auch Kupfererze und das daraus gewonnene Kupfer enthalten häufig Silber. Solche Erze sind jedoch in der Frühzeit der Silbermünzen noch nicht auf Silber verarbeitet worden. Sie haben aber schon in den spanischen Gruben der Römer und später im ausgehenden Mittelalter entscheidend geholfen, den unstillbaren Bedarf an immer neuem Silber für die Münzen wenigstens teilweise zu befriedigen. Weil die dazu gehörige Technik in wesentlichen Teilen derjenigen der Silbergewinnung aus Bleierzen nahesteht, soll zunächst die Verarbeitung der Bleierze und danach die der Kupfererze besprochen werden.

5.2. Gewinnung von Silber aus Bleierzen

«Die technischen Entwicklungen in Bergbau und Metallurgie verdankten der Wissenschaft sehr wenig, hatten ihr aber um so mehr zu bieten.», schreibt Bernal 1970.[6]

Eine mechanische Trennung der «Silberträger» (häufig Pyrargyrit, dunkles Rotgiltigerz, Ag_3SbS_3) vom Bleiglanz ist in aller Regel wegen der feinen Verwachsung und der sehr ähnlichen Dichte nicht möglich. Um an das Silber heranzukommen, muß man daher zunächst einmal das Blei gewinnen.

Blei läßt sich aus mehr oder weniger reinem Bleiglanz recht leicht gewinnen. Man röstet dazu das Erz mindestens teilweise in offenen Feuern zum gelben Oxid und reduziert dieses bei geringen Temperaturen mit nicht zu viel Luft in kleinen Herden mit Holzkohle zum Metall. Baut man die Herde recht weit und offen, so daß an den Rändern viel Luft zutreten kann, erübrigt sich unter Umständen sogar das getrennte Rösten.[7] Das Erz röstet am Rande solcher Herde von selbst partiell ab und kann dann in der Mitte des Herdes reduziert werden. Bei dieser Verhüttung des Erzes auf Blei löst sich das Silber der Silberträger im gewonnenen Blei auf.

Ist das Erz stark von taubem Gestein begleitet, so muß es vorher durch Waschen aufbereitet werden. Kunstvolle Anlagen zur Erzwäsche sind im Gebiet von Laurion erhalten geblieben.[8]

Allerdings ist eine vollständige Reinigung auf diesem Wege nicht möglich. Den verbleibenden Rest muß man im Ofen als Schlacke abtrennen. Es entsteht eine typische «Bleischlacke», von der riesige Mengen in Laurion erhalten sind. Aber auch auf Sifnos und an manchen anderen Stellen sind es diese Bleischlacken, die den Ausgräber zu den alten Bergbau- und Hüttenplätzen führen.[9]

Die Abtrennung des Metalls von den Schlacken hängt von deren Dünnflüssigkeit ab. Diese wird von der Ofentemperatur und der chemischen Zusammensetzung der Schlacken bestimmt. In frühen Phasen der technischen Entwicklung blieb relativ viel Blei in kleinen Tropfen in der Schlacke hängen. Mit besseren Öfen und durch den Schmelzpunkt senkende Zuschläge bei der Beschickung kann später die Ausbringung des Metalls verbessert werden.

Mit so verbesserter Technik sind rund eine halbe Million Tonnen schon damals alter Schlacken im Gebiet um Laurion-Thorikos in einer zweiten Betriebsphase ab ca. 190 v. Chr. wiederaufbereitet worden, um die in ihnen zurückgebliebenen Metall-

Abb. 30: Erzwäsche in Laurion-Thorikos

reste zu gewinnen.[10] Hierfür wären die oben erwähnten Waschanlagen besonders geeignet gewesen. Auch in der Neuzeit hat man alte Schlacken erneut ausgebeutet.

Liegt das Blei einmal als Metall vor, ergibt sich die Aufgabe, Silber und Blei zu trennen. Im Altertum (und bis heute) wendet man dazu pyrotechnische Prozesse an, d.h., man trennt mit Hilfe von Feuer.[11]

Das Schmelzdiagramm des Systems Blei-Silber zeigt, daß auch bei «reichen» Erzen der tatsächliche Silbergehalt von vielleicht bis zu einem Gewichtsprozent (im Blei) die Eigenschaften des Bleis nicht nennenswert verändert. Man wird sich im Rohblei immer nur auf der rechten Seite des kleinen Eutektikums zwischen 304 und 327 Grad bewegen.

Es besteht – für Rohblei – kaum eine Hoffnung, das Silber durch irgendeinen «Trick», wie etwa fraktionierte Kristallisation, in der Metallschmelze anzureichern.

Der Hüttenmann muß also in einem besonderen zweiten Schritt das Silber aus dem Blei ziehen. Die Neuzeit kennt ein wirkungsvolles Verfahren, bei

Abb. 31: Schmelzdiagramm Blei-Silber (nach Hansen). Das Rechteck deutet einen Bereich an, in dem Versprödung auftreten kann (siehe S. 69f.)

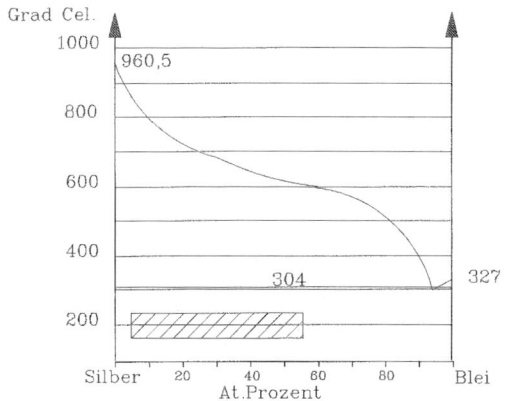

Abb. 32: Gleichgewicht Bleioxid-Bleimetall

dem die Bleischmelze mit Zink vermischt wird. Das Zink nimmt das Silber aus dem geschmolzenen Blei auf und geht wegen seines geringen Gewichts als Schaum an die Oberfläche der Schmelze. Dort kann die angereicherte Zink-Silber-Legierung abgeschöpft werden.

Ein solcher Umweg kann Kosten und Arbeit sparen, denn die Anreicherung des Silbergehaltes von Zehntelprozenten auf die Größenordnung von Prozenten ist der ausschlaggebende Kostenfaktor. Bis ins 19. Jahrhundert unserer Zeitrechnung standen solche Verfahren aber nicht zur Verfügung. Mehrstufige Prozesse, auch im Gegenstrom, die eine Anreicherung bewirken konnten, sind wohl erst gegen Ende des Mittelalters entwickelt worden.

Der Extraktion mit dem Feuer liegt der Umstand zu Grunde, daß Silber ein relativ «edles» Metall, Blei dagegen recht «unedel» ist. Der Begriff «unedel» wird für Metalle verwendet, die sich schon an der Luft von allein verändern und unansehnlich werden. Frisch geschnittenes Blei sieht glänzend me-

tallisch aus, verliert aber seinen Glanz schon innerhalb weniger Stunden und wird nach Tagen unansehnlich, eben «bleigrau». Diese Veränderung wird durch den Sauerstoff der Luft bewirkt, der eine dünne Haut von Bleioxid auf der Oberfläche erzeugt. Diese dünne Haut erschwert dann die weitere Oxidation, so daß Gegenstände aus Blei trotz der leichten oberflächlichen Oxidation doch über Jahrhunderte ihren Gebrauchswert erhalten können.

Silber dagegen wird als Edelmetall von (reiner) Luft nicht angegriffen, auch nicht bei erhöhten Temperaturen. Das heute an Schmuck und Besteck häufig beobachtete Schwarzwerden ist auf Reaktionen mit Schwefelverbindungen zurückzuführen.

Quantitativ werden die Verhältnisse in «Gleichgewichtsdiagrammen» dargestellt. In der Abbildung 32 ist unten die Temperatur in Celsius-Graden aufgetragen, nach oben der Sauerstoffdruck in einem mit dem Bleioxid-Bleimetall reagierenden Gas, und zwar in einer logarithmischen Darstellung, um die vielen Zehnerpotenzen des interessierenden Bereiches auf einem Blatt darstellen zu können.

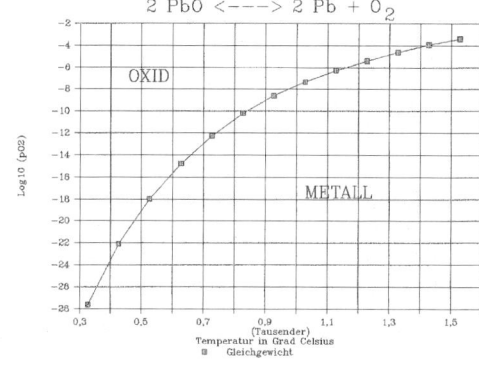

Die uns umgebende Luft enthält 20,946 Volumprozent Sauerstoff. Das bedeutet, daß rund ein Fünftel des uns umgebenden Luftdrucks vom Sauerstoffanteil der Luft herrührt. Man spricht daher vom «Partialdruck» des Sauerstoffs in der Luft. Er beträgt also rund 0,2 oder $2 \cdot 10^{-1}$ at.[12]

Man sieht aus der Abbildung, daß selbst bei hohen Temperaturen Blei neben Luft ($2 \cdot 10^{-1}$ at) nur als Oxid (PbO) existieren kann. Daß wir, im scheinbaren Gegensatz zu dieser Aussage, metallisches Blei in vielen Formen sehr wohl als «stabiles» Metall gebrauchen können, hängt damit zusammen, daß die Oxidation bei Zimmertemperatur sehr langsam verläuft. Auch bildet sich leicht eine oberflächliche Schutzschicht aus Oxid, die das Fortschreiten der Oxidation weiter verlangsamt. Für die Herstellung des Bleis aber braucht man erhöhte Temperaturen, bei denen die Umsetzungen schnell verlaufen. Jetzt muß man den Sauerstoffdruck im Ofen um viele Zehnerpotenzen absenken, um metallisches Blei zu erhalten.[13]

Diese Absenkung geschieht leicht und bequem durch die Flammengase des Feuers im Ofen. Hier verbrennt die Kohle oder ein anderer «Brennstoff» den Sauerstoff. In einer leuchtenden oder gar rußenden Flamme sinkt der Sauerstoff leicht auf die Größenordnung von 10^{-10} at und darunter. In solchen Flammen kann man, zum Beispiel mit dem «Lötrohr», bequem Blei, aber auch Eisen und Kupfer aus ihren Oxiden in das Metall überführen.

Andererseits kann man aus dem Diagramm ersehen, daß Bleimetall auch bei hohen Temperaturen in einem Ofen durch Einblasen von Frischluft oxidiert werden kann. Wir wollen uns merken, daß der Hüttenmann in seinen Öfen je nach Konstruktion und Betriebsweise sowohl Bleimetall aus dem Erz herstellen als auch aus Bleimetall wieder Bleioxid – sozusagen «rückwärts» – erzeugen kann. Beide Möglichkeiten müssen nach heutiger Kenntnis schon vor dem Beginn des dritten Jahrtausends vor Christus bekannt gewesen sein.[14]

In kurzen Worten: Silber wird von Blei getrennt, indem man das Blei verbrennt. Das edle Silber wird dabei nicht (oder wenigstens fast nicht) angegriffen und bleibt am Ende des Prozesses übrig.[15] Dieses Verfahren wurde im ausgehenden Mittelalter in Öfen durchgeführt, die zur besseren Nutzung des Heizmaterials mit einer Kuppel überbaut waren. Von diesen Öfen her hat das Verfahren heute noch den Namen «Kupellation». Gemeinhin spricht der deutsche Hüttenmann jedoch von «Abtreiben» oder «Treibarbeit».

5.2.1. Das Verfahren der Kupellation

Die einfachste Methode zur Kupellation besteht darin, daß man eine kleine Mulde in den Boden macht, den Boden feststampft und das silberhaltige Blei hineinlegt. Darüber wird mit einigen Holzscheiten ein kräftiges Feuer angefacht. Später verwendet man gemauerte, flache Herde, die mit besonderen Mischungen aus Lehm, Erde und weiteren porös machenden Substanzen ausgekleidet werden.

In dieser «Oberhitze» schmilzt das Blei leicht. Die Flammen an den Holzscheiten ziehen dicht über dem geschmolzenen Blei kräftig Luft von der Seite an, und diese oxidiert die Oberfläche des geschmolzenen Bleis.

Es bildet sich eine dünnflüssige, honiggelbe Flüssigkeit, PbO, die «Bleiglätte», in der Literatur gelegentlich als «Litharge» bezeichnet. Diese Glätte deckt nun in der einfachen Anordnung schnell das Blei ab und schützt es vor weiterer Oxidation. Man muß sie also, wenn man eine durchgreifende Verbrennung des Bleis erzielen will, möglichst schnell entfernen.

Dazu gibt es verschiedene Möglichkeiten: Man kann die Glätte durch eine kleine «Krücke» von Hand zur Seite ziehen und so eine ständig neue Oberfläche frischen Bleis schaffen. Benutzt man hierzu ein kaltes eisernes Werkzeug, kann man erreichen, daß die Glätte an diesem hängenbleibt und sich so aus dem Feuer entfernen läßt. Man kann auch am Rande der Mulde eine Rinne schaffen und die Glätte in eine neben dem Feuer liegende Vertiefung abfließen lassen.

Bei großen Bleimengen haben sich alle diese Verfahren bewährt. Wir kennen die dabei entstandenen Kuchen oder Rollen von Bleiglätte aus vielen archäologischen Funden[16] und besonders schön aus den aufschlußreichen Bildern bei Agricola.

Die Bleiglätte kann zwar manche Verunreinigungen des Bleis auflösen, die mit ihr entfernt werden, aber sie löst kein Silber auf. Das Silber bleibt also im flüssigen Blei zurück und wird im Laufe des Prozesses dort angereichert. Im Prinzip könnte man diesen Prozeß so weit treiben, daß reines Silber schon in diesem ersten Schritt erzielt würde, wenn eben alles Blei verbrannt ist.

Praktischer ist es, die Anreicherung in mehreren Schritten, also in mehreren Herden zu vollziehen, die von Schritt zu Schritt kleiner werden. Man spart Brennstoff und hat einen besseren Überblick über den Fortgang des Prozesses. Von den Griechen bis weit in die Neuzeit hat sich der Brauch entwickelt und gehalten, in einem großen Ofen das Blei soweit in Glätte zu überführen, daß das Silber einen Restgehalt von rund fünf Gewichtsprozent Blei behält. Hierauf folgt eine zweite Kupellation in entsprechend kleineren Öfen und meist auch in getrennten Werkstätten, das sogenannte «Feinbrennen».

Für kleine Volumina bleihaltigen Silbers gibt es nun einen besonderen Trick: Metallisches Blei verbindet sich nicht mit Erde, Ton, Silikaten und Asche. Auf diesen Materialien bildet sich vielmehr immer ein runder, zusammenhängender Schmelzkuchen, manchmal «Bleikönig» genannt. Die Bleiglätte dagegen bindet ganz leicht mit allen möglichen Silikaten. Sie ist deshalb ja auch als Hauptbestandteil der bleihaltigen Glasuren dem Keramiker seit Urzeiten bekannt.

Die Verbindungsbildung, hier zwischen Glätte, PbO, und einem anderen Material führt in der Hitze dazu, daß die Glätte nicht etwa eine Schmelzkugel bildet wie das Metall, sondern auf der Oberfläche zu einer Haut breitläuft, sie «benetzt». Benetzende Flüssigkeiten können aber auch in feine Poren eindringen, man denke nur an Wasser auf einem Löschpapier.

Stellt man nun den Herd oder den flachen Schmelztiegel zum Feinbrennen des Silbers aus einem porösen, von der Glätte benetzbaren Material her, wird die beim oxidierenden Brennen gebildete Glätte schnell von den Poren aufgesaugt werden. Das nicht benetzende Metall dagegen bleibt als rundlicher Schmelzkörper beisammen.

Hauptbestandteil solcher saugender Herdauskleidungen sind Aschen von Pflanzen und Knochen in den verschiedensten Mischungen mit Sand und magerem Lehm, auch mittelporige Keramiken können verwendet werden.

Hat man annähernd reines Blei mit Silber, so bereitet die Kupellation nach dem oben geschilderten Verfahren kaum Schwierigkeiten.[17] Da die Erze aber nicht an allen Fundstellen aus hochreinem Bleiglanz bestehen, sondern sehr häufig mit Erzen anderer Metalle vermischt sind, kann es Probleme geben.

Nickel zum Beispiel bildet beim Kupellieren ein hochschmelzendes, also festes Oxid, welches sich nicht in der Bleiglätte auflöst. Es bildet auf der Oberfläche des geschmolzenen Bleis eine feste Haut und verhindert den weiteren Zutritt von Sauerstoff; die Verbrennung des Bleis findet ein frühes Ende.

Es gibt noch mehrere solcher «Hautbildner». Dem Hüttenmann bleibt nichts anderes übrig, als in teilweise recht komplexen Schmelzprozeduren diese störenden Stoffe vorher abzuscheiden. Gerade in der mittelalterlichen Silberproduktion finden wir zum Teil abenteuerlich anmutende Rezepte, die der Entfernung störender Begleitmetalle dienen.

Wenden wir uns nun einer anderen Frage zu: Wie weit muß man das Silber vom Blei reinigen, um ein für Münzen «gutes» Silber zu erhalten?

Argentum pustulatum[18]
Sauerstoff, das chemische Agens, welches die Trennung des Silbers vom Blei bewirkt, reagiert trotz Edelmetallcharakters bei sehr hohen Temperaturen schließlich doch in sehr geringem Umfange mit dem Silber. Besonders in der Nähe des Erstarrungspunktes des Silbers ist die Löslichkeit des Sauerstoffs unter Bildung des Silberoxids Ag_2O am größten. Bei tieferen Temperaturen (<938 Grad) zerfällt

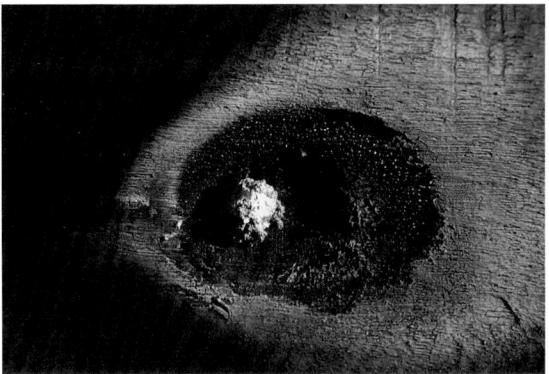

Abb. 33: Schmelzperle von «Argentum pustulatum»

dieses Silberoxid wieder zu Sauerstoff (gasförmig) und Silber.

Hat man nun das Abtreiben des Silbers sehr gründlich vorgenommen, bis der Bleigehalt auf 0,5 Prozent oder noch weniger abgesunken ist, tritt beim Abkühlen des geschmolzenen Silbers ein eigenartiger Effekt, das «Spratzen», auf. Dabei wird nach dem Erstarren der obersten dünnen Silberschicht, während das Innere noch flüssig ist, plötzlich gasförmiger Sauerstoff explosionsartig freigesetzt.

Diese kleine Explosion gibt der erstarrenden Oberfläche der Schmelze ein «blumenkohlartiges» oder pickeliges Aussehen. Die Antike kannte natürlich diese Erscheinung und wußte sie auch richtig als Hinweis auf die weitgehende Freiheit von anderen Metallen, also als Zeichen hoher Reinheit des Silbers, zu deuten.[19]

So ist es auch zu verstehen, daß Nero von Sueton [Nero, 44] nachgesagt wird, er habe als Steuer nur das sicher als rein erkennbare Argentum pustulatum annehmen lassen, nicht etwa das Silber der von ihm herausgegebenen Münzen.

Frühe griechische Münzen zeigen gelegentlich kleine «Bläschen» in der Oberfläche. Der Sammler wird dann manchmal unsicher, ob es sich um eine gute Originalmünze oder um eine gegossene Fälschung handelt. Die Entscheidung ist nicht leicht, besonders da die stets mit einer Beschädigung verbundene metallographische Untersuchung in der Regel nicht erwünscht ist. Ist jedoch das Stempelbild scharf und klar, spricht die Wahrscheinlichkeit dafür, daß solche Bläschen oder Pusteln auf ein «Spratzen» des hochgereinigten Silbers bei der Herstellung des Schrötlings zurückgehen, daß es sich also um ein besonders reines Original handelt.

5.2.2. Die Kupellation in der athenischen Münztechnik

Im Museum von Laurion findet sich eine flache Schale aus Ton, in deren Innenboden etwa 10 Vertiefungen eingedrückt sind. Die Schale hat ein hohes Gewicht und ist mit Bleiglätte vollgesogen. Es handelt sich offenbar um eine sogen. «Kupelle», in der mehrere Metallstückchen gleichzeitig kupelliert wurden. In seiner Abhandlung über die athenische Münzprägung der klassischen Epoche weist C. Conophagos[20] darauf hin, daß in diesen Vertiefungen jeweils gerade die richtige Menge für ein Drachmenstück Platz hat. Offenbar sind in solchen Kupellen jeweils eine Anzahl fertig abgewogener Rohlinge einem «Feinbrand» unterworfen worden.

Die einzelnen Portionen für einen Schrötling des richtigen Gewichts mußten also vor dem Feinbrand einzeln abgewogen werden. Dies setzt eine gute Konstanz des Silbergehaltes schon im Werkblei

nach dem ersten Brand voraus. Durch dieses «Portionieren» konnte aber ein besonderer Arbeitsschritt, der eigentliche Guß der Schrötlinge, vermieden werden, fiel doch so das Metall nach dem Feinbrand gleich in der richtigen Menge und schon heiß zum Schlagen an. Dieses praktische und Brennstoff sparende Verfahren ist offenbar auch später öfter verwendet worden.[21]

In der folgenden Tabelle sind alle von Conophagos analysierten Drachmen aus Athen zusammengestellt.[22] Die Daten erstrecken sich über mehrere Jahrhunderte. Sofort ins Auge fällt der geringe Bleigehalt. Bis auf eines haben alle Stücke weniger als 0,5 Gewichtsprozent Blei. Der Kupfergehalt ist sicher absichtlich zugefügt, sei es zur Verschlechterung des Münzwertes oder zur Härtung des Silbers.

Die Tabelle 7 gibt einen guten Einblick in die Leistungsfähigkeit der Kupellation in der klassischen Epoche Griechenlands. Wir finden die gleichen Daten mit praktisch identischer Streuung auch für Prägungen von Tetra- und Dekadrachmen, ebenso für die wenigen analysierten Silber-Obole.

Das gleiche Bild ergibt sich auch bei Analysen[24] an anderen Stücken. Wir können daraus folgende Schlüsse hinsichtlich der metallurgischen Arbeit ziehen:

- Die Kupellation konnte schon in Athen zur klassischen Zeit bis herab zu Gehalten unter einem Zehntel Gewichtsprozent durchgeführt werden.
- Im allgemeinen begnügte man sich mit Restgehalten bis etwa 0,5 Prozent.
- Nur recht selten kommen schlechter kupellierte Stücke vor, wie etwa C 33, eine offensichtlich auch in anderer Hinsicht nicht vollwertige Münze mit 0,75 Prozent Blei und hohem Kupfergehalt.

Tab. 7: Restgehalte von Blei in athenischen Silber-Drachmen[23]

Münze	Gewicht (g)	Datierung v. Chr.	Silber Gew.-%	Blei Gew.-%	Kupfer Gew.-%
Drachme Athen C 1	3,7	~ 550	98,65	0,15	1,2
Drachme Athen C 2	3,6	~ 550	97,15	0,25	2,6
Drachme Athen C 3	4,2	~ 530	99,27	0,05	0,68
Drachme Athen C 7	4,2	~ 479	99,15	0,75	0,1
Drachme Athen C 27	4,1	IV.–III. Jh.	99,65	0,3	0,05
Drachme Athen C 28	4,1	IV.–III. Jh.	99,55	0,4	0,05
Drachme Athen C 30	3,0	III. Jh.	98,41	0,55	1,04
Drachme Athen C 33	3,8	180-170	94,95	0,75	4,3

Die gleichmäßig niedrigen Bleiwerte zeigen, daß der Schmelzer die Reinheit des Silbers während der Kupellation erkennen konnte. Wir wissen aus dem früher Gesagten, daß ausreichend reines Silber am «Spratzen» zu erkennen war. Daraus folgt weiterhin, daß im Beispiel der obigen Tabelle die Mehrzahl der dort vorgeführten Münzen aus «Argentum pustulatum» geschlagen wurden. Man sollte annehmen, daß wenigstens ein Teil dieser Münzen noch winzige «Narben» zeigt, andere dagegen nicht. Man kann also die gelegentlich sichtbaren Narben nicht zur Prüfung der Authentizität heranziehen. Man kann aus kleinen «Pusteln» insbesondere nicht den Schluß ziehen, daß ein Nachguß, also eine Fälschung, vorliegt.

Es sei noch bemerkt, daß sehr reines Silber sich eben wegen des Spratzens nicht zum Gießen eignet. Ein Nachguß von Münzen sollte also mit leicht verunreinigtem Silber erfolgen, damit eine gute Wiedergabe der Form gewährleistet ist.

Abgesehen von der in gewissen Grenzen frei wählbaren Legierung Elektron scheint man in Griechenland keinen Versuch gemacht zu haben, Silber oder auch Gold bewußt zum Zwecke der Streckung zu legieren. Beimengungen von wenigen Prozenten Kupfer waren mit damaligen Mitteln aber nicht erkennbar und können eine private Marge der Münzer gewesen sein. Zwei Ausnahmen sind allerdings bekannt geworden:

1. In Lesbos hat man sehr früh (seit 480 v. Chr.), einen Stater aus Billon[25], einer Legierung von Silber mit 30 bis 40 Prozent Kupfer, als Münze geprägt. Dieses ungewöhnliche Ereignis könnte auf einem Mangel an reinem Metall für eine dringend benötigte Emission beruhen, es wäre dann als eine Art Notgeld aufzufassen. Es könnte sich aber auch um eine Materiallieferung aus einer sonst nicht zugänglichen Quelle, vielleicht im Raume des Schwarzen Meeres, gehandelt haben. Genaueres kann man gegenwärtig hierzu nicht sagen.

2. Unter Alexander I. (ca. 497–454 v. Chr.), der die meisten Stämme des Landes unter seiner Herrschaft einte und so das makedonische Königtum

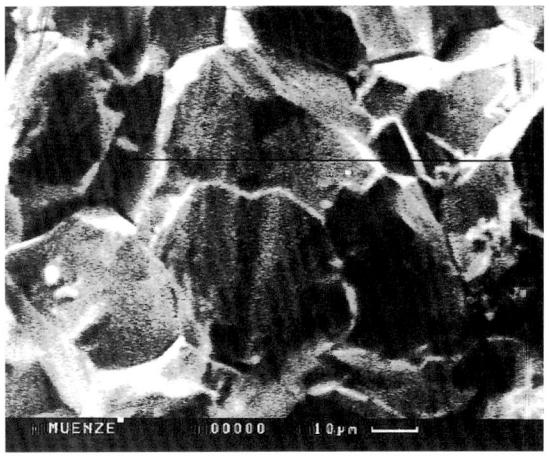

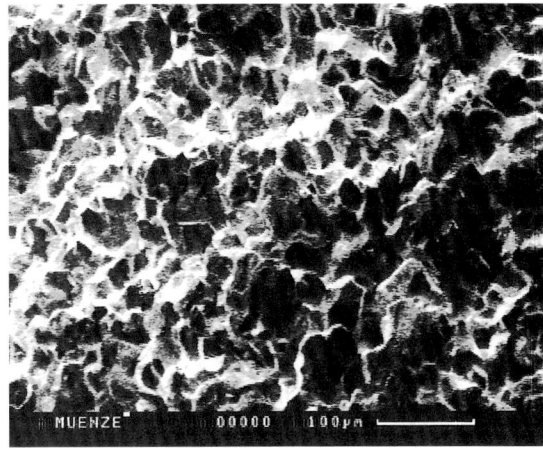

begründete, wurden sowohl Tetrobole mit einem Sollgewicht von 2,45 Gramm als auch – für den innermakedonischen Gebrauch bestimmt – mit 2,18 Gramm geprägt. Sie unterschieden sich nicht nur durch die Münzbilder (Reiter und Löwenprotome bzw. Pferd und Helm), sondern die leichteren Stükke sind auch stark mit Kupfer verschnitten, was schon an der Farbe zu erkennen ist.

Durch die beiden Serien sollte eine Verrechnung zwischen dem lokalen thrakisch-makedonischen Münzfuß der Oktodrachmen mit 28,75 Gramm, dem reduzierten pkönikischen Münzfuß der Tetradrachmen mit 13,09 Gramm sowie dem attischen mit 17,44 Gramm ermöglicht werden. Auch Perdikkas II. (†413) hat diese Doppelprägung fortgesetzt.[26]

Versprödung antiker Münzen
Manche alte Silbermünze zeigt eine eigenartige Versprödung, das Metall wird hart und brüchig, so daß die Münze im Extremfall schon in der Hand zerbricht. Bei Betrachtung unter einem Mikroskop oder einer starken Lupe erkennt man, daß das solide Metall in kleine Blöckchen zerfallen ist.

Diese Versprödung ist die Folge eines recht hohen Bleigehaltes in nicht ausreichend kupelliertem Silber.[28] Im Schmelzdiagramm des Systems Blei-Silber (Abb. 31) ist ein Rechteck eingetragen. Innerhalb dieses Rechtecks, an nicht genauer bekannter Stelle vollzieht sich eine Umwandlung im festen Zustand. Das bei hohen Temperaturen im Silber als feste Lösung vorliegende Blei scheidet sich aus. Diese Ausscheidung geht, wegen des festen Zustands, der die Verlagerung der Atome in den Kristallen sehr erschwert, bei Zimmertemperatur extrem langsam vor sich.

Alte Münzen haben aber viele Jahrhunderte Zeit für diese Umwandlung. Vielleicht spielt auch eine Art Katalyse durch Verunreinigungen eine gewisse Rolle für eine Beschleunigung dieses Vorgangs. In kochendem Wasser kann eine solche Umlagerung und die damit verbundene Versprödung aber schon nach Wochen auftreten.

Entdeckt man diese Veränderung an einer Münze rechtzeitig, etwa bei einer Inspektion mit dem Mikroskop an kleinen netzförmigen Rissen, kann man diesen Verfall heilen. Das Schmelzdiagramm zeigt den Weg: Man muß die Münze über die Umwandlungstemperatur erwärmen, am besten in einem Ölbad bei 300 Grad Celsius. Bei dieser Temperatur geht das Blei wieder in die homogene feste Lösung über. Wird die Münze jetzt wieder abgekühlt, kann es lange Zeit bis zu einer erneuten Ausscheidung dauern. Bei der genannten Temperatur ist im übrigen eine Beschädigung der Münze ausgeschlossen.[29]

Auch stark kupferhaltige Silbermünzen können solche Versprödung zeigen. Wie vorhin ist auch hier der Grund darin zu sehen, daß Kupfer bei den hohen Temperaturen der Herstellung des Flans (oder bei heißer Prägung) bis zu 8 Prozent Silber in fester Lösung aufnehmen kann, bei Zimmertemperatur aber nur etwa 0,5 Prozent. Geht der Abkühlungsprozeß nun schnell vonstatten, wie sicher bei der Münzprägung, können die Kupferdendriten einer untereutektischen Kupfer-Silber-Legierung ihr gelöstes Silber nicht genügend schnell mit der Umgebung austauschen. Es entsteht eine übersättigte, instabile Lösung im festen Zustand.

Im Laufe langer Zeiten strebt eine solche übersättigte Lösung danach, einen stabilen Zustand zu erreichen, indem das überschüssige Silber als getrennte Phase ausgeschieden wird. Die dabei entstehenden inneren Spannungen führen zunächst zu einer stark anwachsenden Härte und schließlich zu Versprödung und Bruch.[30]

5.2.3. Anwendung der Kupellation auf Gold

Gold und Silber sind chemisch betrachtet sehr ähnlich. Es nimmt daher nicht wunder, wenn sich Gold ebenso wie Silber in Blei auflöst und sich umgekehrt ebenso durch Kupellation aus dem Blei gewinnen läßt. Im Gegensatz zu Silber bringen die antiken Goldquellen aber nicht natürlicherweise einen ausreichenden Bleigehalt mit. Das für die Trennung erforderliche Blei muß also – eine technische Innovation – besonders zugegeben werden.

Goldführende Erze aller Arten, auch Seifen, werden deshalb häufig schon beim ersten Schmelzen mit Blei vermischt aufgegeben. Hat man bereits eine Kupellation in der Nähe der Hütte in Betrieb, gibt man mit Vorteil nicht Blei, sondern die von der Kupellation des Silbers übrigbleibende Glätte mit dem Erz in den Ofen. Das Ergebnis ist immer das gleiche: Aus dem Ofen rinnt neben Schlacken ein an Edelmetall angereichertes Blei.

Erwirbt man schon bearbeitete Gegenstände aus Edelmetallen, sei es durch Kauf, Raub, Plünderung oder Tribut, wird dieses Edelmetall nicht immer so rein sein, wie es die zukünftige Verwendung erfordert. Gold ist häufig mit Silber verarbeitet, auch mit Messing verfälscht. Kupfer ist, sowohl in Silber als auch in Gold, ein häufig verwendetes Legierungselement. Auch Münzen können auf vielerlei Weisen gefälscht sein, häufig durch eine dünne Edelmetalldecke über einem Bronze- oder Kupferkern (subaerate Stücke). Die Verarbeitung gebrauchter Edelmetalle erfordert also in aller Regel zunächst eine Reinigung und Abtrennung der unedlen Metalle.

Auch hier bewährt sich die Kupellation zur Trennung der Edel- von den Nichtedelmetallen. Zinn und Zink (z.B. aus Messing stammend) lösen sich zwar ebenso wie Silber und Gold im Blei auf, verbrennen aber leicht zu unlöslichen Oxiden. Kupfer löst sich nicht im strengen Sinne auf, bildet aber leicht eine Art Emulsion von feinen Tröpfchen im geschmolzenen Blei, zu vergleichen etwa dem Fett in der Milch. Es läßt sich durch mehrmalige Zugabe frischen Bleis bei der Kupellation beseitigen.

In Sardis haben sich neben den bereits besprochenen Öfen zur Zementation ganze Werkstattbereiche gefunden, deren Boden von flachen Mulden bedeckt war, die offensichtlich der Kupellation, also der Reinigung von Edelmetallen von unedlen Beimischungen dienten.[31]

Wie weit verbreitet die Kupellation war, folgt aus der eingangs schon erwähnten Bibelstelle, die in das sechste vorchristliche Jahrhundert, grob zeitgleich mit den Werkstätten von Sardis, datiert wird:

«*Der Blasebalg schnaubte, das Blei wurde flüssig vom Feuer; aber das Schmelzen war umsonst, denn die Bösen wurden nicht ausgeschieden.*» (Jeremias 6, 29)

Ähnlich auch das sogenannte Gleichnis vom Schmelzofen beim Propheten Hesekiel, der zwischen 597 und 571 v. Chr. wirkte [22,18-22]:

«*Das Haus Israel ist mir zu Schlacken geworden, sie alle sind Kupfer, Zinn, Eisen und Blei im Ofen; ja, zu Silberschlacken sind sie geworden. Darum spricht Gott der Herr: Weil ihr denn alle Schlacken geworden seid, siehe, so will ich euch alle in Jerusalem zusammenbringen. Wie man Silber, Kupfer, Eisen, Blei und Zinn im Ofen zusammenbringt, daß man ein Feuer darunter anfacht und es zerschmelzen läßt, so will ich euch auch in meinem Zorn und Grimm zusammenbringen, hineintun und schmelzen ... Wie das Silber im Ofen zerschmilzt, so sollt auch ihr darin verschmelzen....*»

Diese Zeilen verraten eine vollständige Kenntnis der Kupellation und ihrer Tücken. Damit ein Gleichnis verstanden wird, muß der Gleichnisgeber sicher sein, daß viele Menschen den im Gleichnis angesprochenen Vorgang kennen, wie etwa beim Gleichnis vom Arbeiter im Weinberg (Matth. 20,1 ff.).

Daß hier eine weitverbreitete Kenntnis der Kupellation offenbar vorausgesetzt wird, ist erstaunlich, denn beim heutigen Stand der technischen Allgemeinbildung würde man wohl eher zögern, dieses Gleichnis zu gebrauchen.

Das Ergebnis der Kupellation zur Raffination ist eine Gold-Silber-Legierung, bis auf einen geringen Bleigehalt frei von Zinn, Zink, Kupfer oder Eisen. Für eine vollständige Aufarbeitung müssen nun noch Gold und Silber getrennt werden. Hierfür wurde bis ins Mittelalter ausschließlich die Zementation mit Salz, die bereits beschrieben wurde, angewendet. Die vollständige Aufarbeitung von Edelmetall-Legierungen war schon im Altertum und seit der Zeit der ersten Münzen technisch gelöst, kein Geheimnis und weithin bekannt.

Nicht zuletzt aus diesem Grunde untersagten die Römer im Frieden von 168 v. Chr. den vier makedonischen Teilstaaten nicht nur Handel und Heirat untereinander, sondern auch den Bergbau auf Edelmetalle und die Gewinnung von Salz (Liv. 45,29). Das war weit mehr als eine gehässige Schikane der Sieger, es sollte die heimliche Gewinnung und Trennung der Edelmetalle – und damit die Neuschöpfung von Geld – verhindern.[32]

5.2.4. Die Probierkunst

Kann man ein unreines Edelmetallgemisch trennen, so kann man auch den Wert einer unbekannten Legierung objektiv feststellen, indem man den Gehalt an den beiden einzig interessanten Edelmetallen durch eine Trennung und anschließende Wägung bestimmt.

Diese spezielle Abart der Kupellation zum Zwecke der Analyse wird im deutschen Schrifttum als «Probierkunst» bezeichnet. Hieraus hat sich im Laufe der Zeit ein hochspezialisierter Beruf entwickelt, der «Probierer», der für das ganze Berg- und Münzwesen in Mittelalter und früher Neuzeit eine wichtige Funktion hatte.[33] Noch heute spielt dieser Beruf eine wichtige Rolle in der Edelmetall verarbeitenden Industrie.[34]

Die technischen Erfordernisse beim Probieren sind von denen der Edelmetallgewinnung etwas verschieden. Kam es dort auf die Handhabung großer Metallmengen unter wirtschaftlich vertretbarem Brennstoffaufwand an, ist es nun wichtig, mit nur kleinen Mengen und möglichst unter Vermeidung von Edelmetallverlusten zu arbeiten.[35]

Entsprechend den geringen Probemengen verwendet man sehr kleine Tiegel zum Abtreiben des Bleis, die sogenannten «Kupellen». Ihr Material muß sowohl standfest gegen Rißbildung sein als auch durch wohlabgestimmte Saugfähigkeit für das Bleioxid die Metallverluste minimieren. Asche von Tierknochen ist das Hauptmaterial vieler «Geheimrezepte» berufsstolzer Probierer.

Probierer, die ihre Kunst durch Wahl «exotischer» Ingredienzien besonders hervorheben wollten, haben auch schon die Asche von Hechtköpfen vorgeschlagen. Erst in neuester Zeit haben sich poröse Tiegel aus Magnesiumoxid eingeführt, die mechanisch ausreichend beständig sind. Der richtige «Probierer» aber verwendet für besonders feine Arbeit auch heute noch die Asche von Schafsknochen.

Bemerkenswert ist die Tatsache, daß das uralte Probieren mittels Kupellation, trotz modernster Analysengeräte anderer Prinzipien, noch heute für Schiedsanalysen als zuverlässigste Methode gilt.

«The Worshipful Company of Goldsmiths of London», durch königlichen Erlaß von 1327 anerkannt, aber sicher älter, betreibt noch heute

ein Labor zur Edelmetallanalyse nach dem hier geschilderten Verfahren (engl. «fire assay»), dessen
jährliche Analysenzahlen in die Millionen gehen
sollen.

5.3. Gewinnung von Silber aus Kupfererzen

Die eingangs erwähnten «Silberträger» kommen
nicht nur in Bleierzen, sondern auch, manchmal
sogar in wesentlich größeren Anteilen, in Kupfererzen vor. Sie werden auch bei deren Verhüttung
zersetzt, und das entstehende Silbermetall löst sich
sowohl in einem Zwischenprodukt der Kupferver-
hüttung, dem «Stein»[36], als auch im fertigen Kupfer.

Nach dem heutigen Stand unseres Wissens waren es wohl die Römer, die in ihren spanischen Hüt-
ten zuerst den Umstand entdeckten, daß man die
Silberträger im Kupfererz und das im Kupferstein
gelöste Silber mit Blei «auswaschen» kann. Wir wollen dies in einem folgenden Kapitel ausführlicher

erörtern. Hier genügt festzuhalten, daß man nach
einem solchen «Waschprozeß» wieder in Blei gelöstes Silber vorliegen hat, welches dann ganz nach
dem bereits besprochenen Verfahren kupelliert
wird. Diese noch nicht sehr effektive Methode zur
Entsilberung von Kupfererzen ist bis in die beginnende Neuzeit angewandt worden.

Etwa im 15. Jahrhundert taucht in Nürnberg
ein neues metallurgisches Verfahren auf, mit dem
man die Silberausbeute gegenüber dem römischen
Verfahren außerordentlich steigern konnte. Es handelt sich um einen hochkomplizierten Prozeß, das
sogenannte «Seigern». Man kann wohl, ohne zu
übertreiben, behaupten, daß die Blüte des 16. Jahrhunderts und die Entwicklung moderner Staaten in
Mitteleuropa wie auch der Reichtum großer Fami-
lien durch diesen neuen metallurgischen Prozeß einen wesentlichen materiellen Antrieb erhalten haben.[37] In Mitteleuropa stieg die Silbergewinnung
(auf Grund dieses Prozesses, nicht durch neue Lagerstätten!) von 1450 bis 1540 um das Fünffache;
der deutsche Anteil an der europäischen Produktion betrug 1540 mit 50.000 Kilogramm mehr als 80
Prozent.

Die geschichtliche Entwicklung des Seiger-Pro-
zesses ist schwer zu übersehen. Manche Autoren
behaupten, ihn schon im Altertum erkennen zu können[38], aber solchen Vermutungen stehen doch sehr
ernst zu nehmende Zweifel gegenüber. Es ist das
Verdienst L. Suhlings[39], in einer sehr gründlichen
Arbeit die schwierigen Verhältnisse geklärt zu haben. Der Prozeß, den man heute «Seigern» nennt
und von dem hier die Rede sein soll, ist vermutlich
nicht früher als um die Mitte des 15. Jahrhunderts
tatsächlich in Gebrauch gekommen.

Es lohnt sich, sowohl dem Prozeß selbst als auch den Gründen für die Unsicherheiten in seiner Geschichte einige Augenblicke zu widmen. Der Keim der Verwirrung wird gelegt, wenn man das Seigern in dürren Worten als einen Prozeß beschreibt, bei dem silberhaltiges Kupfer mit Blei zusammengeschmolzen wird. Das Silber geht dann in das Blei über, Blei und Kupfer werden getrennt und das Silber dann durch Kupellation gewonnen. Dabei entgehen die wichtigsten Details, insbesondere die Erfindung des Gegenstromprinzips für die Extraktion, der Aufmerksamkeit. Eine weitere Quelle der Verwirrung ist, daß im englischen Schrifttum für beide Vorgehensweisen dasselbe Wort, nämlich «liquefaction» oder «liquation» gebraucht wird.

Beim Seigern wird unreines Rohkupfer, sogenanntes Schwarzkupfer oder Hartwerk, mit einer großen Menge Blei zusammengeschmolzen. Die Menge des Bleis muß einerseits so groß sein, daß die Schmelze weitgehend in das Gebiet der Mischungslücke des Schmelzsystems Kupfer-Blei (vgl. Abb. 88, S. 134, dort mit «2 Schmelzen» gekennzeichnet) fällt, andererseits so klein, daß die zu erwartende Silberkonzentration im Blei ausreichend groß für die anschließende Kupellation wird. Da diese beiden Bedingungen nicht leicht gleichzeitig zu erfüllen sind, hat man von Ort zu Ort je nach den Gegebenheiten des Erzes, unterschiedliche, mehrstufige Verfahren entwickelt.

Die Kupfer-Blei-Mischung wird in Blöcke oder besser in hohle Kegel, «Zapfen», vergossen. Erhitzt man diese jetzt vorsichtig auf eine Temperatur unterhalb der eutektischen Temperatur, scheidet sich das System in zwei Phasen: eine feste, kupferreiche Phase und eine flüssige, kupferarme Bleiphase. Diese beiden Phasen trennen sich durch Abtropfen, und man erhält in der – meist geringen – abgetrennten flüssigen Bleiphase den größten Teil des vorher im Kupfer gelösten Silbers. Der hauptsächliche Trick des neuen Verfahrens besteht darin, daß man einen Teil der Materialströme mehrmals, und zwar im Gegenstrom, durch die einzelnen Schmelzgänge führt.

Damit war eine neue Silberquelle erschlossen, die größte wirtschaftliche und politische Bedeutung erlangte. Der Reichtum der Fugger beruhte nicht zuletzt auf diesem Schmelzverfahren. Das entsilberte Kupfer wurde fast zu einem Nebenprodukt, dessen Absatz nicht ohne Preisverfall zu sichern war. Welche weiten Wege für diesen Absatz gefunden wurden, beleuchtet die Entdeckung, daß entsilbertes Fugger-Kupfer in zahlreichen afrikanischen Bronzearbeiten der frühen Epoche der Benin-Kunst nachgewiesen werden konnte.[40]

Das Seigerverfahren darf noch aus einem anderen Grunde Interesse beanspruchen: Es ist einer der ganz frühen belegbaren Fälle von Technologie-Transfer auf den Wegen des Welthandels. Gegen Ende des 16. Jahrhunderts brachten Portugiesen oder Holländer die diffuse Kunde von der Möglichkeit des Entsilberns von Kupfer nach Japan. Daraufhin entwickelte der Begründer der Sumitomo-Familie, Sumitomo Masotomo, ein mehr oder weniger eigenständiges Schmelzverfahren mit vielen Stufen zur Entsilberung von Kupfer. Eine große Schmelzhütte in Osaka ist vor wenigen Jahre ausgegraben worden und wird im Laufe der Bearbeitung sicher noch genauere Aufschlüsse über dieses Verfahren erbringen.[41] Noch heute trägt es dort den Namen

«Namban Buki», wörtlich «Südbarbaren-Schmelzen». Da Japan der Kupferlieferant für ganz Ostasien war, hatte wegen der großen Kupferproduktion auch dort die neue Silberquelle erheblichen Einfluß auf die politische Entwicklung und Stabilität des Landes.

Neben dieser Neuentwicklung steht im ausgehenden Mittelalter ein weiterer Prozeß hoch in Anwendung, das «Darren». Bei diesem Verfahren werden die Zapfen in einer oxidierenden Atmosphäre erhitzt; die Oxidation des Kupfers erleichtert das Ausschmelzen des silberhaltigen Bleis.

6. Herstellung von Münzen

Münzen sind nicht in einer primitiven grauen Vorzeit erfunden worden. Das erste vorchristliche Jahrtausend war vielmehr eine «High-tech»-Periode, geprägt durch ein neues Material, nämlich Eisen und Stahl, sowie eine schnelle Entwicklung im Schiffsbau. Diese Entwicklungen beschleunigten den Handel, vergrößerten die Heere, die Macht und auch die Möglichkeiten, privaten Reichtum aufzubauen. Eine Folge der verstärkten Kontakte unter Menschen und Völkern war auch ein Bedürfnis nach Massenfertigung von Waffen, Werkzeugen und zahlreichen anderen Dinge für den Gebrauch vieler. Münzen sind ein ganz hervorragendes Beispiel für Massenfabrikation. Die besondere Bedingung der Massenfertigung von Münzen, ganz anders als etwa bei Keramik oder Werkzeugen, ist eine extreme Wiederholbarkeit der hohen Präzision jedes Einzelstücks.

Bei Münzen aus edlen Metallen muß das Gewicht mit besonders engen Toleranzen eingehalten werden. Das sorgfältige Abwiegen einzelner Münzportionen und die Kontrolle der fertigen Münzen dürfte der wichtigste Kostenfaktor der Fabrikation gewesen sein. Die verschiedenen Techniken der Schrötlingsherstellung zeigen, daß hier schon früh Lösungen im Sinne einer einfachen und jeweils verbesserten Fertigung angestrebt wurden. Die Suche nach geeigneten technischen Methoden zur billigeren Massenherstellung begegnet uns dann auch bei der Stempel- und Gußformen-Herstellung.

Prinzipiell standen für die Kennzeichnung kleiner Metallstücke als Wertgegenstand, eben als Münze, zwei Techniken zur Verfügung: das mechanische Einschlagen eines Kennzeichens in ein Stück Metall bestimmten Gewichts oder das Gießen in eine besondere Form. Hier würde das Volumen der Form – in gewissen Grenzen – auch für das richtige Gewicht sorgen.

Beide Grundtechniken waren zur Zeit der Erfindung des Münzgeldes, also etwa im siebenten Jahrhundert v. Chr., aus der hochentwickelten Schmuckherstellung seit langem bekannt. Beide eignen sich gut, um eine Massenfertigung daraus zu entwickeln. Wir finden sie bei der Herstellung von Münzen tatsächlich wieder. Je nach den Umständen wird die eine oder die andere Methode eingesetzt, aber das Schlagen oder Prägen ist die älteste und bis heute weitaus am häufigsten angewandte Technik gewesen und geblieben.

Sind uns auch keine Berichte über die genauen Auflagenzahlen einzelner Prägungen der frühen Zeit überliefert, können wir trotzdem eine rohe Vorstellung von solchen Zahlen aus einfachen Überlegungen erhalten: Damit eine Münze dem Handel dienen kann, müssen an zahlreichen Orten zahlreiche Münzen vorhanden sein. Weniger als einige tausend Exemplare können eine Funktion als Geld nicht entfalten. Die Herstellung einiger tausend Münzen ist also sicher die untere Grenze der Auflagenhöhe für die Einführung eines Geldes.

Andererseits schraubt die Aufgabe, z.B. ein Söldnerheer einige Monate zu entlohnen, die Stückzahl der zu prägenden Münzen in die Hunderttausende oder gar vielen Millionen.[1] Bei solch großen Auflagen ist das Prägeverfahren sicher am geeignetsten. Dabei ist die teure und schwer erhältliche qualifizierte Arbeit das Schneiden der Stempel. Da von einem Stempel sehr viele Abschläge gemacht werden, ist der gesamte Aufwand bei hohen Stückzahlen vergleichsweise gering, da die Arbeit der Schlägergruppe an Ofen und Amboß zwar Geschick, aber kaum eine besondere Begabung (und damit etwa erhöhte Kosten) erfordert.

Schon nur einige tausend Metallstücke mit einem klar erkenn- und haltbaren Zeichen bei gleichzeitig engen Gewichtstoleranzen zu versehen, bringt beim Gießverfahren einen sehr großen Aufwand bei der Formherstellung mit sich. Jede einzelne Münze braucht eine eigene, nur einmal zu verwendende Form. Ein Formmaterial, welches einer mehrfachen Verwendung bei den hohen Gießtemperaturen der Edelmetalle standgehalten hätte, gab es damals nicht. Trotzdem kennen wir auch in der Antike Serien gegossener Münzen. Das Verfahren ist zweifellos teuer,

gestattet aber vielleicht den Verzicht auf besonders qualifizierte Arbeitskräfte.

6.1. Das Schlagen oder Prägen von Münzen

Aus dem alten Griechenland liegen uns trotz der riesigen Menge dort geprägter Münzen weder in Inschriften noch in Vasenbildern Hinweise auf das Aussehen einer Münzwerkstatt vor. Man ist daher auf Rekonstruktionen angewiesen, die teils auf jüngeren Darstellungen, besonders aus dem Bereich Roms, aber auch auf athenisch-laurischen Bodenfunden beruhen.

Kürzlich wurde eine neue Darstellung des Prägevorganges vorgelegt, die zugleich die besondere Bedeutung der Münzprägung im Leben einer griechischen Stadt – hier unter römischer Herrschaft – zeige. Sie finde sich auf einer Münze von Ankyra, dem heutigen Ankara in der Türkei, aus der Zeit Kaiser Philipps I. (244–249) und hebe den Prägevorgang sozusagen in die mythisch-göttliche Sphäre.

Der Schmiedegott Hephaistos sitzt als «suppostor» auf einem Klappstuhl nach rechts, in der erhobenen Rechten einen kleinen Hammer als das ihn kennzeichnende Attribut. Er hält in der Linken eine Zange, mit der er einen Schrötling in Form eines dünnen Metallplättchens auf den Amboß legt. Dieser befindet sich auf einer breiten Basis. Dem Gott gegenüber steht ein mit Schurz bekleideter Kyklop – auch sonst oft sein mythischer Helfer – bereit, als «malleator» mit seinem Hammer zuzuschlagen. Hinter dem Amboß steht die Göttin Athena, Schutzherrin des Handwerks. Mit den Fingern der Linken umgreift sie einen länglichen und konischen

Abb. 37: Münze von Ankyra mit Prägedarstellung (nach Werz 1994)

Abb. 38: Prägewerkzeug aus Oberstempel, Unterstempel und Amboß auf einem römischen Denar 46 v.Chr. (Crawford, 1974, 464,2)

Gegenstand, eben den Stempel, den sie auf den Schrötling aufsetzt, während sie mit der erhobenen Rechten Aufmerksamkeit heischt.[2]

Es gibt in der Literatur eine ganze Anzahl von Rekonstruktionsversuchen antiker Münzwerkstätten. Conophagos[3] hat die Kopplung von Kupellation mit der eigentlichen Prägewerkstatt dargestellt. Gerade diese Kopplung ist aber nicht durch unmittelbare Bodenfunde zu beweisen. Wir werden uns daher lieber auf getrennte Betrachtungen verlassen.

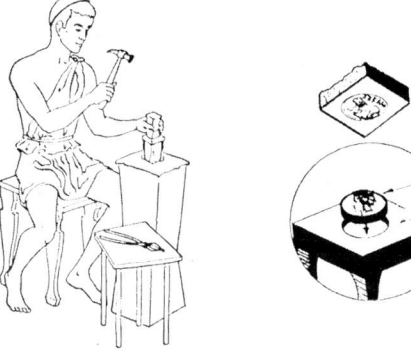

Auf der linken Seite sehen wir die «Minimalausrüstung» zum Schlagen von Münzen. Der Schläger trägt hier einen recht leichten Hammer. Dieser sollte möglichst mit einem Schlag die gesamte zur Verformung des Metalls erforderliche Energie auf den oberen Stempel übertragen, der mit der linken Hand gehalten wird.

Man muß annehmen, daß ein Gehilfe diesem Arbeiter die Rohlinge zubringt, vielleicht sogar, wenn heiß geschlagen werden soll, auf den Unter-

stempel legt. Die folgende Abbildung zeigt das eigentliche Prägegerät etwas deutlicher:

Wenn auch in Griechenland keine kompletten Werkzeugsätze, ja nicht einmal Stempel gefunden sind, besitzen wir doch aus dem römischen Bereich einen fast vollständigen Satz solcher Werkzeuge.

Ein Gefäß für eine Flüssigkeit deutet die Notwendigkeit an, die Stempel nach dem Schlagen heißer Rohlinge zu kühlen. Man muß nach der Sauberkeit der damaligen Münzbilder wohl auch mit einer Schmierung der Stempel durch Wasser, Fett oder Öl

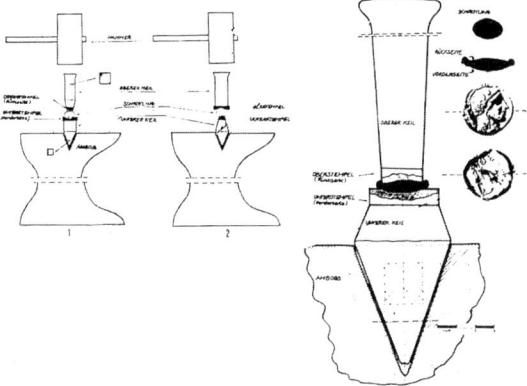

Abb. 39: Münzarbeiter der Antike (nach Conophagos u.a., Nom. Chron. 4, 1976, S. 17) (links) und schematische Darstellung des Prägevorgangs (rechts)

rechnen. Conophagos gibt seinem Gehilfen für diesen Zweck eine Kanne in die Hand.

Selbst relativ «weiche» Metalle wie etwa Gold setzen der bleibenden Verformung einen erheblichen Widerstand entgegen. Die am Ort der Verformung wirkenden Kräfte müssen groß sein, der Stempel

muß sie aber auch aushalten, und der Arbeiter muß sie aufbringen können. Der Erwerber der Münze erwartet ein klar lesbares Bild, so tief, daß es noch nach vielen Jahren des Gebrauchs deutlich erkennbar ist.

Wir haben damit, bis auf eine Waage, alle wesentlichen Geräte und Handreichungen, die bis in die beginnende Neuzeit eine Münzwerkstatt kennzeichnen, beisammen.

Aus unserer Sicht bestehen die Voraussetzungen einer Massenproduktion von Münzen in der Organisation der Werkstätten und, noch wichtiger, in der Beherrschung der hier als «spanlose Verformung» zu bezeichnenden Technik. Letztere bedarf daher einer genaueren Betrachtung, besonders, da viele Effekte, die der Münzkenner und -liebhaber an seinen Objekten beschreibt, ihren Ursprung eben in diesen technisch-mechanischen Grundlagen haben.

6.1.1. Mechanik des Schlagens

Die seit den Zeiten des klassischen Athens immer gleichbleibende Anordnung zum Schlagen oder Prägen einer Münze besteht aus einem feststehenden «Unterstempel», dem daraufgelegten Rohling oder Schrötling, dem «Oberstempel» und einem Hammer. Der Hammer kann in späteren Zeiten durch eine Spindelpresse oder einen anderen Mechanismus ersetzt werden, das ändert aber nichts an unserer Diskussion.[4]

Der Hammer schlägt mit einer gewissen Wucht (kinetische Energie) auf den Oberstempel. Die kinetische Energie des Hammers berechnet sich aus seiner halben Masse mal dem Quadrat seiner Geschwindigkeit. Ein Teil dieser Energie wird vom Oberstempel aufgenommen und auf den Schrötling übertragen.

Nach der Mechanik ist diese Energieübertragung dann am vollständigsten, wenn die Masse des Hammers gleich der Masse des Oberstempels ist. Ein schwerer Hammer braucht einen schweren Oberstempel. Dies ist der Grund dafür, daß die wenigen vollständig erhaltenen Oberstempel, zum Beispiel jener aus dem römischen Trier[5] (vgl. Abb. 53 und S. 83 ff. «Kaltes Fließen»), in recht massive Eisenstücke eingelassen sind. Das Gewicht jenes Stempels bietet mit seinen 1,5 Kilogramm aus unserem Prinzip der Mechanik her auch eine plausible Abschätzung des Hammergewichts von etwa gleicher Größe.

Die auf die Münze übertragene Energie wird teils in die erwünschte Verformungsarbeit, teils in «äußere» (Schmierung!), teils in innere Reibungswärme umgesetzt.

Arbeit kann, wie die Mechanik lehrt, immer als das Produkt aus Kraft mal Weg verstanden werden. Die Energie des Hammerschlages tritt also am Schrötling zunächst als Kraft in Erscheinung, und

Abb. 40: Werkzeugsatz: Zwei Ambosse, Ober- und Unterstempel, Gefäß. Zum Nachprägen römischer Republikdenare, gefunden in der dakischen Burg von Tilişca/Rumänien (nach Lupu 1964)

das Metall des Schrötlings verformt sich unter dieser Kraft. Dabei legt der Oberstempel einen Weg in den Schrötling hinein zurück, und zwar so weit, daß im Idealfall gerade das Produkt aus der Kraft mal diesem Weg gleich der ursprünglich vom Oberstempel aus dem Hammerschlag aufgenommenen Energie wird.

Grundsätzliches zur Verformung von Metallen
Das weitere Schicksal der vom Schrötling aufgenommenen Arbeit hängt von den mechanischen Eigenschaften des Münzmetalls ab.

Betrachten wir ein zylindrisches Stück Metall zwischen den Stempeln einer Presse (Abb. 41): Wenn sich der Oberstempel in Richtung auf den feststehenden Unterstempel bewegen soll (Achse «Weg des Stempels»), muß er einen (zunehmenden) Druck (Kraft pro Flächeneinheit) auf das Metall ausüben (Achse «Druck»). Das Metall gibt diesem Druck nach, es verformt sich.

Zu Beginn der Belastung ist die Verformung dem Druck proportional, man spricht von «elastischer Verformung» (Bereich E) und meint damit, daß die Verformung vollständig zurückgeht, wenn der Druck weggenommen wird. Die Kurve verläuft nach einer Geraden, die eine gewisse Neigung aufweist. Die Steilheit dieses Kurvenstücks ist ein Maß für die Federkraft des Metalls.

Wenn man eine Feder überdehnt, kommt der Moment, wo sie nicht mehr in ihre ursprüngliche Form zurückspringt, sie behält eine «bleibende Verformung». Die ursprüngliche Anordnung kleiner Teile des Metalls gegeneinander hat sich verändert, das Metall ist partiell in eine neue Form «geflossen». Wenn das Metall einmal fließt, ist nur noch eine geringe Erhöhung des Drucks erforderlich, um eine

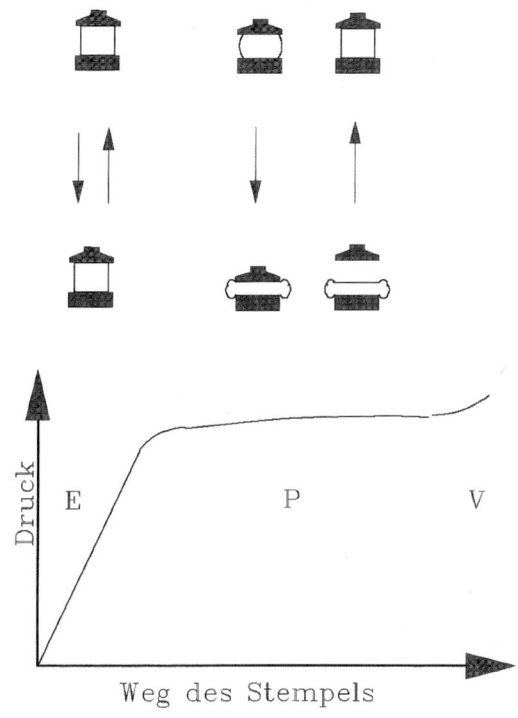

weitere Deformation zu erreichen, die Kurve verläuft flacher.

Dies ist der Bereich P für «plastische Verformung» oder «Fließen». Hebt man nach einer Verformung bis in diesen Bereich den Stempel von der Probe ab, bleibt ein flachgedrücktes Stück Metall übrig, eben zum Beispiel unsere Münze.

Treibt man die Verformung sehr weit in den plastischen Bereich hinein, beginnt schließlich das

81

Metall wieder fester zu werden. Der Druck steigt mit fortschreitender Stempelbewegung wieder stärker an als im Bereich der plastischen Verformung. Dies ist der in der Abbildung mit V für «Verfestigung» bezeichnete Teil der Kurve.

Der Übergang von E nach P, also von der rückfedernden Elastizität zum bleibenden Nachgeben, ist, wie die Rundung der Kurve andeutet, unscharf. Ist dieser Bereich klein im Vergleich zur gesamten Längenänderung des Probenstücks, kann man ihn vereinfachend als einen Knick betrachten. Dieser gedachte Knick wird als «Fließgrenze» bezeichnet. Die Lage der Fließgrenze hängt nicht nur von der Natur des Metalls, sondern auch, und sogar sehr stark, von der Vorgeschichte des Probenstücks ab. Besondere Wärmebehandlungen des Schrötlings vor dem Schlagen werden aus diesem physikalischen Grunde vorgenommen.

Ein im modernen Laboratorium leichter zu ermittelndes Maß für die Fließgrenze ist die «Streckgrenze». Man kehrt die Richtung der auf den Probekörper wirkenden Kraft um, man zieht die Probe auseinander, statt sie zusammenzupressen. Dies kann an einem Blechstreifen erfolgen, der ja bei Zug nicht ausknickt und leichter herzustellen ist. In einem solchen «Zugversuch» wird die Kraft ermittelt, die die Probe um einen gewissen Betrag (meist 0,2 Prozent) verlängert zurückläßt, wenn die Belastung wieder fortgenommen wird.

Die folgende Tabelle ist so gemessen worden und gibt die auf den Einheitsquerschnitt der Probe bezogenen Kräfte an, die die «Fließgrenze» bei einigen modernen kommerziellen Goldlegierungen gerade eben um einen winzigen Betrag (0,2 Prozent) überschreiten. Weiter ist in den folgenden Spalten die gleiche Größe eingetragen, aber nach einer vor dem eigentlichen Versuch ausgeübten Kaltverformung von 20 bzw. 75 Prozent.[6] Diese Werte zeigen deutlich, wie sehr das Verhalten von Metallen einerseits von der Zusammensetzung und andererseits zusätzlich von der Vorgeschichte der Probe abhängen kann.

Diese Daten sind nützlich für das Verständnis immer wieder auftretender Arbeitsgänge bei der Münzherstellung und für die ebenfalls immer wieder auftretenden mechanischen Fehler der Münzen. Die Fließgrenze bestimmt, wie tief der Stempel geschnitten, ob der Rohling vor dem Prägen geglüht werden muß oder ob der Rand der Münze einreißt.

Tab. 8: Druck und bleibende Verformung bei einigen Goldlegierungen
(Bleibende Verformung 0,2 %, Druck in N/mm^2)[7]
(Das Material wurde 30 min bei 550° C vorgeglüht.)

Legierung	Karat	Kalt	Verformung		Farbe
Au-Ag-Cu		0%	20%	75%	
917-32-51	22	950	2700	4500	gelb
750-45-205	18	3000	5500	8000	rot
750-90-160	18	3300	5500	7700	rosa
750-125-125	18	3500	5000	8500	gelb

Man sieht, daß der Druck – in unserem Anwendungsfall die erforderliche Schwere des Hammerschlags –, den man anwenden muß, um eine sehr geringe bleibende Verformung auszulösen, beim Übergang von einer 22karätigen zu einer 18karätigen Goldlegierung um das Zwei- bis Dreifache zunimmt. Dagegen hat innerhalb der unterschiedlichen 18karätigen Legierungen die jeweilige Zusammensetzung keinen besonders auffallenden Einfluß.

Die «Härte», ein landläufiger, aber physikalisch nicht eindeutig definierbarer Begriff, verläuft gleichsinnig mit den in der Tabelle angegebenen Werten. Folglich kann man den Schluß aus der Tabelle ziehen, daß höher legiertes Material «härter» ist als reines Metall. Dies ist der Grund, warum moderne Goldmünzen meist stark legiert werden. Die dadurch erzielte größere Härte läßt das Münzbild dem Gebrauch länger unbeschädigt widerstehen.

Die Tabelle zeigt auch, daß die Härte mit der Vorverformung recht erheblich anwächst. Gegossene oder in einer Form aufgeschmolzene Rohlinge sind relativ weich und gut zum Prägen geeignet (siehe Spalte «Kaltverformung 0 %»).

Verwendet man jedoch Schrötlinge aus geschlagenem oder gewalztem Blech, wird die Härte durch die Vorverformung (Blechherstellung) leicht so hoch, daß man sie vor dem Prägen verkleinern muß (vgl. Spalte «Kaltverformung 75 %»). Dies ist durch Glühen möglich, wodurch das Metall innerlich «entspannt» wird. Dabei wachsen die bei der Verformung zertrümmerten Kristalle des Metalls wieder zu größeren und damit weicheren Individuen zusammen. Glühzeit und -temperatur müssen mit einiger Sorgfalt gewählt werden, damit die wachsenden Kristalle nicht zu groß werden und der Oberfläche der Münze ein mattes Aussehen geben («Orangenhaut»).

Kaltes Fließen
Die Zahlen der obigen Tabelle sind in modernen Laboratorien unter langsam wachsender Belastung und an sehr einfach gestalteten Probekörpern gemessen. Die Verhältnisse bei der Prägung einer Münze sind wesentlich komplizierter. Einmal

wächst die Belastung nicht langsam, sondern erfolgt mit einem Schlag, zum anderen ist ja der Stempel nicht glatt, sondern enthält Erhöhungen und Vertiefungen, die das Münzbild ergeben. Um diese muß das Metall herumfließen.

Beim Fließen eines Metalls (und auch jedes anderen Körpers) treten Reibungskräfte innerhalb des Körpers auf, die die Energie des Hammerschlags verzehren, d.h. in Wärme verwandeln.

Die beim plastischen Fließen umgesetzte Energie ist proportional dem verformten Volumen, der Höhe der Fließgrenze und der auftretenden Zugspannung während der Verformung.

Wie wir gesehen haben, hängt die Fließgrenze von der Legierung und der Vorbehandlung ab, die Zugspannung dagegen wird vom «Design» der Münze wesentlich mitbestimmt. Besonders das Verhältnis von Durchmesser zu Dicke und die Höhe der Figuren sind hier wichtig.

Für hohe Figuren muß viel Metall in die Höhlung des Stempels fließen. Ebenso erfordert eine dünne, also im Vergleich zum fest vorgegebenen Münzgewicht großflächige Münze ein starkes Fließen von der Mitte nach dem Rand. Solche Strömungen mit lokal verschiedener Geschwindigkeit und Richtung bedingen echte Reibungsverluste, die Energie verbrauchen und als Wärme verlorengehen.[8]

Die Energie des Hammerschlags wird in recht komplizierter Weise in einer Vielzahl von Bewegungen und Strömungen des Metalls aufgezehrt. Heute kann man bei Bedarf nahezu beliebige Kräfte hydraulisch erzeugen, in der Antike war man jedoch auf die Energie beschränkt, die der Mensch mit einem Hammerschlag entwickeln konnte.

Natürlich kann man bei Bedarf schwerere Hämmer oder auch mehrere Schläge zur Beschaffung der nötigen Energie einsetzen, trotzdem blieb die für die alten Münzmeister verfügbare Energie prinzipiell eng beschränkt.

Diese Beschränktheit der verfügbaren Energie bedingt eine gegenseitige Abhängigkeit von Münzmetall und Münzentwurf. Das spiegelt sich in vielen antiken und auch noch in mittelalterlichen Münzen wieder.

Abb. 42: Elektron-Stater, Ionien, um 600 v. Chr., als Beispiel eines kaum deformierten, dicken Schrötlings (Katalog Kastner 4,1973,89)

Dicke und dünne Münzen

Nach dem oben Gesagten erfordert das Einschlagen eines «kleinen» Bildes in einen großen und dicken Rohling den geringsten Energieaufwand. Eine solche Prägung bezeichnet man im allgemeinen als Stempel oder Punze.

Stellt man sich auf den Standpunkt, daß auch die Technik eine Evolution durchmacht, wird man erwarten, daß solch energiesparende Stempelungen gerade in der Frühzeit des Münzwesens eine erhebliche Rolle gespielt haben sollten. Tatsächlich sind gerade die frühesten Münzen durch einen auffallend dicken Schrötling ausgezeichnet.

Der Elektronstater Abb. 42 ist kaum als Münze im heutigen Sinne erkennbar. In einen dicken Klumpen Edelmetall sind eine Reihe Vertiefungen eingestempelt, das Fließen des Materials ist auf ein Minimum beschränkt. Für einen rund 100 Jahre jüngeren Stater (Abb. 43) war schon ein stärkeres Fließen erforderlich. Dies zeigt einen technischen Fortschritt der Ausrüstung an, durch den höhere Verformungsenergien auf den Schrötling übertragen werden konnten.

Man kann den wachsenden Verformungsgrad des Schrötlings als Zeichen einer technischen Evolu-

Abb. 43: Ionischer Elektron-Stater (um 550–500 v. Chr.) als Beispiel eines immer noch sehr dicken Schrötlings (nach Franke/Hirmer 1972, Tafel 177, 587)

tion ansehen, besonders wenn man Münzen etwa gleichen Münzbildes und gleichen Metalls betrachtet. Die Abbildung 44 zeigt vier Statere der Insel Aigina vom 6. bis ins 4. Jahrhundert v. Chr. mit dem Bild einer Schildkröte. Die ständig verbesserte Ausformung, also die laufend verbesserte Beherrschung des Fließverhaltens des Silbers, wird unmittelbar deutlich.[9]

Das andere Extrem, die besonders dünne Münze als Ergebnis einer langen Entwicklung, finden wir in den byzantinischen Gold-Solidi (Abb. 45).[10]

Der Solidus, in der Überlieferung meist Nomisma, also Münze schlechthin (Plural Nomismata) genannt, war die die Währung bestimmende Goldmünze des byzantinischen Reiches. Sie wurde außer

Abb. 44: Vier Statere von Aigina (nach Franke/Hirmer 1972, Tafel 113, 335–338)

a: Schildkröte, um 560–520

b: Schildkröte, um 480–457

c: Schildkröte, um 375–350

d: Schildkröte, um 350–320

Abb. 45: Byzantinischer Solidus aus dünnem Schrötling

in Konstantinopolis je nach Ausdehnung des Staates auch in anderen Münzstätten, z. B. Thessaloniki, Nikomedia, Rom, Syrakus und Karthago in überaus großer Zahl geprägt. Die Kreuzfahrer, die sie gerne mit nach Hause brachten, nannten sie Bézant, Bisant, Besantius oder Byzantius. Von Anfang bis zu Beginn des 10. Jahrhunderts war der Goldgehalt gleichmäßig hoch (über 95 Prozent), damit verbunden die günstigen mechanischen Eigenschaften der Legierung, insbesondere die niedrige Fließgrenze (etwas über 60 MPa).[11]

Das Histamenon hat sich aus dem Aureus der römischen Kaiserzeit entwickelt. Dieser nahm von ursprünglich ca. 8,2 Gramm bis Diocletian auf 5,45 Gramm ab; Constantin d. Gr. führte ab 309 n. Chr. den Solidus mit 4,5 Gramm als neue Goldmünze ein, deren Name «massiv, vollkommen (= Gold)» bedeutet. Seit Kaiser Anastasius I. (491–518 n. Chr.) garantierte sozusagen das Sigle OB = ὄβρυζον, rein, auf der Rückseite unten im Abschnitt den Feingehalt von 24 Karat. Es war zugleich das Zahlzeichen für 72, daß 72 dieser Münzen ein römisches Pfund rei-

nen Goldes ergeben. Seit Nikephorus II. (963–969 n.
Chr.) kommt eine etwas leichtere Goldmünze mit
ca. 4,1 Gramm auf, das sog. Tetarteron, das seit
Basilios II. (976–1025 n. Chr.) auf einem 18 Millimeter großen dicken, das neue Histamenon (= Stand-
ard) hingegen auf einen ca. 25 Millimeter großen,
sehr dünnen und flachen Schrötling geprägt wurde.

Der Feingehalt sank im 11. Jahrhundert von
ursprünglich 24 auf nur noch 8 Karat. Das Histamenon erhielt, zweifellos wegen des mit dem absinken-
den Goldgehalt steil ansteigenden Wertes der Fließgrenze, bald schon eine schüsselförmige Gestalt und
wurde deshalb auch Skyphatos (von skypha, Kahn)
genannt. Diese Schüsselform verkürzt bei gegebe-
nem Schrötlingsdurchmesser etwas die Länge der
Randlinie, das Metall wird dort etwas weniger gedehnt als bei einer flachen Münze. Die Rißbildung
wird durch diese Maßnahme verringert und die mechanische Stabilität der Münze verbessert.

Bei der Münzreform unter Alexis I. (1081–1118
n. Chr.) wurde das Hyperpyron mit 4,5 Gramm und
20,5, später nur noch 12 bis 14 Karat eingeführt,
daneben ein Elektrontrachys (eigentlich «weiße
Schüssel») von 6, später nur noch 3 Karat, also einem
Drittel des Skyphats.

Mit der Änderung der Form und Dicke dieser
Goldmünzen werden auch die Bilder flacher. Um
1100 beträgt, wie gesagt, der Goldgehalt nur noch 50%.

Berechnet man aus Analysendaten[12] Näherungs-
werte für die Fließgrenzen, so findet man, daß diese
für die Prägetechnik entscheidende Größe sich in den
Jahren etwa von 960 bis 1100 buchstäblich verdrei-
facht hat – mehr, als die Prägetechnik auszugleichen
vermochte. Die Folge sind die flachen Münzbilder
und Risse im Rand.

Risse im Rand

Daß das zur Münze geschlagene Metall tatsächlich
fließt, erkennt man am sinnfälligsten wohl an den bei
antiken Münzen sehr häufigen Rissen im Randbereich. Verdrängt der Stempel beim Schlag das Metall
des Schrötlings aus der Mitte der Münze, muß es
zum Rande fließen. Dabei wird der Umfang des
Schrötlings durch den radialen Fluß gedehnt. Er
vergrößert sich zwangsläufig.

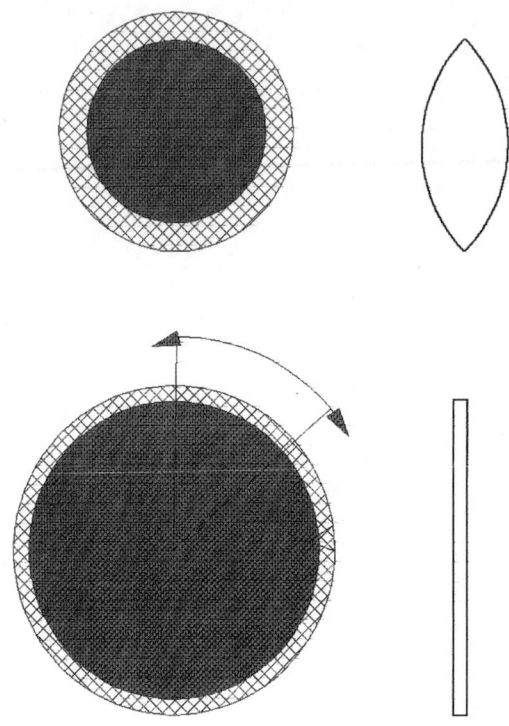

Abb. 46: Dehnung des Münz-
randes, schematisch

Der Dehnung wirkt eine Spannung in tangentialer Richtung entgegen, die das Metall zusammenzuhalten strebt. Wir haben also eine Art «Zugversuch» in diesem Randbereich. Ebenso kann auch beim Schlagen der Münzen die Spannung die Reißfestigkeit überschreiten. Der Rand reißt auf und verringert somit die Zugspannung, bis die Reißfestigkeit der verbleibenden Spannung standhält.

Solche Risse treten bei sehr vielen Münzen bis in die Neuzeit auf. Besonders die Griechen, aber auch die Byzantiner, hatten gegen solche Schönheitsfehler offensichtlich nichts einzuwenden. Metallurgisch sagen solche Risse prinzipiell, daß das Metall in der gegebenen Geometrie der Dehnungsbelastung nicht gewachsen war.

Dieser Mangel kann verschiedene Ursachen haben. Der Rand kann zu dünn sein, vielleicht durch schlechtes Aufsetzen des Oberstempels oder unsymmetrische Form des Schrötlings. Die Legierung kann schlecht sein und zu viele härtende Zuschläge wie Kupfer enthalten.

Auch bei athenischen Prägungen, ein Beispiel gibt die Abbildung 47, kommen Randrisse vor, obwohl die Reinheit des Silbers außer Frage steht. Wie wir noch sehen werden, vermutet Conophagos, daß die Münzen heiß geschlagen wurden, also relativ «weich» unter den Stempel kamen. Die Temperatur der Schrötlinge muß aber stark geschwankt haben, wenn wir keinen besonderen Ofen zum Temperieren voraussetzen. Diese – nach dem bekannten Stand der Technik unvermeidlichen – Temperaturschwankungen von Stück zu Stück bedingen für jede Münze eine andere Dehnbarkeit des Außenbezirks. Münzen, die etwas zu kalt geschlagen wurden, konnten dann reißen.

6.1.2. Aussehen und Herstellung von Stempeln

Münzstempel sind, auch für sich allein betrachtet, wichtige Zeugen der Technikgeschichte. Die Stempel sind Werkzeuge für eine Massenproduktion und stellen als solche an die Materialkenntnis und die Handfertigkeit ihrer Hersteller besondere Anforderungen.

Einige erhaltene Stempel des Altertums
Die Stempel der Frühzeit bestehen aus Hartbronze und werden schnell abgearbeitet oder gehen zu Bruch. Sie müssen deshalb oft ersetzt werden. Bei der genauen Betrachtung der Stempelabdrücke, eben der Münzen, fällt auf, daß viele Stempel offenbar von einer gemeinsamen Rohform stammen, deren Abgüsse, die eigentlichen Stempel, vor dem Gebrauch von Hand geringfügig nachgraviert wurden. Es sei nicht verschwiegen, daß die Vermutung der Nacharbeit an vorgefertigten Stempeln in der numismatischen Literatur kontrovers diskutiert wird.[13]

Das älteste Fundstück, das mit einer Urform, von der die eigentlichen Arbeitsstempel hergestellt wurden, in Zusammenhang gebracht werden kann,

wurde von Hand geringfügig nachgraviert. Wir können daraus festhalten, daß schon in dieser frühen Zeit die Münzstempel, zumindest bei einigen Emissionen, serienmäßig von einem Mutterstempel abgegossen und dann von Hand fertiggestellt wurden.[15]

Das Bild zeigt einen Greifenkopf, der in seiner Stilisierung der phokäischen Elektronhekte entspricht. Die Emission der zugehörigen Münze läßt sich durch die gestrichelte Darstellung des Halswulstes in die Jahre 540 bis 530 v. Chr., datieren, wenn auch das Nominal nicht bestimmbar ist.

Das Stück ist für einen gebrauchsfähigen Münzstempel viel zu flach und hat keine erkennbare Befestigungsmöglichkeit. Es ist offenbar nicht als eigentlicher Münzstempel verwendet worden. Vielmehr scheint es sich um eine Vorlage zum Nachgravieren mechanisch vervielfältigter, d.h. von einer Patrize abgesenkter Stempel zu handeln, wenn nicht um die Patrize selbst.

Dieser Platte fehlen noch einige Feinheiten des Münzbildes. Man nimmt daher an, daß der fertig abgegossene Münzstempel noch von Hand nachgraviert wurde. Auch diese Aufteilung der Arbeit zeigt bereits deutlich die Entwicklung zu einer rationellen Fertigung.[16]

Ein weiterer, bisher unveröffentlichter Patrizenstempel stammt, seinem Münzbild nach zu urteilen, aus Elis[17] und diente zur Herstellung von Negativstempeln für die um 510/500 v. Chr. geprägten Statere der sogenannten «Tempelmünzen» des Heiligtums von Olympia.[18] Es handelt sich um ein 17 Millimeter hohes und knapp 19 Gramm schweres Stück aus 93 Prozent Kupfer, 3,3 Prozent Zinn, 3,1 Prozent Blei und Spuren von Eisen, Silber und Arsen. Die Bildfläche zeigt einen linkshin fliegenden

ist eine kleine Scheibe aus einer Bronze mit nahezu 30 Prozent Zinn und stammt aus den Jahren 540 bis 530 v. Chr. Bachmann und Bodenstedt[14] identifizierten dieses Stück als Probeabguß einer solchen Urform und konnten es näher untersuchen (Abb. 49).

Es besteht aus einer sehr harten Bronze mit 71 ±3 Prozent Kupfer und 29 ±3 Prozent Zinn, etwa einer heutigen Glockenbronze entsprechend, und

Abb. 48: Römische Münzstempel (Vorder- und Rückseite) für Denare des Marcus Antonius, 32/31 v.Chr., Typ Crawford 1974, Nr. 544,19. (Im Handel)

Abb. 49: Abdruck einer phokäischen Stempelvorlage um 540–530 v. Chr. (nach Bachmann, Bodenstedt, M=ca. 1:2)

Adler mit einem Hasen in den Fängen als Relief. Dieses wurde offenbar in eine bzw. mehrere erhitzte Matrizen, also Prägestempel, mittels Hammerschlag eingetieft und mußte dann wohl jeweils etwas nachgraviert werden (Abb. 50).

Dieses Verfahren zur Stempelherstellung war zweifellos einfacher und schneller als das jeweilige vollständige und seitenverkehrte Eingravieren eines Münzbildes als Negativ. Entsprechend trägt die Unterseite der Patrize deutliche Hammer- und Verdichtungsspuren. Die Härte wurde im gesunden Bereich zu 161 HV 0,2 bestimmt. Das Gußgefüge ist stark geseigert, d.h. entmischt, wie Punktanalysen in drei Bereichen zeigten.

Auf zwei in Deutschland gefundene Patrizen aus keltischer Zeit (1. Jahrhundert v. Chr.) kommen wir weiter unten näher zu sprechen.

Der älteste wirkliche Münzstempel, von dem wir bisher wissen, befindet sich im Britischen Museum in London. Das Stück stammt von der Insel Kyzikos und läßt sich aufgrund der bekannten zugehörigen Münzen um das Jahr 505 v. Chr. datieren. Er ist aus Bronze angefertigt, trägt eine beutefressen-de Löwenprotome als Bild und ist vom Gebrauch stark abgenutzt.[19]

Dieser Stempel ist auffallend klein, nur etwa 12 bis 14 Millimeter «lang». Sein unteres Ende ist konisch ausgebildet, und man kann sich gut vorstellen, daß er als Unterstempel in einen Amboß eingesetzt wurde.

Im engeren geographischen Bereich des alten Griechenland sind keine Stempelfunde bekannt geworden, wohl aber «griechische» Stempel aus anderen Ländern.[20] Die drei von C. Vermeule, 1954, als Nr. 2–4 aufgeführten Stempel für athenische Tetradrachmen des 5. und 4. Jahrhunderts v. Chr. stammen aus Ägypten. Der im Numismatischen Museum von Athen befindliche Stempel wird hier abgebildet (Abb. 51).[21]

Die Mehrzahl der bekannten alten Stempel stammen aus dem Machtbereich der Römer.[22] Schon Babelon[23] bildet in seinem Traité, der inzwischen selbst historisches Interesse beanspruchen kann, eine Anzahl solcher Stempel ab. Einen eisernen Stempel Neros aus diesem Werk zeigt die Abbildung 52.

Der älteste römische Stempel stammt aus der Zeit um 78 v. Chr. und wurde für Denare des Münzmeisters Cassius Longinus benützt. Er ist aus Bronze, wiegt 122 Gramm und ist 30 Millimeter hoch, der Durchmesser beträgt max. 30 Millimeter, während

die Stempelfläche mit 19 Millimeter einem normalen Denar entspricht.[24] Prägewerkzeuge, nämlich ein Amboß zwischen Zange und Hammer, darüber die Kappe des Vulcanus-Hephaistos, erscheinen auf einem von T. Carisius um 45 v. Chr. geprägten Denar, dessen Vorderseite den Kopf der Moneta mit Namensbeischrift der Göttin zeigt (Abb. 38).

Auch aus den Wassern der Mosel, an der heute noch erhaltenen alten Römerbrücke, wurde 1963 ein Stempel geborgen. Dieser trägt sogar noch das schwere Eisenteil, das die bessere Impulsübertragung beim Schlagen ermöglichte.

Der eiserne Stempel der Trierer Münzstätten[25] läßt sich genau datieren: Das auf dem Stempel noch erkennbare Münzbild des Magnentius (350–353 n. Chr.) fand nur in den beiden Trierer Werkstätten während der ersten Emission einer Bronzemünze im Januar/Februar 350 n. Chr. Verwendung. Der Prägekopf mit einem Durchmesser von 2,8 Zentimetern ist besonders gehärtet. Das ganze Werkzeug ist 19 Zentimeter lang und wiegt 1,5 Kilogramm.

Stempelfolgen antiker Münzen

1878 hat F. Imhoof-Blumer zum ersten Mal die Methode der sog. Stempelkopplungsuntersuchung in die Numismatik eingeführt. Die Methode gehört trotz des erforderlichen hohen Zeitaufwandes heute zu den unverzichtbaren Grundlagen dieser Wissenschaft.

Sie geht davon aus, daß kein antiker (oder mittelalterlicher) Stempelschneider zwei absolut identische Prägestempel schneiden konnte, sondern daß diese immer in Kleinigkeiten voneinander abwichen. Das gilt auch für die heute bekannten antiken Verfahren der Reproduktion von Stempeln mit Hilfe von Patrizen. Immer werden kleine Unterschiede, etwa in der Haargestaltung, der Zahl der Blätter eines Lorbeerkranzes usw. zu beobachten sein. Selbst wenn es solche identischen Stempel doch einmal gegeben haben sollte, hätten sie immer eine unterschiedliche Gebrauchsgeschichte, die sich in unterschiedlichen Abnützungsspuren, etwa Stempelrissen in verschiedenen Stadien, auf den Münzen widerspiegeln.

So kommt es vor, daß die einzelnen Stempel einer Emission vom aufmerksamen Beobachter, ähnlich wie bei Fingerabdrücken, unterschieden werden können. Ist die gleiche Münze über längere Zeit geschlagen worden, kann man anhand dieser Unterschiede in den einzelnen gebrauchten Stempeln eine Abfolge ihres Gebrauchs aufstellen. Solche Stempelfolgen liefern dem Numismatiker viele wichtige und interessante historische Informationen.

Im Beispiel Abb. 54 ist Münze 1 beidseitig aus den neuen Stempeln Vs1 und Rs1 geprägt. Der Rs-Stempel 1 geht als Oberstempel gewöhnlich rascher kaputt als der Unterstempel Vs1, so daß der neue Rs-Stempel 2 noch mit der alten Vs1 benützt und dann später mit Vs2 verwendet wird. Dadurch ent-

Abb. 53: Römischer Oberstempel aus der Mosel bei Trier (Foto: Rhein. Landesmuseum Trier)

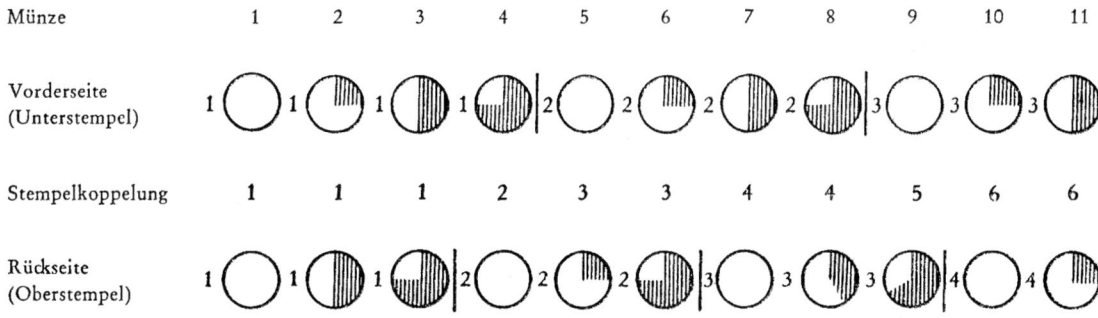

Schema der Stempelkoppelung. Die Schraffierung gibt den Grad der Abnutzung an.

steht das, was der Numismatiker eine «Kopplung» nennt. Weiter im Betriebsablauf wird dann Vs2 mit Rs2 und Rs3, Vs3 mit Rs3 und Rs4 gekoppelt usw.

Wenn die meist jährlich wechselnden Beamtennamen auf den Vorder- und Rückseiten erscheinen und einer von ihnen anhand von literarischer oder epigraphischer Überlieferung auf ein bestimmtes Jahr zu datieren ist, müssen die Münzen anderer Beamter entsprechend der vorhandenen Stempelkopplungen jeweils ein Jahr davor oder danach geprägt worden sein. Das gleiche gilt, wenn das Anfangs- oder das Schlußjahr für eine Polis oder einen König aus historischen Gründen gesichert ist. Dann kann mit Stempelkopplungen nach vorne oder zurück wenigstens ein Teil der Prägungen genauer datiert werden. Lücken müssen durch Stilvergleich oder andere Beobachtungen (Beizeichen, Monogramme u.a.) überbrückt werden, was natürlich nicht immer gelingt.

Am Beispiel der Münzen des Kaisers Severus Alexander (222–235) aus der Stadt Thessaloniki (Abb. 55) wird deutlich, wie eine Stempelabfolge mit Stempelkopplungen rekonstruierbar und für chronologische Fixierungen hilfreich sein kann. Die erste Prägung ist nur unter Severus Alexander 222 erfolgt (V1 bis V5). Die zweite Serie beginnt erst 228 (V7 bis V9). Sie ist mit der dritten Serie von 228 bis 231 (V10 bis V14) durch mehrere gemeinsame Rückseiten (R8 und R10) eng verbunden.

Für Kaiserin Julia Mamaea wurde nicht 222, sondern erst von 228 an geprägt, wie die Koppelung mit gleichen Rückseiten des Kaisers deutlich macht.

Voraussetzung für die Rekonstruktion einer solchen Stempelfolge anhand von Stempelkopplungen ist, daß eine möglichst große Zahl von «gleichen» Münzen, d.h. solchen aus einer größeren Serie, untersucht wird.

Wie die Abbildung 55 zeigt, lassen sich in der Regel mehr Ober- als Unterstempel nachweisen, denn die Oberstempel hatten die ganze Wucht des Hammerschlags aufzunehmen und wurden deshalb schneller beschädigt als die Unterstempel, die ja durch den Flan etwas gepolstert und zudem in den Amboß eingebettet waren.

Wie groß diese Unterschiede in der Belastung sein können, zeigt eine Untersuchung korinthischer Münzen, bei der nur 4 verschiedene Unterstempel mit 19 verschiedenen Oberstempeln auftraten.[26] Noch im Mittelalter muß man mit einem Verhältnis der Oberstempel zum Unterstempel von 3 zu 1, günstigstenfalls 2 zu 1 rechnen.

Die häufigsten Beschädigungen, die zur Identifizierung eines Stempels dienen können, sind Stempelrisse und kleine Abbrüche, besonders an scharfen Kanten. Verschiedene kleine Fehler entwickeln sich durch weiteren Gebrauch des Stempels zu größeren, bis schließlich in extremen Fällen kaum noch ein Münzbild zu erkennen ist.[27]

Neben diesen Beschädigungsmerkmalen sind natürlich, wie schon gesagt, bei der Anfertigung mehrerer gleicher Stempel auch kleine Abweichungen der Gravur selbst für den besten Handwerker nicht zu vermeiden. Kommen größere Abweichungen vor, zum Beispiel in der Anzahl von Punkten am Rand einer Münze oder in der Schraffur bestimmter Stellen des Münzbildes, liegt der Verdacht auf eine zeitgenössische oder auch moderne Fälschung nahe.

Solche «Stempelkopplungen» haben eine Vielzahl wissenschaftlich interessanter Anwendungen. Eine sehr praktische Anwendung besteht in der Entlarvung von Fälschungen. So hat Anfang des 19. Jahrhunderts ein höchst geschickter Fälscher eine Anzahl griechischer Münzen technisch perfekt mit eigens angefertigten Stempeln geprägt. Die ersten Bedenken sind frühestens 25 Jahre nach ihrer Herstellung aufgetreten, der endgültige Nachweis der Fälschung wurde erst 1956 durch Argumente der Stempelkopplung erbracht.[28] Seinen kommerziellen Zweck hatte der Fälscher allerdings längst erreicht.

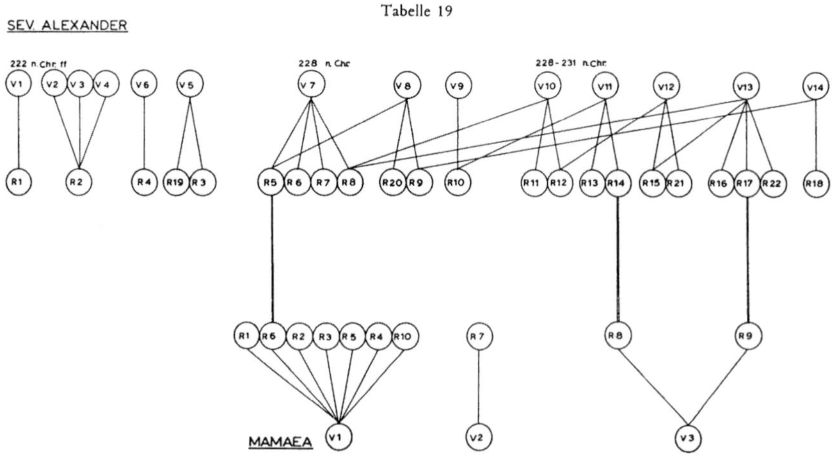

Wir wissen also, daß es im Regelfall einer Münzstätte mit größeren Emissionen auch eine größere Anzahl von Stempeln für die gleiche Münze gegeben haben muß. Das Schneiden eines Stempels war, besonders wenn man einen guten Stempelschneider heranzog, mühsam und auch teuer. Man kann daher erwarten, daß bei entsprechendem Bedarf auch Vorkehrungen für eine Massenherstellung von Stempeln getroffen wurden.

Die Herstellung der Stempel

Material

Das Material für Münzstempel soll hart sein, jedenfalls härter als das Münzmetall bei der Arbeitstemperatur. Gleichzeitig muß es noch eine genügende Zähigkeit aufweisen, um der schlagartigen Belastung beim Gebrauch standzuhalten. Zwei Materialien kommen in Frage: Bronze und Eisen bzw. Stahl.

Abb. 55: Beispiel einer Stempelfolge (nach J. Touratsoglou, 1985)

Die folgende Abbildung zeigt den Verlauf der Härte einer einfachen Zinnbronze als Funktion des Zinngehaltes. Das schraffierte Gebiet entspricht den Messungen an der bereits beschriebenen Stempelvorlage aus Phokäa.

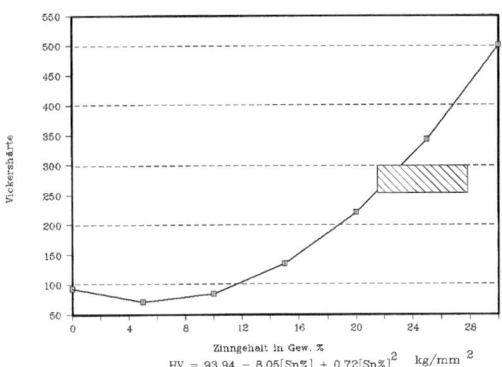

Abb.56: Härte von Zinnbronze nach einer von Tylecoat angegebenen Formel

$$HV = 93,94 - 8,05[Sn\%] + 0,72[Sn\%]^2 \quad kg/mm^2$$

Härtemaße sind leider etwas schwierig zu verwenden. Das liegt daran, daß Härte keine primäre physikalische Größe ist. So wird denn der Begriff «Härte» zwangsläufig empirisch definiert, d.h. durch die Angabe einer standardisierungsfähigen Meßvorschrift bzw. Apparatur. Die Folge ist, daß nach verschiedenen Methoden gemessene Werte für die Härte sich nicht einwandfrei ineinander umrechnen lassen. Darüber hinaus ist die wie auch immer definierte Härte stets sehr empfindlich für die Vorgeschichte des Werkstücks, an dem die Messung vorgenommen wird. Ein Anhaltspunkt für die Härte einer 20prozentigen Zinnbronze: Sie entspricht recht gut der Härte eines billigen Küchenmessers.

Eisen und Stahl sind seit der Wende des ersten vorchristlichen Jahrtausends bekannt. Sie hätten prinzipiell von Anfang an der Münztechnik als Werkstoff zur Verfügung gestanden. Daraus erhebt sich die Frage, warum überhaupt Bronze als Stempelmaterial so umfangreich Verwendung gefunden hat.

Das Eisen der Zeit war primär stets ein im Rennfeuer erzeugtes «weiches» Eisen, fast frei von Kohlenstoff. Dieser Werkstoff bietet in mechanischer Hinsicht keine Vorteile vor einer guten Bronze, läßt aber die Gießbarkeit in den Öfen der damaligen Zeit vermissen. Das Fehlen von Stempeln aus Weicheisen ist also leicht zu verstehen.

Eisen wird gegenüber der Bronze erst dann werkstoffmäßig konkurrenzfähig, wenn es einige Zehntelprozente Kohlenstoff enthält und damit härtbar wird. Wir sprechen dann von Stahl im eigentlichen altüberlieferten Wortsinne. Dieser Kohlenstoffgehalt mußte – in der Antike bis weit in die Neuzeit – durch besondere Behandlung des Weicheisens erzeugt werden.

Das Prinzip der Methode geht vielleicht bis auf die Hethiter zurück. Das weiche Eisen aus dem Rennfeuer wird in einem zweiten Prozeß mit Holzkohle und verschiedenen Zusätzen wie gemahlenes Horn von Ziegen, Salz, Eiweiß u.a. luftdicht zusammengepackt und einer längeren Glühbehandlung unterzogen («zementieren»). Dabei diffundiert der Kohlenstoff ins Eisen hinein. Eine ähnliche Wirkung (Aufkohlen) kann ein geschickter Schmied in einem sanften Feuer erreichen.

Die wesentliche Schwierigkeit der Stahlherstellung kommt nun durch den Diffusionsprozeß zustande. In den äußeren Schichten des «zementierten» Eisens ist der Kohlenstoffgehalt hoch, in den tieferen Lagen niedrig. Das Material wird inhomogen. Hohe Kohlenstoffgehalte machen das Eisen zwar hart, aber auch brüchig.

Das Problem des harten, aber brüchigen Stahls zieht sich durch die ganze Geschichte des Eisens und spiegelt sich in zahllosen Geschichten über besondere Schwerter wider. Die Römer schrieben die offenbar überlegenen Eigenschaften der keltischen Schwerter ganz besonderen Herstellungsverfahren zu. Siegfrieds Schwert Balmung und die Geschichten um den Schmied Mime sind Belege für die Schwierigkeit, Stahl mit homogenen und verläßlichen Eigenschaften herzustellen.

Mit anderen Worten: Ob Stahl erhältlich war, hing ganz vom Vorhandensein eines Handwerkers ab, der diesen richtig herstellen konnte. Das Geheimnis dieser «richtigen» Herstellung ist die Anwendung recht umständlicher Schmiedeverfahren, die eine Homogenisierung der nach dem Zementieren unterschiedlichen Kohlenstoffgehalte zum Ziele haben. Heute bezeichnet man einen inhomogenen, als «Schweißverbundwerkstoff» anzusprechenden Stahl, der durch Verschweißen von abwechselnden Lagen aus weichem Eisen und hartem, kohlenstoffhaltigen Stahl hergestellt wird, als «Damaststahl» oder damaszierten Stahl.[29] Je feiner die verschiedenen Lagen ausgebildet sind, um so weniger tritt die Neigung harten Stahls zum Zerbrechen beim Schlag in Erscheinung.

Daß solches «High-tech»-Material für Münzstempel schon in der Antike verwendet wurde, wird durch den gehärteten, also stählernen, griechischen Stempel aus dem Museum in Athen ebenso belegt (Abb. 51), wie durch den Trierer Stempel (Abb. 53). Waren die für solche Materialien erforderlichen Spezialhandwerker nicht verfügbar, hat

man sich besser auf die zwar weniger harte, dafür aber sicherer zu verwendende Bronze zurückgezogen.

Die wohl älteste schriftliche Überlieferung der Herstellung stählerner Münzstempel stammt erst aus dem zehnten nachchristlichen Jahrhundert. Al Hamdani[30] beschreibt in seinem Edelmetallbuch auch die Herstellung der Stempel aus «damasziertem» Stahl.

Das Stempelbild
Wie schon oft erwähnt, konnte die frühe Münztechnik auf viele alte Techniken zurückgreifen, so auch beim Schaffen des eigentlichen Münzbildes, dem Stempelschneiden.

Die Kunst, Gemmen zu schneiden, war zur Zeit der Erfindung der Münzen schon Jahrtausende alt und entsprechend hoch entwickelt.[31] Das Hauptwerkzeug des Gemmenschneiders, der durch einen «Flitzbogen» betätigte Bohrer, war ja schon im Neolithikum erfunden worden, auch das «Gravier-Rädchen» ist offenbar sehr alt. Die erforderlichen Schleifmittel waren Sand und Schmirgel, der letztere ein gerade im östlichen Mittelmeer vorkommendes Mineral.

Metalle, weicher und weniger spröde als die Materialien für Gemmen, sollten dem Gemmenschneider eigentlich weniger Schwierigkeiten bereitet haben. So ist es kein Wunder, daß schon frühe Münzen gelegentlich sehr gut ausgearbeitete figürliche Darstellungen zeigen.

Hill (1922) weist zu Recht darauf hin, daß für die bekannten Münzbilder aber die Anwendung des Bohrers gar nicht unbedingt erforderlich war. In die bekannten Stempelmaterialien, auch in Stahl vor dem Härten, konnte man die Bilder ebenso nur mit Punzen und Sticheln eintiefen.

Von einem einzigen Stempel lassen sich, je nach Qualität und Münzmaterial, nur wenige Tausend Abschläge herstellen. Für die meisten Emissionen werden viel größere Zahlen verlangt. Außerdem kann mit einem Stempelpaar nur eine einzige Arbeitsgruppe arbeiten, größere Emissionen würden sehr lange Zeiten erfordern. Daher muß die Aufmerksamkeit der Münzhersteller von Anfang an auf die Vervielfältigung von Stempeln gerichtet gewesen sein. Über die mechanische Vervielfältigung von Stempeln ist in der Literatur viel gestritten worden, wir wollen uns diese Diskussion hier ersparen.[32]

Die einfachste Methode war nur für Bronzestempel anwendbar: der Abguß einer Vorlage – wohl am besten im Wachsverfahren – mit nachfolgender Feingravur von Details. Ein solcher Abguß, an den ein für den Amboß oder Oberstempel geeigneter Kegel schon im Wachsmodell hätte anmodelliert sein können, wäre durchaus als Münzstempel zu verwenden gewesen. Die oben gezeigte Stempelvorlage (Abb. 49), könnte einem solchen Verfahren gedient haben. Man darf aber vermuten, daß die Standfähigkeit solcher gegossener Stempel zwar nicht schlechter als die der Originale ist, aber doch im Ganzen nicht besonders befriedigt hat.[33]

Stahlstempel jedoch lassen sich so einfach nicht vervielfältigen, da Stahlguß zu dieser Zeit noch mehr als 2000 Jahre in der Zukunft lag. Stahl wird aber bei heller Gelbglut relativ weich und bildsam, eine Erfahrung, die jeder Schmied der damaligen Zeit haben mußte. Bei Temperaturen über etwa 900 Grad lassen sich leicht sogar kompliziert geformte Stempel in härtbare Stähle einschlagen.

Bei einiger Erfahrung im Handwerk liegt es durchaus nahe, eine Vorlage für einen Münzstempel in einen vorbereiteten Stahlstempel einzuschlagen. Die Vorlage muß dann ein erhabenes Bild tragen, damit der fertige Stempel ein vertieftes Bild hat und die fertige Münze wieder ein erhabenes Bild trägt. Solche Vorlagen heißen Patrizen.

Patrizen haben nicht nur den Nutzen, eine Vervielfältigung von Stempeln zu gestatten, sie bieten einen weiteren Vorteil, der bisher nicht richtig verstanden wurde: Man kann sie von einem Wachsmodell abgießen, erspart also die eigentliche Arbeit des Stempelschneiders.

Der Gebrauch von Patrizen ist an den fertigen Münzen nur durch sehr sorgfältige Beobachtung von Übereinstimmungen in größeren Serien von Münzen und umfangreichen Stempelkopplungen plausibel zu machen.[34] Um so wichtiger ist es, wenn durch einen Glücksfall gebrauchte Patrizen gefunden werden, denen sich eine mit ihnen geschlagene Münze eindeutig zuordnen läßt.

Im Mai 1987 wurde in einem Auktionskatalog[35] eine Original-Patrize für Quinare vom Nauheimer Typus (1. Jahrhundert v. Chr.[36]) angeboten. Wenig später[37] folgte eine Patrize für Quinare vom Titelberger Typus und, als ganz besonderer Glücksfall, eine Patrize für Buckelstatere süddeutschen bzw. böhmischen Typs.

Diese Patrize für Buckelstatere hat am rechten unteren Rand einen Fehler, der offenbar bereits bei der Herstellung ihrer Gußform aufgetreten ist. Der Fehler wurde nicht ausgebessert und mußte also auf die von der Patrize hergestellten Stempel übertragen werden. Mit solchen Stempeln hergestellte Münzen müssen ebenfalls diesen Fehler zeigen. *«Und tat-*

sächlich liegt im Germanischen Museum zu Nürnberg ein Buckelstater, der präzise diesen Fehler aufweist.»[38] An dem tatsächlichen Gebrauch von Patrizen zur Stempelherstellung kann für diesen Zeitpunkt kein Zweifel bestehen.

Der Stempel legt die Größe des Münzbildes fest, nicht die Größe der ganzen Münze und nicht deren Gewicht. So sind gelegentlich von einem Stempel verschiedene Nominale geschlagen worden.[39] Auch sind schon bei manchen der frühen Elektronprägungen Unterstempel verwendet worden, deren Bilder weit größer waren, als für eine Einzelmünze erforderlich gewesen wäre. Hier sind dann für kleinere Nominale nur Teile der Stempelflächen benützt worden. L. Weidauer spricht hier von «Großstempeln».

Experimente zur Münzprägung
In seiner Zeit warnte ein Herr Pinkerton 1784 in seinem «Essay on metals» vor der Meinung vieler damaliger Fachleute, die Römer hätten nur jeweils eine Münze von einer Form schlagen können:

«...many competent judges of this science caution us, when we meet with two coins quite alike, to be on our guard against the falsity of one of them.»[40]

Schon bald mußte anhand der gewaltig wachsenden Zahl bekannter antiker Münzen klar werden, daß die Alten eine richtige Münzprägung besaßen. Trotzdem traute man ihnen irgendwie nicht so recht die für die Herstellung dauerhafter Münzstempel erforderliche Technik zu. Experimente zur Nachahmung, besonders griechischer Münzen, waren offenbar notwendig. Vielleicht war der oben erwähnte

Fälscher oder Imitator Anfang des 19. Jahrhunderts einer dieser Experimentatoren.[41]

Babelon beschreibt in seinem Traité ausführlich einige Versuche des belgischen Gemmenschneiders M.V. Lemaire[42], Gravuren in Bronze, Eisen und Stahl auszuführen. Es ist erstaunlich, daß in der Neuzeit erst gegen 1890 gelang, was doch ganz offenbar schon immer gelungen war: das Gravieren auch in harten Stahl mit Schmirgel und einer weichen Scheibe. Das Denken des 19. Jahrhunderts, wenigstens in bezug auf Materialien, war auf Stahl und die Schwierigkeiten seiner Behandlung fixiert. Um so wichtiger sind die Ergebnisse neuerer Experimente von Sellwood 1963 und ihre Wiederholung durch Conophagos 1976, die den Nachweis der Brauchbarkeit von Bronzestempeln auch für hohe Auflagen erbrachten.

U. Zwicker hat 1987 auf einer Tagung in Erlangen von der oben genannten Patrize für Quinare vom Nauheimer Typus über einen Tonabdruck mehrere Kopien mit verschieden vorgewärmten Formen gegossen.[43] Dabei wurde eine Bronze mit einer der Legierung des Originals gleichen Zusammensetzung verwendet. Das beste Ergebnis zeigte sich bei einer Formtemperatur von 850 Grad. Die folgende Abbildung zeigt einen solchen Abguß und gibt einen Eindruck von der erzielbaren Formtreue:

Diese Patrizen wurden nun in verschiedene Stahlsorten – nämlich einen härtbaren Kohlenstoffstahl (Ck60) mit 0,6 Prozent Kohlenstoff und einen einfachen Baustahl – eingeschlagen. Dabei ergab sich, daß bei beginnender Weißglut (1100 Grad) die beste Abformung mit einem einzigen Hammerschlag möglich war. Von diesen neuen Matrizen konnten wieder der alten Münzprägung entsprechende Abschläge gemacht werden.

Abb. 57: Abguß einer Patrize für Quinare des Nauheimer Typus (U. Zwicker)

Bei ähnlichen Experimenten, natürlich nicht mit antiken Patrizen, wurde von anderer Seite[44] berichtet, daß möglicherweise die Standfestigkeit solcher mit Patrizen (in Bronze) geschlagener Stempel höher ist als bei gegossener Bronze.

Nach diesen Experimenten scheint gesichert, daß man brauchbare Bronzestempel nach zwei Methoden herstellen kann:

1. Man fertigt einen Stempel aus Bronze, der das gewünschte Münzbild im Relief, also erhaben, trägt. Das Bild selbst wird aus dem massiven Metall gefeilt, graviert oder mit dem Stichel herausgearbeitet.[45] Diesen Stempel, die «Patrize», schlägt man dann in einen zweiten Metallblock aus Bronze, den eigentlichen Münzstempel, ein. Bei Temperaturen um 600 bis 700 Grad (in Stahl um 1100 Grad) scheint dies offenbar leicht und mit hoher Güte des Abdrucks möglich zu sein. Das Bild im Münzstempel ist jetzt vertieft und hinterläßt auf der Münze wieder einen erhabenen Eindruck.

2. Man fertigt ein Modell der Münze bzw. einer Seite der Münze aus Wachs oder Blei an. Dieses Modell entspricht der Patrize. Es wird in Bronze direkt abgegossen. Der Abguß läßt sich entweder so gestalten, daß er unmittelbar als Prägestempel verwendet werden kann oder aber als flache Platte, die man zum Gebrauch auf einen besonderen Stempel auflötete.

Daß solche gelöteten Stempel tatsächlich, und zwar für athenische «Eulen» angewendet wurden, ergibt sich aus einem erhaltenen Stempel. Der Stempel wurde in Ägypten gefunden und befindet sich jetzt im Numismatischen Museum in Athen, Nr. 1904/5 λ'21, beschrieben und in seiner Funktion richtig erkannt von Svoronos 1906[46] (hier Abb. 51).

Standfestigkeit von Stempeln

Die Zahl der von einem einzigen Stempel möglichen Abschläge ist sicher ein wichtiger wirtschaftlicher Faktor bei der Herstellung von Münzen gewesen. Schriftliche Berichte über solche Zahlen liegen aus der Antike nicht vor. Allgemein ist aus der Untersuchung von Stempelkopplungen bekannt, daß die Oberstempel eine kürzere Lebensdauer aufwiesen als die Unterstempel.

Bei den etwa 575 erhaltenen Tetradrachmen aus Syrakus der Jahre 530 bis 435 v. Chr. stehen den nachweisbaren 243 Vorderseitenstempeln 370 für die Rückseite gegenüber. In Athen sind es bei den Tetradrachmen der Jahre 196(?) bis 87 v. Chr. 423 zu 894, in Epirus bei den Drachmen zwischen 234 und 168 v. Chr. 158 zu 242. Unsere Kenntnis dieser Zahlen hängt natürlich vom Zufall hinsichtlich der Zahl der auf uns gekommenen Münzen einer Münzstätte ab.[47] Bei den hier angeführten Beispielen darf man aber annehmen, daß die Verhältnisse der Zahlen für Ober- und Unterstempel recht nahe bei den wirklichen Zahlen liegen.[48]

Außer von der bereits besprochenen Mehrbelastung der Oberstempel selbst beim sorgfältigsten Gebrauch hängt die Gebrauchsdauer eines Stempels auch davon ab, ob es sich um ein großes oder ein kleines Nominal handelt und ob die Schrötlinge aus Gold, Silber, Kupfer oder Legierungen bestehen.

Ältere Untersuchungen[49] lassen maximale Abschlagszahlen in der Größenordnung zwischen 3000 und vielleicht 10.000 vermuten. Man muß dabei im Auge behalten, daß diese Zahlen wohl nur von den besten Stempeln erzielt wurden und die Mehrzahl der Stempel wohl wesentlich früher aus dem Gebrauch kamen.[50]

Kleinere Beschädigungen und auch Stempelrisse sind oft repariert worden und lassen auch für einzelne Stempel eine Art Ge- oder besser Verbrauchsgeschichte aufstellen.

Interessant sind einige neuere Ansätze zur Untersuchung solcher Fragen mit Hilfe moderner statistischer Methoden. Grundsätzlich haben solche Methoden die oben genannten Zahlen nicht verändert. Im Falle eines außerordentlich großen Münzfundes von 1865 Denaren des P. Crepusius, geprägt in Rom 82 v. Chr., sind jedoch noch weitergehende Aussagen gelungen. Hier konnte bei einer vernünftigen Annahme über Standzeiten und deren Verteilung nach einem Computermodell sogar die Anzahl der in der Münzwerkstatt gleichzeitig betriebenen Ambosse abgeschätzt werden. Demnach wurden gleichzeitig vier bis sechs verschiedene Ambosse, also Arbeitsstationen, parallel zur Herstellung dieser Emission verwendet.[51]

6.2. Rohlinge

Der vorrangige Anspruch an Präzision wird bei Münzen aus edlen Metallen sicher an ihr Gewicht gestellt. Hier gerät die Technik des Gießens bereits in Schwierigkeiten, da Gußformen kaum mit der nötigen Maßhaltigkeit aus den Materialien der damaligen Zeit herzustellen waren. Tatsächlich sind nach dem Gußverfahren ganz überwiegend nur Münzen aus unedlen Metallen hergestellt worden, bei denen es auf die Genauigkeit des Gewichts nicht so zwingend ankam. Das Prägen kann im Gegensatz dazu mit Metallstücken durchgeführt werden, die man vorher auf das genaue Gewicht bringt.

Den Rohling, aus dem eine Münze geformt werden soll, nennt der Fachmann einen «Schrötling» oder «Flan». Hierauf spielt das alte Wort «von echtem Schrot und Korn» an. Schlechtes Schrot bedeutet zu geringes Münzgewicht. Der Schrötling muß bereits das richtige Münzgewicht haben, will man Justierungsarbeiten an jeder einzelnen Münze vermeiden.[52]

«Korn» bezieht sich auf den Edelmetallgehalt, es meint das Silberkörnchen, das auf der Kupelle am Ende des Probierens übrigbleibt. Schlechtes Korn bedeutet Minderwertigkeit des Metalls bzw. der Legierung.

Neben dem richtigen Gewicht kommt es auch auf die Form und die mechanischen Eigenschaften des Metalls an, damit sich eine Münze schlagen läßt. Stimmen diese beiden Faktoren nicht, kann das Münzbild zu flach und damit unleserlich werden, oder die Münze reißt an den Rändern aus.

Für die Einstellung des richtigen Gewichts dürfen wir die Existenz guter Waagen mit Empfindlichkeiten bis herab zu einem Hundertstel Gramm annehmen.[53] Wir haben bereits das Schiff von Gelidonya um 1200 v. Chr.[54] erwähnt, das schon am Ende der Bronzezeit eine Waage mit sich führte, deren Gewichtssätze auf diese Genauigkeit justiert waren.

Münzwagen, denen man von der Konstruktion her ähnliche Genauigkeiten zutrauen kann, sind durch zahlreiche bildliche Darstellungen bekannt. Sie finden sich auch in späterer Zeit in merowingischen Gräbern[55] in Mitteleuropa ebenso wie in subtilen Anweisungen zu ihrem Gebrauch bei Al Hamdani.[56]

Bei Aufwendung maximaler Sorgfalt wären wohl zu allen Zeiten Münzemissionen mit Gewichtsschwankungen bis herab zu etwa zwei Hundertstel Gramm machbar gewesen.

Tatsächlich haben die häufig zu beobachtenden weit größeren Schwankungen im Münzgewicht viele Ursachen. An erster Stelle steht da wohl der Abrieb während des Gebrauchs. Es hat aber auch den Anschein, als seien gerade bei größeren Emissionen Opfer hinsichtlich der Genauigkeit zugunsten der Geschwindigkeit der Produktion gebracht worden. Daneben wurde auch in der Antike «al marco» geprägt, d.h., aus einer bestimmten Menge Metall mußte eine Mindestmenge an Münzen geprägt werden, deren Gewicht etwa der Münznorm entsprach, wobei gewisse Schwankungen im Münzgewicht aber zugelassen werden mußten. Insgesamt sind Schwankungen im Münzgewicht um etwa fünf Prozent keine Seltenheit.

Ein wichtiger Grund für größerer Abweichungen gerade bei den Athener Münzen kann auch in der Kupellation nach dem Wiegen zu finden sein.

6.2.1. Schrötlinge aus Stangen

In einer gallorömischen Münz- oder auch Falschmünzwerkstatt[57] bei Saargemünd, auf dem Gelände des «Heidenkopfes», haben sich mehrere gegossene Stäbe aus Bleibronze von rund 0,7 Zentimeter Durchmesser gefunden. Diese Stäbe waren in senkrechter Stellung in einer Sandform gegossen. Auch Eingußtrichter sind erhalten geblieben sowie ein Fehlguß, bei dem der Sand entweder feucht oder nicht richtig verdichtet war.

Diese Stäbe hat man offenbar mit einem Meißel in Scheiben von der richtigen Dicke für Schrötlinge

zerlegt. Vier um rund 90 Grad versetzte Meißelhiebe um die Stange herum trennten eine dünne Scheibe so weit ab, daß sie abgebrochen werden konnte. Die Stangen sind während des Trennens, laut metallographischer Untersuchung, vielleicht noch vom Guß her, recht heiß gewesen. – Diese Scheiben mußten vor der eigentlichen Prägung noch flachgehämmert werden. Auch dafür sind Werkzeuge und Halbfabrikate erhalten.

Wie wir an anderer Stelle sehen werden, sind die mechanischen Eigenschaften von Bronze sehr von der Temperatur abhängig. Größere Formveränderungen lassen sich nur im kalten (!) Zustand durchführen. Im Einklang damit wurden die Schrötlinge kalt ausgeschlagen. Zum Schluß wurden aus den so vorbereiteten Flans hybride Imitationen von «offiziellen» Antoninianen des Tetricus I. und II. heiß geschlagen. Erwartungsgemäß finden sich – wegen der schlechten Eigenschaften der Bronze bei hohen Temperaturen – in der Werkstatt zahlreiche Fehlschläge.

Der Stangenguß erlaubt, besonders bei gut schmiedbaren Metallen wie etwa reinem Silber, auch ein leicht anwendbares Unterteilungsverfahren zur Herstellung annähernd gleichgewichtiger Schrötlinge.

Man gießt aus dem Münzmetall eine lange Stange, etwa von der Dicke einer Zigarette. Der Querschnitt sollte einigermaßen gleichförmig sein, muß aber keine streng eingehaltenen Abmessungen aufweisen. Die ganze Stange wird, einfach durch Abschneiden oder Feilen, auf das Gewicht einer größeren, durch zwei teilbaren Zahl von Münzen gebracht. Zum Beispiel erfordern 64 Münzen zu je 4,3 Gramm ein Gewicht der Stange von 275,2 Gramm.

Nun wird die Stange auf einer scharfen Schneide balanciert, bis man die genaue Mitte gefunden hat. Trennt man die Stange an dieser Stelle mit einem Meißel, hat man zwei Stangen vom genau halben Gewicht, mit denen man das Verfahren wiederholt. Schließlich hat man 64 Stücke von recht genau gleichem Gewicht.

Diese Stücke können nun auf einem Amboß zu einer annähernd runden Platte breitgeschlagen werden; damit sind die Schrötlinge fertig und auf gleiches Gewicht justiert. Wichtig ist bei dieser Arbeit, daß Hammer und Amboß mit Wasser ständig naßgehalten werden, um das Fließen des Metalls über den Amboß durch Schmierung zu erleichtern.

Aus späteren Beschreibungen dieser Technik weiß man, daß diese Schrötlingsherstellung den größten Teil des Personals einer Münzwerkstatt in Anspruch nahm.[58] Noch heute bezeichnet das Wort «Schrotmeißel» einen starken Meißel zum Trennen von Stangenmaterial, vielleicht eine unmittelbare Wortverwandtschaft.

6.2.2. Schmelzen von Schrötlingen

Ein anderer Weg, in kleinen Serien ein gewünschtes Gewicht genau einzustellen, ist das Abwiegen von Einzelportionen. Dies liegt besonders bei einem feinen Granulat nahe, wie zum Beispiel bei Waschgold aus Flüssen. Auch Feilspäne und kleine «Schnippsel» eignen sich zum genauen Wiegen. Man kann dann das Granulat nach dem Wiegen portionsweise einschmelzen.

Ein schönes Beispiel hierfür zeigt eine Münze von Seriphos, offenbar aus einer Zeit, in der man die

Technik an der Prägestätte wohl erst erlernte. Der Schrötling sollte – hier noch klar erkennbar – aus mehreren kleinen Stückchen zusammengeschmolzen werden. Sichtlich ist es nicht gelungen, die Form ausreichend zu erhitzen, die Stücke sind nur leicht aneinander «geklebt», was aber nicht hinderte, trotzdem diesen Rohling zur Münze auszuschlagen.

Die einzelnen Teile des Schrötlings sind nach einer Analyse aus Silber verschiedener Herkunft zusammengesucht, ein interessanter Hinweis auf die Versorgungsprobleme kleinerer Prägestätten mit dem Münzmetall.

Wird das Münzmetall nach dem Wiegen noch einmal kupelliert, ist das Aufschmelzen der Rohlinge kein besonderer Arbeitsgang. Wir haben diese Technik bereits in den Vielfach-Kupellen aus Laurion kennengelernt, sie ist offenbar bis in die fernsten Regionen der damaligen Welt verbreitet gewesen. Ein weiteres Beispiel geben die in den Oppida auf deutschem Boden oft gefundenen «Schrötlingsformen».

Es handelt sich um ein bis zwei Zentimeter dicke Tontafeln mit einer Anzahl von eingedrückten Näpfchen, in denen offensichtlich einzelne Portionen von abgemessenem Münzmetall aufgeschmolzen wurden. Eigentümlicherweise sind die vergla-

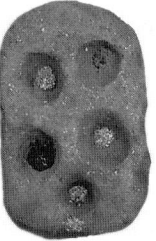

Abb. 58: Silberstater von Seriphos, «Frosch» mit unvollständig geschmolzenem Schrötling (Kat. Dr. Peus Nachf. 343,1995, Nr. 110))

Abb. 59: Schrötlingsformen aus Manching, stark verkleinert (Foto: Prähist. Staatssammlung München)

sten Spuren starker Hitze häufig auf die Oberseite dieser Schrötlingsformen beschränkt. Man muß daher annehmen – und kann das auch im Experiment zeigen –, daß die Formen mit glühender Kohle überhäuft wurden. Durch Aufblasen von Atem mit einem Blasrohr lassen sich dann die zum Schmelzen des Goldes erforderlichen Temperaturen relativ leicht erreichen. Der fertige Schrötling hat die Form einer gerundeten, dicken Scheibe wie sie z.B. bei den lydischen Münzen wegen der geringen Verformung beim Prägen noch gut zu erkennen ist.

Ähnliche Formen aus der Zeit um 100 v. Chr. stammen aus dem sog. «Haus des Dionysos» in Paphos auf Zypern. Sie bestehen aus Kalkstein und weisen Vertiefungen für den Guß von Schrötlingen auf, die aus Bronze bestanden, wie zwei noch zusammenhängende Rohlinge zeigen. Die Produktion von silbernen Schrötlingen erfolgte zweifellos auf die gleiche Weise.[59]

Eine extreme Ausgestaltung haben die Rohlinge im griechischen Sizilien erfahren. Hier wurde das Metall in eine Form aus zwei halbkugeligen Hälften, also als Kugel gegossen. Die Trennfuge dieser Schrötlingsformen ist auf manchen Münzen noch in Form zweier gegenüberliegender Zipfel zu erkennen.[60]

Interessant ist in diesem Zusammenhang ein Experiment von Sellwood.[61] Elf runde Löcher wurden in einer Reihe in einen flachen Eisenstab als Schrötlingsform eingeschnitten. Dann wurde versucht, aus freier Hand Silber in diese Löcher so zu gießen, daß jedes Loch möglichst gleiche Mengen erhielt. Schon beim dritten Versuch ergab sich eine Schwankung von nur 0,5 Gramm bei einem Durchschnittsgewicht des gegossenen Schrötlings von 17 Gramm, also eine Genauigkeit von rund 3 Prozent, ohne jede Wägung.

Vergießt man Silberlegierungen mit sehr hohen Kupfergehalten oder überhaupt unedle Metalle zu Schrötlingen, wird, da der Guß an der Luft erfolgt, eine starke Oxidation eintreten. Dabei werden durch die Verwirbelung des Metalls gelegentlich größere, zusammenhängende Stücke aus Kupferoxiden in das Metall eingeschlossen, die man bei einer metallographischen Untersuchung finden kann.[62] Dies ist sicher einer der Gründe für die oben beschriebene Technik, Schrötlinge aus Bronze oder Kupfer über gegossene Stangen herzustellen.

6.2.3. Schrötlinge aus Blech

Eine Alternative zu den einzeln gewogenen und geschmolzenen Rohlingen bietet sich in der Herstellung von Blechen größerer Abmessungen sowie deren späterer Teilung und Justierung zu Schrötlingen an.

Bei den heutigen präzisen Walzwerken und standfesten Schnittwerkzeugen will die Rohlingsfertigung aus Blech geradezu selbstverständlich erscheinen. Geschichtlich hat sich die Methode aber nur sehr langsam entwickelt. Erst um das zweite nachchristliche Jahrhundert tauchen die ersten aus Blech bzw. dünnen Metallblöcken aus Bronze gefertigten Münzen in Ägypten auf.[63]

Im Mittelalter und im späten Byzanz werden auch Rohlinge aus Edelmetallblechen in großem Umfang verwendet. Die aus dieser Zeit zahlreicher auf uns gekommenen Münzen sind häufiger metallographisch untersucht worden.[64] Die so einfach erscheinende Anwendung von Blechen stieß, wie die Untersuchungen zeigten, auf eine ganze Anzahl metallurgischer Schwierigkeiten. Die Entwicklung von handwerklichen Verfahren zu deren Überwindung hat viel Zeit und Erfindunggsgabe erfordert.

Wie Tabelle 8, S. 82 deutlich für Goldlegierungen zeigt, wächst die Härte des Metalls sehr schnell mit der mechanischen Verformung. Dies gilt nicht nur für Edelmetalle, sondern genauso für die zu Münzen verwendeten Buntmetall-Legierungen. Bei der Herstellung eines Bleches muß das am Anfang als kleiner Gußblock vorliegende Metall, in alten Zeiten durch den Hammer, sehr stark verformt werden. Schon während dieses «Ausschlagens» kann das Metall so hart werden, daß es reißt. In der Regel muß das Metall daher auf dem Wege vom Block zum Blech mehrmals geglüht werden.

Diese Technik war sicher seit der Bronzezeit jedem Metallhandwerker bekannt und geläufig. Eine weitere Schwierigkeit tritt aber bei Silber auf, wenn es mit Kupfer verschnitten ist: Der Kupferanteil in der Nähe der Oberfläche oxidiert und färbt das Blech schwarz. Bei höheren Kupfergehalten können regelrechte Zunderschichten entstehen.

Der Zunder muß am besten vor dem Prägen entfernt werden. Wird bei erhöhter Temperatur geschlagen, kann auch nach dem Prägen eine Behandlung erforderlich sein, die die Schwarzfärbung beseitigt, das sogenannte «Weißsieden».[65] Mangels der erst spät erfundenen Mineralsäuren hat man eine Vielzahl zum Teil abenteuerlicher Rezepte verwendet. Am häufigsten sind Essig, aber auch Mist (Ammoniakbildung), Weinstein und Urin[66] als chemische Agenzien gepaart mit mechanischen Reibmitteln: Feiner Sand, gebrannter Kalk, geriebener Bimsstein und ähnliches fanden Verwendung.[67]

Die Einstellung des richtigen Münzgewichts kann bei Rohlingen aus Blech auf verschiedene Weisen erfolgen.

- 1. Ein Blech der richtigen Dicke kann mit der Schere in Ronden geschnitten werden. Dies ist in der beginnenden Neuzeit eine vielgeübte Praxis. Man hat dabei sogar meist auf die Wägung der einzelnen Rohlinge verzichtet und sich auf einen Mittelwert, durch Wiegen einer größeren Zahl von Rohlingen ermittelt, verlassen.
- 2. Man nimmt ein wesentlich dickeres Blech, als der fertige Rohling sein soll. Dieses Blech wird in quadratische, gleich große Stücke geschnitten. Letztere kann man entweder einzeln wiegen oder, wie oben, den Mittelwert einer größeren Stückzahl – «al marco» Prägung – verwenden. Diese eckigen und zu dicken Blechstücke werden nun mit einem Hammer einzeln zu runden Rohlingen ausgeschlagen.
- 3. Eine sehr modern anmutende Technik hat Sellwood für die Edwardschen Pennies (Prägung von 973 bis etwa 1279 n. Chr.) nachgewiesen.[68] Hier hat man offenbar viereckige oder quadratische Blechstücke als Rohling verwendet, ohne sie erst in die runde Form der Münze zu bringen. Die Prägung erfolgte in der annähernden Mitte des Bleches. Zum Schluß wurde die geprägte Münze mit einem scharfen runden Werkzeug herausgeschnitten. Wir haben hier einen Vorläufer der modernen Stanzwerkzeuge.

Es sei noch erwähnt, daß Rohlinge für napf- oder schüsselförmige Münzen vor dem eigentlichen Prägen in einem Prägewerkzeug ohne Bilder erst einmal in die Schüsselform geschlagen wurden.[69]

Man sieht, daß die Herstellung der Rohlinge oder Flans aus Blech viele Möglichkeiten für die Münzherstellung eröffnete, besonders auch die Verwendung höher legierter Metalle. Man sieht aber auch, daß diese Rohlingstechniken viele neue Arbeitsgänge erforderten, die alle ihre eigenen technischen Schwierigkeiten mit sich brachten.

Einen Sonderfall, nämlich «überschlagene» oder «überprägte» Münzen, können wir unter die Blechrohlinge einordnen. Beispiele hierfür sind relativ zahlreich. So etwa sind in dem am Golf von Tarent gelegenen Metapontium[70] nahezu alle erhaltenen, mit dem Stempel Nr. 234 hergestellten Münzen der Zeit zwischen 510 und 440 v. Chr. auf ältere korinthische Statere oder auf Didrachmen von Selinus überprägt worden, was, nebenbei bemerkt, auch Rückschlüsse auf die Chronologie erlaubt.

Die Gründe für das Überschlagen können vielfältig sein, sei es, daß man Münzen anderer Herkunft als Metall gekauft hatte, sei es, daß man Beute verarbeitete oder daß man einfach im «Schatz» eine größere Anzahl fremder Münzen hatte, die nicht mehr akzeptiert wurden.

So haben z.B. die epirotischen Poleis Kassope und Elea ihre 342 v. Chr. beginnenden Bronzemünzen auf solche des Makedonenkönigs Philipps II. überprägt, der Boiotische Bund ab 242 (?) die seinen auf Stücke des makedonischen Königs Antigonos Gonates, der damals Boiotien räumen mußte.[71]

Eine Sonderform des Überprägens, das sog. «Gegenstempeln», findet man ebenfalls schon in der Antike. Hierbei werden fertige, auch schon umgelaufene Münzen mit einem kleinen Stempel oder einer Punze mit einer besonderen Marke versehen, offensichtlich, um sie erneut irgendwie zu autorisieren. So stempelte z.B. Elis/Olympia nach Wiedergewinnung der Unabhängigkeit im Jahre 146 v. Chr. die Bronzemünzen des achäischen Bundes, dem es seit 191 zwangsweise angehörte, mit einem kleinen Bild des blitzeschleudernden Zeus oder einem Adler und den Anfangsbuchstaben des Ethnikons «gegen».[72] Im übrigen sind solche Markierungen zu zahlreich, um hier näher darauf einzugehen.

Auch Fälschungen anderen politischen Charakters sind mit Hilfe von Überprägungen gemacht worden. In den zu Beginn des 17. Jahrhunderts recht bewegten Zeiten des Levantehandels war der seit 1575 geprägte und oft nachgeahmte holländische Löwenthaler ein weithin begehrtes Zahlungsmittel. Auf Malta ließ der Großmeister des Ordens, Alof de Vignacourt (1601–1622), Stücke aus der Türkenbeute mit seinem persönlichen Zeichen stempeln. Empört stellte er später fest, daß eine große Zahl von minderwertigen bzw. falschen Stücken ebenfalls als «gut» gestempelt wurden, was dem Ansehen der Währung und des Ordens geschadet hat.[73]

Abb. 60: Gegenstempel
a: des Kaisers Vespasian (69–79) auf einem As des Nero (54–68)
b: undeutbare Gegenstempel auf einer Bronzemünze des Königs Prusias I. von Bithynien. (Beide Privatbesitz)

6.3. Gießen von Münzen

Seit der späten Bronzezeit lassen sich Massen-Abformungstechniken nachweisen. Es gibt in Frankreich und England aus dieser Zeit hohle (negative) Bronzeformen für Beile, die mit Blei ausgegossen wurden. Man nimmt an, daß die so hergestellten Bleibeile mit Ton umkleidet und dann erst mit Bronze nachgegossen wurden. Der Zweck dieses Umwegs kann in der Einsparung qualifizierter Handarbeit durch Wegfall des Nacharbeitens am fertigen Gußstück vermutet werden.

Aus dem vorkolumbischen Peru ist bekannt, daß Wachsmodelle für den Ausschmelz-Guß (Cire perdue) ihrerseits über Steinpatrizen hergestellt wurden, eine qualitativ hochwertige Massenformung.

Aus gallo-römischen Fundzusammenhängen und aus dem Bosporianischen Königreich[74] sind auch für Münzen Formen für den Guß kleiner Auflagen sowohl aus Buntmetallen als auch aus Billon (Silber-Kupfer-Legierung) bekannt geworden.

Für den Münzenguß sind zahlreiche verschiedene Verfahren anwendbar. Man kann Formen in einen geeigneten Stein, ja sogar in Holz schneiden.[75] Die einfachste und wohl auch am häufigsten benutzte Variante ist der Abguß eines Modells, meist einer bereits fertigen Münze. Im Prinzip lassen sich so beliebig viele Abgüsse eines Modells erzeugen, es ist auch die wohl häufigste Methode der Fälschung. Die modernen Einbettmittel der Dentaltechnik haben hier schon wahre Glanzleistungen erbracht.

Meist werden die Münzen «en chapelet» gegossen, d.h., in einen langen Streifen Formmaterial wird ein Eindruck des Modells hinter den anderen gesetzt. Diese Eindrücke werden durch einen Gußkanal zu einer Kette verbunden. Auf die so vorbereitete Form wird nun eine zweite, in gleicher Weise präparierte Form mit den anderen Seiten des Modells gelegt. So entsteht eine ganze Reihe von miteinander verbundenen Gußformen, die

Abb. 61: Gegossene Münze mit Resten des Gußkanals, von Istros am Schwarzen Meer[77] (Privatbesitz)

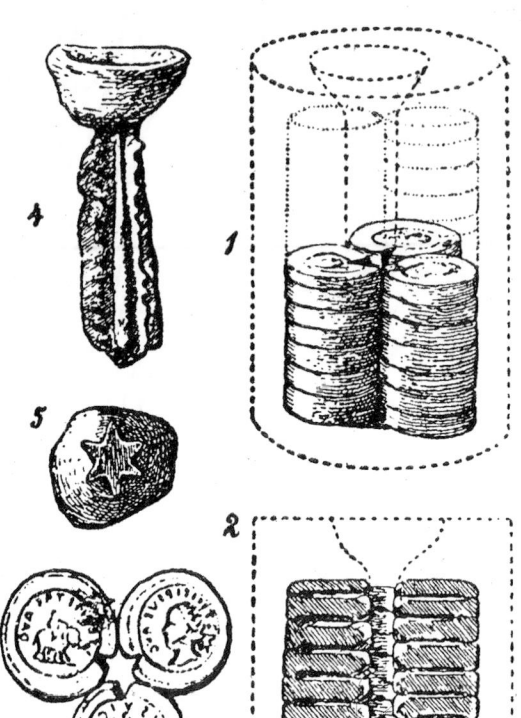

Abb. 62: Form für den Massenguß von Münzen aus Trier

Abb. 63: Gußform eines Follis des Maximianus Herculius und des Severus Alexander (Privatbesitz)

Abb. 64: Gegossener Denar des Geta (198–211) in der «Fälscherform» (Privatbesitz)

Abb. 65: Spätantike Guß-form für 5 Kleinbronzen des späten 4. Jahrhunderts, in drei Schichten mit Gußkanä-len (Privatbesitz)

sich gemeinsam ausgießen lassen. Günstig ist bei diesem Verfahren eine relativ starke Bewegung des Metalls, wodurch die Bildung von Blasen verringert wird.

Der Strang oder «Baum» von Münzen wird am Ende mit Meißel oder Schere zerschnitten. Die dabei erkennbar bleibenden Verbindungsstellen können durch Nacharbeit entfernt oder auch, wie man es oft z.B. bei syrakusanischen oder gallischen Münzen findet, einfach stehen gelassen werden.[76]

Seit Anfang des 3. Jahrhunderts n. Chr. wird dieses Formverfahren durch ein etwas komplizierte-res weitgehend ersetzt, dessen Erzeugnisse neben der offiziellen Prägung mit Stempel eine Art Not-geld darstellen (Abb. 65). In runde Tonscheiben, bis etwa fünf Millimeter größer als die Münze, wird auf beiden Seiten die Vorder- bzw. die Rückseite einer oder mehrerer Münzen eingedrückt, am Rande eine Einkerbung in den Ton bis zum Abdruck hin ge-schnitten. Mehrere diese Scheiben werden kreisför-mig Kerbe auf Kerbe zu einem Zylinder aufeinander getürmt. Dabei entsteht in der Mitte ein Gußkanal, durch den das geschmolzene Metall über die Kerben in jede einzelne Form fließen kann. Gegen Ende des 4. Jahrhunderts werden dann sogar fünf der kleinen, nur neun Millimeter durchmessenden Bronzemün-zen in eine Tonscheibe gepreßt und durch Kanäle miteinander verbunden, bevor wieder alles zu einem Zylinder zusammengestellt wird. Vor dem Guß wird das Ganze noch mit Ton umhüllt. Nach dem Guß werden die Formen zerschlagen und die Mün-zen entnommen.

Bei dieser Technik entstehen oft sog. «hybride» Stücke, bei denen die Vorderseite von den Bildern her nicht zur Rückseite paßt.

Solche Münzformen sind aus dem Raum um Trier bis zur Marne und ebenso in Ägypten, England und Tunesien zu Tausenden bekannt geworden. Aus Damery (Frankreich) kennt man z.B. 3900 Münzen des Constans I. und des Constantius II., alle mit dem gleichen Typ für die Rückseite, einen Phoenix, ge-gossen. Die meisten dieser Stücke tragen die Münz-marke von Trier, einige die von Lugdunum und eines die von Siscia. Kein Zweifel besteht daran, daß diese Münzen in einer unmittelbar benachbarten Münzwerkstatt gegossen wurden. Auch eine Form aus Blei ist erhalten geblieben, deren Zweck man sich als Werkzeug zur Vervielfältigung von Münzmodel-len denken kann.

Von dem Denar des Geta (Abb. 65) gibt es eine metallographische Untersuchung. Die dabei aufge-nommenen Schliffbilder zeigen ein deutliches Guß-gefüge (Abb. 66, S. 106).

Das massenhafte Auftreten gegossener Münzen von Gallien, Britannien, Deutschland, Österreich bis Ägypten und Tunesien ist etwas merkwürdig. Auf den ersten Blick möchte man diese Münzen für betrügerische Fälschungen halten. Diese Ansicht würde durch die strengen Verbote Valentinians I. und des Valens um 370 n. Chr. gestützt, nach denen nicht nur der Gebrauch, sondern schon der Besitz von gegossenen Münzen mit dem Tode bedroht wurde.

Andererseits muß es doch auch eine stillschwei-gende Übereinkunft zur Duldung und Akzeptanz dieser Münzen, als eine Art Not- oder Provinzgeld, unter der Bevölkerung gegeben haben, da sonst, bei der leichten Erkennbarkeit der Gußmünzen, weder die Massenproduktion noch die weite Verbreitung einen Sinn ergeben.

6.4. Plattieren

Plattierte oder «gefütterte» Münzen, auch «subaerati» genannt, d.h. Münzen mit einer silbernen oder goldenen Auflage, deren Kern aber aus wesentlich wertloserem Material (Kupfer, Bronze, Blei, sogar Eisen) besteht, ziehen sich durch die ganze Münzgeschichte.[78] Das Urbild dieser Fälschungen dürfte wohl die schon beschriebene Münze aus der Zeit des Alyattes sein, bei der der Kern noch aus Silber und die Umhüllung aus Elektron bestand.[79] Dabei wurden selbst Obole und Tetartemoria im Gewicht von 0,45 bis 0,24 Gramm plattiert, wie ein Beispiel aus Milet zeigt.

Antike plattierte Silber- oder Goldmünzen fallen häufig durch kleine Löcher an hochstehenden, vom Gebrauch besonders abgenutzten Stellen auf, vornehmlich an den Köpfen und am Rand. Dort tritt das unedle Material des Kerns an den Tag und fällt meistens durch die grüne Farbe der Korrosionsprodukte ins Auge.

Schon griechische Münzen des 5. Jahrhunderts v. Chr. zeigen manchmal eine Hülle aus dünnem Silberblech über einem Kern aus Buntmetall, also Kupfer, Bronze, selten Eisen oder Blei. Ähnlich hergestellte Münzen kennen wir in großer Zahl aus der römischen Republik und der Kaiserzeit.

Die Verbreitung solcher Techniken zeigt eine Stelle bei Polyainos [IV, 104] in den kurz nach 162 n. Chr. erschienenen «Strategika»(!), wo es heißt, daß König Perdikkas von Makedonien um 420 v. Chr. aus Silbermangel «mit Erz vermischte» Münzen herausgab, die nur im Inland in Zahlung genommen wurden. Von seinem Nachfolger Amyntas (ab 389 v. Chr.) sind sehr viele solcher «subaerati» erhalten geblieben (Abb. 69).

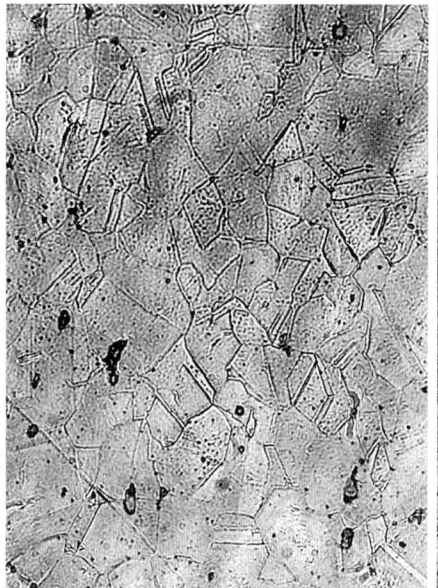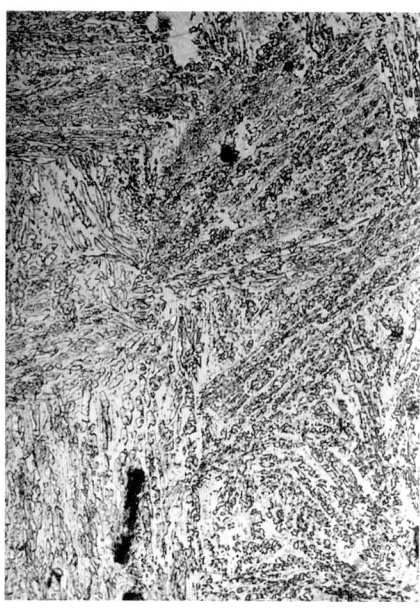

Die häufig plattierten Didrachmen der unteritalischen Orte Alifai, Kymai, Hyria, Neapolis und Nola sowie der Stämme der Campani und Fenseri um 400 v. Chr. sind nicht nur durch eine Unmenge von Stempelkopplungen der Vorderseiten untereinander verbunden, sondern auch mit vollgewichtigen Stükken. Dies zeigt ihren Charakter als gemeinsame, an Silbermangel leidende Prägung des campanischen Bundes in der Auseinandersetzung mit dem aufstrebenden Rom.[80]

Unsere modernen Ein-, Zwei-, Fünf- und Zehnpfennig-Stücke sind anschauliche Beispiele primitiver Plattierungstechnik. Hier schaut der Eisenkern am Rand der Münze deutlich erkennbar heraus. Bei diesen Münzen werden großformatige Eisenbleche mit Messing oder Kupfer plattiert und

Abb. 66: Schliffbilder zum Denar des Geta (Abb. 64).
Links: Typische Gußstruktur (Dendriten)
Rechts: Partielle Rekristallisation durch Nachglühen bei ca. 500°C

Abb. 67: Plattieren einer
Münze.[81] Formen eines
Bechers, Einlegen des Kernes
und des Deckels, Umschla-
gen und Verschließen

die Münzen herausgestanzt. Die antike Plattierung wäre so wohl nicht an den Mann zu bringen gewesen. Damals kam es offenbar darauf an, den Benutzer der Münze in der Illusion eines höheren Metallwertes zu lassen. Dies erfordert, daß auch der Rand der Münze plattiert wird, eine Quelle technischer Komplikationen.

Ein Stück Metall mit dünnem Silber- oder Goldblech (meist zwischen 0,1 und 0,2 Millimeter Dicke) zu umhüllen und daraus eine Münze zu schlagen, ist kein metallurgisches Kunststück. Erforderlich ist vielmehr eine ganze Menge handwerkliches Geschick und ein dementsprechend hoher Arbeitsaufwand. Betrachten wir, auch als Beispiel für andere Materialkombinationen, die Herstellung einer typischen römischen gefütterten Münze aus einem Kupferkern mit einer Umhüllung aus Silber (Abb. 67).

Zunächst müssen der Rohling aus Kupfer und ein dünnes Silberblech hergestellt werden. Aus dem Silberblech werden zwei Scheiben geschnitten. Die eine muß ziemlich genau den Durchmesser des Rohlings haben, darf allenfalls ein wenig kleiner sein. Die andere dagegen muß so groß bemessen werden, daß die Fläche des Rohlings bedeckt wird und dazu Material für das Überziehen des Randes und für einen Umschlag auf der anderen Seite vorhanden ist.

Die größere Scheibe wird nun so über den Rohling gefaltet oder besser «gezogen», daß eine Art Napf entsteht, auf dessen Boden der Rohling liegt. Zweckmäßigerweise geschieht dieser Arbeitsgang schon mit einem «Ziehwerkzeug», bestehend aus einer Platte mit einer genau passenden Vertiefung und einem glatten Stempel (Abb. 67, links).

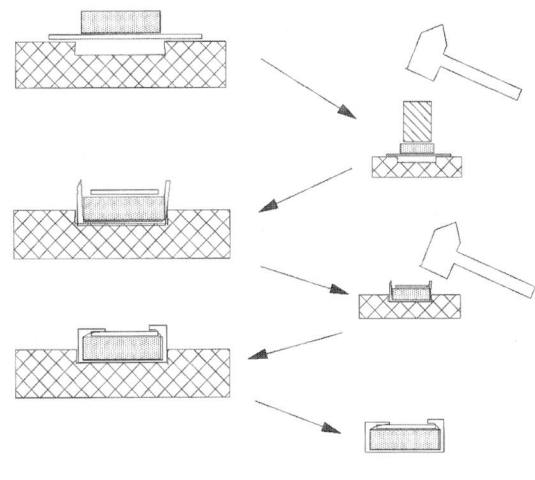

Auf den so zur Hälfte eingebetteten Rohling wird nun die kleinere Scheibe gelegt und der Rand des «Napfes» umgebördelt, wahrscheinlich aufgehämmert. Das Stück ist jetzt vom Silberblech ganz umhüllt, auf der einen Seite ist aber noch der Umschlag erkennbar. Silberblech von 0,1 Millimeter Dicke ist recht fest und steif, die Umhüllung ist auch ohne Lötung oder andere zusätzliche Maßnahmen stabil.

Der Rohling kann jetzt wie jeder andere heiß oder kalt zur Münze geschlagen werden. Schlägt man sehr heiß, kann die Überlappung nahezu unsichtbar werden. Ein guter Stempel macht die Münze durch das scharfe Bild der Prägung vertrauenswürdig. Auch die in der Literatur häufig erwähnten mit Blei gefütterten Münzen wären nach diesem Verfahren herstellbar, leider ist aber bis heute keine metallographische Untersuchung einer solchen Münze bekannt geworden.

Der Nachweis der Herstellung nach dem beschriebenen Verfahren ist ohne eine Verletzung der Münze nicht immer leicht zu erbringen. So hat man auch gelegentlich die Silberplattierung durch Eintauchen der Münzen in geschmolzenes Silber zu erklären versucht[82], ein Verfahren, daß aber aus technischen Gründen nicht möglich erscheint.[83]

Im Anschliff einer plattierten Münze jedoch lassen sich die Details der Plattierungstechnik unzweifelhaft sichtbar machen. Die Abbildung 68 zeigt einen Schnitt durch eine Drachme, die kurz nach Alexanders d.Gr. Ende, nämlich zwischen 319 und 305 v. Chr. wohl in der Münzwerkstatt von Kolophon in Kleinasien hergestellt wurde.[84]

Bei genügender Dicke des zur Plattierung verwendeten Bleches kann sich eine besondere Verbindung mit dem Kern, etwa durch eine Lötung, erübrigen. Etwa ab 0,1 Millimeter Dicke sind solche Bleche steif genug, um den Kern der Münze auch über lange Zeit fest eingehüllt zu erhalten. Bei dünneren Plattierungen scheint man eine flächenhafte, metallische Verbindung zwischen Kern und Plattierung gelegentlich vorgezogen zu haben.

Solche flächenhaften Verbindungen werden in der Regel durch «Löten» hergestellt. Löten ist die Verbindung zweier höher schmelzender Metallteile durch eine Zwischenschicht eines dritten, niedriger schmelzenden Metalls, des Lotes. Dieses Lot muß im schmelzflüssigen Zustand ein gewisses Lösungsvermögen für die zu lötenden Metalle haben, damit eine metallische Verbindung zustandekommen

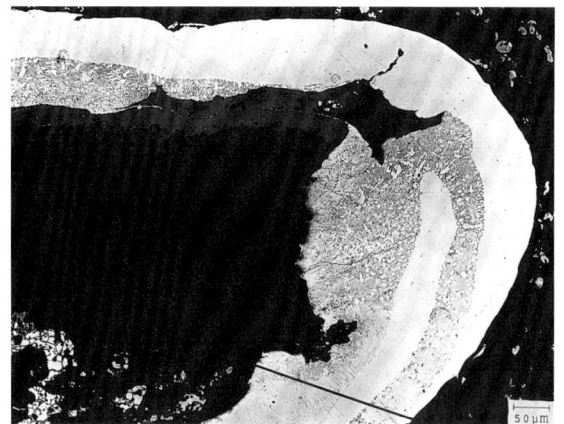

Abb. 68: Schnittbild durch den Rand einer plattierten Silberdrachme Alexander d.Gr.. Die Überlappung des einhüllenden Silberbleches ist rechts deutlich zu erkennen (aus Zwicker und Kalsch, Laborbericht 1962, Abb.2)

Abb. 69: Fünf Beispiele plattierter Münzen vom 4. Jahrhundert v. Chr. bis zum 1. Jahrhundert n. Chr. (Privatbesitz)

kann. Ideal sind hier die eutektischen Legierungen der Edelmetalle mit Kupfer.

Das Schmelzdiagramm Kupfer-Silber (Abb. 81) zeigt für das Eutektikum bei 72 Prozent Silber einen Schmelzpunkt von 779 Grad. Man kann nun eine sehr dünn ausgeschlagene Folie dieser eutektischen Legierung zwischen den Kupferkern und das Silberblech der Plattierung legen, die Umhüllung nach Abbildung 67 durchführen und dann die Münze auf etwa 800 Grad erhitzen. Die eutektische Folie schmilzt vor dem Kupfer und dem Silber und verbindet beim Erstarren die beiden Metalle dauerhaft miteinander.

Offenkundig ist dieses Verfahren umständlich und schwierig durchzuführen. Das gleiche Resultat erhält man aber, wenn man den fest umhüllten Schrötling vorsichtig etwas über die eutektische Temperatur erhitzt. Wo immer sich Silber und Kupfer innig berühren, wird sich bei der richtigen Temperatur eine nahezu eutektische Schmelze von allein ausbilden, noch bevor der ganze Schrötling aufschmilzt. Verprägt man den Schrötling oberhalb der eutektischen Temperatur, kann sich dieses lokal gebildete eutektische Lot von den Berührungsstellen sogar noch über andere, nicht geschmolzene Stellen mit schlechterer Berührung verbreiten.

Es ist nur selten möglich, dieses «selbstbildende» Lot von einem absichtlich zugesetztem Lot zu unterscheiden. Die Abbildung 68 vom Rand der Alexander-Drachme zeigt bei genauem Hinsehen das typisch gesprenkelte Aussehen des erstarrten Eutektikums, ohne daß hier entschieden werden konnte, nach welchem Mechanismus das eutektische Lot der Verbindung zustandegekommen ist.

Manchmal findet man in den eutektischen Lotschichten neben Eutektikum noch die vom Rand des Schmelzdiagramms her wachsenden primären Kristalle von Kupfer (oder auch Silber). In solchen Fällen wird man wohl davon ausgehen können, daß hier ein künstliches Lot nicht genau eutektischer Zusammensetzung eingefügt wurde. Diese Technik des eigentlichen Lötens im landläufigen Sinne findet sich vor allem bei späteren Plattierungen, etwa zur Zeit der römischen Republik bis zu den sasanidischen Münzen aus dem sechsten nachchristlichen Jahrhundert.

Daß die Löttechnik nicht ganz einfach ist, zeigt ein wohl in Gallien um die Zeitenwende nachgeprägter Denar des Augustus mit barbarisierter Umschrift. Hier wurde offenbar versucht, als Lot zwischen Kern und Plattierung ein Gemisch von Silber- und Kupfer-Feilspänen einzubringen.[85] Dieses Lot ist nicht ganz aufgeschmolzen, und das meiste Kupfer ist beim Erhitzen oxidiert.

Die Plattierung mit dünnen Blechen liefert relativ dicke und beständige Überzüge. Sie widerstehen einer Entdeckung durch den Probierstein und überdauern einen längeren Gebrauch. Sie lassen dem Besitzer auch noch einen gewissen Metallwert, der vielleicht 20 bis 30 Prozent des Wertes einer guten Münze betragen kann. Hiervon zu unterscheiden sind hauchdünne Überzüge, die durch chemische Verfahren erzeugt werden.

6.5. Vergolden und Versilbern

Unter «Vergolden» oder «Versilbern» wollen wir Techniken verstehen, bei denen das Edelmetall in Schichten appliziert wird, die wesentlich dünner sind als bei dem oben beschriebenen Verfahren. Während die Kapseltechnik typische Blechdicken von 0,1 Millimeter verwendet, sind jetzt Schichtdicken in der Größenordnung von einigen Tausendstel Millimeter kennzeichnend. Die Ägypter konnten schon im dritten Jahrtausend v. Chr. Gold zu Folien, «Blattgold», bis herunter zu einem Tausendstel Millimeter ausschlagen, die dann mit Harz zur Vergoldung auf hölzerne Gegenstände geklebt wurden.[86]

Man unterscheidet zweckmäßig zwischen Goldblech und Blattgold. Von Blech spricht man, wenn das Gold dick genug ist, das eigene Gewicht zu tragen. Blattgold dagegen läßt sich nicht auf die Kante stellen, es wird von einem leichten Lufthauch verwirbelt und zerknittert.

Aus der Antike sind zahlreiche vergoldete Großstatuen bekannt.[87] Teilweise wurden dafür dünne Bleche in Kerben und Riefen der Oberfläche eingehämmert, teilweise Blattgold mit organischen Klebemitteln oder Quecksilber aufgeklebt (Kaltvergoldung).

Bei der einfachsten und auch heute noch viel verwendeten Technik klebt man das Blattgold mit Hühnereiweiß auf der Unterlage fest. Überall dort, wo die vergoldeten Flächen keinem mechanischen Abrieb ausgesetzt sind, lassen sich auf diese Weise haltbare Überzüge mit sehr geringem Metallaufwand herstellen. Für kurzlebige Betrügereien kann man diese Art von Vergoldung sicher auch bei fertig geschlagenen Münzen anwenden. Abgesehen von einigen kaiserzeitlichen Münzen, die möglicherweise zum Zeichen besonderer Verehrung des Herrschers vergoldet wurden, sind solche Münzen aber bisher nicht bekannt geworden, sei es, daß die Schichten verschwunden sind oder daß solche Exemplare bisher nicht erkannt werden konnten.

Für Sammler sei angemerkt, daß auch moderne «Verschönerungen» durch sparsames Überwischen antiker Münzen mit einer Ofenbronze (gemahlenes Messing, verteilt in einem Lack) gelegentlich auftauchen und einen recht überzeugenden Eindruck machen können.[88]

Eine sehr viel dauerhaftere und abriebfestere Kaltvergoldung ergibt sich, wenn man statt des organischen Klebstoffes das flüssige Metall Quecksilber verwendet. Quecksilber war der Antike bekannt (Aristoteles, de anima I 3, 406 b 19). Allerdings ohne nachgewiesenen Bergbau legen dies auch die im Einzugsbereich Roms liegenden heute bekannten Lagerstätten von Almaden in Spanien, Vorkommen in Kleinasien und, weniger bekannt, der Westpfalz, dem Grenzgebiet gallo-römischer Besiedlung, nahe. Auch China ist als mögliche Quelle diskutiert worden.[89]

Kupfer, Silber, Messing und Bronze sind geeignete Unterlagen zur Kaltvergoldung mit Quecksilber. Allerdings müssen für gute Erfolge gewisse Ansprüche an die Reinheit dieser Metalle gestellt werden. Schwefelhaltiges Kupfer und hohe Bleigehalte der Bronzen scheinen zu stören.

Das Grundmetall wird mechanisch gut gereinigt, bis eine metallisch blanke Oberfläche erreicht ist. Auf diese Oberfläche wird Quecksilber aufgerieben. Kupfer löst sich bei Raumtemperatur nur in sehr geringen Mengen in Quecksilber auf (etwa zu 0,002 Gewichtsprozent), aber gerade genug, um mit einer dünnen Quecksilberhaut haltbar benetzt zu werden. Legt man nun eine Goldfolie auf diese Quecksilberschicht, wird ein Teil des Goldes ebenfalls vom Quecksilber gelöst. Wenn nicht zuviel Quecksilber vorhanden ist, bildet sich an der Kon-

Abb. 70: Mit moderner Ofenbronze «geschönte» antike Münze (Privatbesitz)

taktstelle ein hinreichend festes «Amalgam», fest genug, um die Folie dauerhaft zu binden.

Da sich Silber – wie von den Zahnplomben bekannt – gut mit Quecksilber amalgamiert, kann man das gleiche Verfahren auch zu einer «Kaltversilberung» in prinzipiell gleicher Weise verwenden. Kennzeichnend ist bei diesen Kaltverfahren ein relativ hoher verbleibender Quecksilbergehalt, der Glanz und Dauerhaftigkeit beeinträchtigt.

Quecksilber verdampft schon merklich bei Temperaturen um 300 Grad. Aus Amalgamen läßt es sich bei etwa 400 Grad entfernen. Erhitzt man also eine Kaltvergoldung unterhalb sichtbarer Rotglut, kann das Quecksilber ausgetrieben werden, und man erhält einen beständigeren Goldbelag. Dieser Belag ist aber matt und unscheinbar, man muß ihn noch verdichten und polieren. Dies ist der Anfang der «Feuervergoldung». Heute versteht man darunter allerdings die Aufbringung von fertigem Goldamalgam mit anschließendem Erhitzen, d.h., man kann die Aufbringung eines Bleches oder einer Folie auch ganz einsparen.

Nicht unbedingt erforderlich ist die Verwendung von flüssigem, elementarem Quecksilber. Der römische, unter Augustus schreibende Architekt und Ingenieur Vitruvius schreibt zwar [VII 8, 4], ohne Quecksilber ließe sich weder Silber noch Kupfer vergolden, doch machbar ist auch die Verwendung von Zinnober (HgS), dem eigentlichen Quecksilbererz. Dieses rote Mineral liefert leicht beim Erhitzen metallisches Quecksilber. Ein Gemisch von Goldstaub, etwa aus einer Seife, mit Zinnober kann durchaus eine zur Feuervergoldung geeignete Mischung ergeben. Da merkwürdigerweise Zinnober trotz seiner Weichheit auch gelegentlich in Seifen

vorkommt, wäre es auch nicht ausgeschlossen, daß die Vergoldung auf diesem Wege entdeckt wurde.

Vergoldungen mit Hilfe von Quecksilber, in der Literatur nur selten zwischen Feuer- und Kaltverfahren unterschieden, sind offenbar schon im zweiten vorchristlichen Jahrhundert im hellenistisch-persischen Kulturraum erfunden worden.[90] Hier gibt es silberne Rhytone, die am gleichen Stück aufgeriebene Blattgold- und Feuervergoldung zeigen.

Vergoldete und versilberte Münzen weisen bei der Spurenanalyse häufig Reste von Quecksilber auf. Solche Reste sind nicht unbedingt ein sicherer Beweis für eine Feuervergoldung, es kann sich auch um eine Kaltvergoldung handeln. Da Münzen, im Vergleich zu Statuen kleine Gegenstände, aber leicht erhitzt werden können, spricht viel für die tatsächliche Anwendung der Feuervergoldung, wenn Quecksilber gefunden wird. Das gleiche Verfahren läßt sich natürlich mit Silberamalgam durchführen.[91]

Auf der Grundlage der hier nur skizzierten Verfahren sind viele Kombinationen und Übergänge möglich; für die Details muß auf die Literatur[92] verwiesen werden. Ob und welche der Verfahren tatsächlich im Münzwesen verwendet wurden, muß wohl überwiegend von zukünftigen Untersuchungen geklärt werden. Der früheste experimentelle Nachweis der Verwendung von Quecksilber in einer Münzvergoldung scheint auf Zwicker zurückzugehen, der 1973 die Verwendung dieses Metalls an einem Stater der Vindeliker aus Manching nachweisen konnte.[93]

Diese Verfahren zur Oberflächenbehandlung sind vergleichsweise primitiv: Man bringt den gewünschten Stoff einfach von außen auf und bemüht sich, die aufgebrachte Schicht immer dünner zu machen. Ein metallurgisch wesentlich anspruchsvolleres Verfahren werden wir bei den Silber-Kupfer-Legierungen des nächsten Kapitels finden.

6.6. Münztechnik im Spiegel der Metallographie

Die Metallographie, vor mehr als hundert Jahren in England begründet, ist die Wissenschaft von der mikroskopischen Struktur der Metalle. Thompson hat 1956 in einem grundlegenden Artikel die damals wohlbekannten Ergebnisse der Metallographie in die Numismatik eingeführt und die daraus zu erhaltenden Informationen beschrieben. Die folgenden Abbildungen sind dieser Arbeit entnommen.

Alle für Münzen in Frage kommenden Metalle sind aus Kristallen aufgebaut, die man im Mikroskop nach geeigneter Präparation sehen kann. Ihre Formen und manchmal auch Farben vermögen dem kundigen Auge viele Details der Geschichte einer individuellen Münze zu verraten, besonders über die Art ihrer Herstellung.

Leider ist es für diese Art der Untersuchung unerläßlich, die Münze zu verletzen. Dafür liefert sie die wichtigsten und weitestgehenden Informationen über die Herstellung und teilweise auch über das spätere Schicksal der Münze, weit über die Ergebnisse der chemischen Analyse hinaus.

In aller Regel ist man gezwungen, die Verletzung der Münze so gering wie irgend möglich zu halten. Die Oberflächenschichten, auf die man bei solch schonenden Verletzungen zwangsläufig beschränkt bleibt, können aber durch die lange Bodenlagerung verändert sein. Besonders bei Legierungen wie Elektron, Billon, Bronze und Messing kann es vorkommen, daß Silber aus dem Elektron, Kupfer aus Bronze oder Zink aus Messing herausgelöst werden. Nicht nur die Zusammensetzung, sondern auch der Kristallbau, aus dem Schlüsse auf die Herstellung gezogen werden sollen, kann verändert sein.

Besser ist es, die Münze durchzuschneiden und die Untersuchungen auf den geschliffenen und polierten Schnittflächen durchzuführen. Da bei solchen Untersuchungen die Münze zerstört wird, ist man weithin auf wenige und sammlerisch meist wertlose Stücke beschränkt. Andererseits kann man die Dinge so sehen, daß gerade hier der Wert ansonsten wertloser Stücke liegt, liefert eine solche Untersuchung doch unter Umständen Informationen, die auf keine andere Weise zu erhalten sind.

Wir wollen die wesentlichen Strukturmerkmale anhand von Beispielen erläutern.[94] Wir beschränken uns dabei auf die Metalle oder Metallkombinationen, die sogenannte feste Lösungen bilden. Gold und Silber, Nickel und Kupfer, sowie einige Arten von Messing und Bronze gehören in diese Klasse, ihre Legierungen umfassen die überwiegende Mehrzahl der Münzmetalle.

Beim mäßig schnellen Erstarren einer Legierung scheiden sich, wie wir bereits gesehen haben, zunächst Kristalle einer Zusammensetzung mit relativ höherem Schmelzpunkt in Form von Dendriten aus. Man kann auch sagen, alle gegossenen Legierungen zeigen eine dendritische Struktur. Meist stehen die Zweige der «Bäumchen» unter etwa 90 Grad von der Achse der Bäumchen ab. Dieser Befund ist ganz unabhängig vom Material und stets typisch für gegossenes Material.

Alle Münzen haben ihr Dasein in dieser Form als ein aus dem Schmelzfluß erstarrendes Metall be-

Glühen mit der Herstellung zusammenhängt oder im Laufe des späteren Lebens der gegossenen Münze erfolgte, muß offen bleiben. Auch geprägte Münzen, die frisch eine ganz andere Struktur hätten, können

gonnen. Hat man die Münze nur durch Gießen angefertigt, zeigt sie immer noch diese Struktur. Man kann dann mit Sicherheit sagen, die Münze wurde gegossen und weder mechanisch noch thermisch nachbehandelt (Abb. 71).

Eine thermische Nachbehandlung kann in einem langen Nachheizen der Münze bei relativ hohen, aber deutlich unter dem Schmelzpunkt liegenden Temperaturen bestehen. Bei solchem Nachglühen können sich die geringen Konzentrationsunterschiede zwischen den Dendriten und ihrer Umgebung langsam ausgleichen und es entsteht ein Korngefüge ohne besonders auffallende Details wie in der Abbildung 72.

Eine Münze mit dieser Struktur ist gegossen und länger geglüht, aber in keiner Weise, weder heiß noch kalt, mechanisch bearbeitet worden. Ob das

Abb. 73: Eutektische Struktur

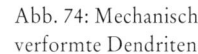
zen, werden zunächst die Dendriten verbogen und, je nach Stärke der Verformung, legen sich die «Stämme der Bäumchen» mehr und mehr parallel in Richtung der Verformung (Abb. 74). Durch solche Deformationen kann man auch nachweisen, ob ein gegossenes Stück, etwa mit einem Meißel, nachbearbeitet worden ist.

Bei stärkerer Vergrößerung zeigt sich, daß die einzelnen Kristalle der Dendriten zigarrenförmig auseinandergezogen erscheinen, wie in der folgenden Abbildung 75.

In den Kristallen erkennt man nach geeignetem Ätzen «Striche», die meist quer oder unregelmäßig zu den erkennbaren Kristallrichtungen verlaufen. Solche Deformationsmarken oder Gleitzonen («strainmarkings») sind besonders klare Kennzeichen einer kalten Verformung.

z.B. in heißem Brandschutt eine solche Struktur annehmen.

Beim normalen Guß können sich gelegentlich Eutektika, häufig von Verunreinigungen, in den zuletzt erstarrenden Bereichen ausbilden. Diese Eutektika verraten sich durch tröpfchenartige Strukturen, übrigens auch Schwefel in Kupfer (Abb. 73).

Wird ein dendritisch erstarrtes Metall mechanisch verformt, wie eben beim Schlagen von Mün-

Abb. 75: Mechanisch
verzerrte Kristalle einer
gegossenen und nachge-
schmiedeten Legierung

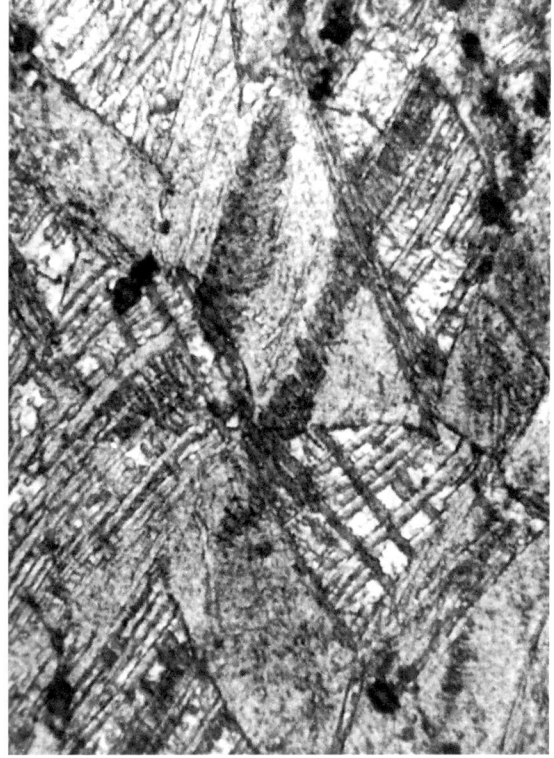

Abb. 76: Gleitlinien in einer Messingmünze aus Kleinasien als typisches Kennzeichen einer kalt geschlagenen Münze, 2. Jh.

Zeigt eine Münze verbogene Dendriten, zigarrenförmig verlängerte Kristalle und Dehnungsmarken wie in Abb. 76, kann mit Sicherheit gefolgert werden, daß diese Münze aus einem gegossenen Schrötling kalt geschlagen wurde. Keine thermische Nachbehandlung, gewollt oder durch Zufall, hat stattgefunden.

Eine völlig andersartige Struktur zeigt ein Metall, das nach dem Gießen und Schlagen thermisch behandelt wurde. Dies kommt bei Münzen vor, besonders wenn sie später einem Feuer ausgesetzt waren, ist aber vor allem wichtig bei der Verwendung von Schrötlingen aus Blechen, die zur Enthärtung ein oder mehrmals zwischengeglüht werden.

Beim Ausschlagen eines Bleches oder einer Münze werden die Kristalle, wie wir gesehen haben, verzerrt. Erhitzt man nun ein solches Metall, tritt zunächst keine bemerkbare Änderung des Gefüges auf. Erst bei einer bestimmten Temperatur, der sog. Rekristallisationstemperatur, verschwinden recht plötzlich die verzerrten Kristalle, und es bildet sich eine Masse kleiner neuer Kristalle. Diese neuen Kristalle sind etwa gleichachsig, d.h. gleich lang wie breit.

Die Rekristallisationstemperatur ist für jedes Metall verschieden und charakteristisch. Blei rekristallisiert schon bei Zimmertemperatur, die Münzlegierungen alle unter 500 Grad Celsius.

Die neuen Kristalle wachsen bei genügend hoher Temperatur rasch an. Auffallend sind breite, gerade Streifen, besonders bei Ätzung sehr deutlich zu sehen. Es handelt sich um die Bildung von sog. «Zwillingen» (Abb. 77). Das sind zwei nach einem zusätzlichen Symmetrie-Element miteinander verwachsene Individuen der gleichen Kristallart. Beim Schliff durch einen Zwilling werden in einem Kristalliten nun zwei oder mehrere kristallographisch verschiedene Flächen angeschnitten.

Der chemische Angriff beim Ätzen ist von Fläche zu Fläche leicht unterschiedlich. Zwillinge machen sich also im Schliffbild durch unterschiedlichen Angriff des Ätzmittels bemerkbar. Auch die Härte eines Kristalls ist richtungsabhängig. So kann es auch sein, daß allein beim Schleifen und Polieren Zwillinge sichtbar werden.

Solche Zwillinge findet man ausschließlich in geschlagenen, nie in gegossenen Münzen. Es ist da-

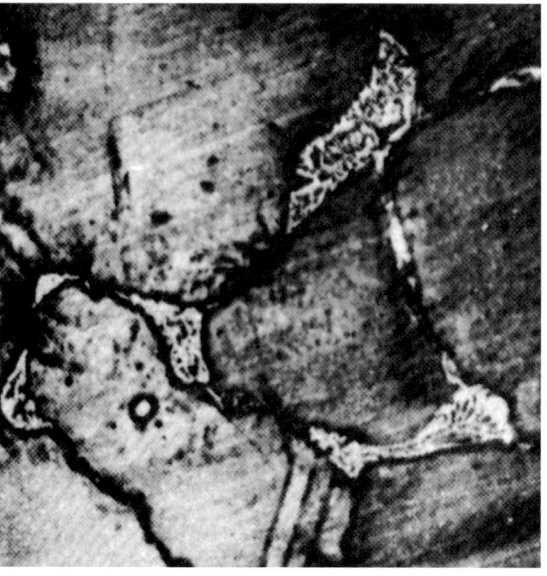

Abb. 77: Zwillingsbildung. Material gegossen, verformt und geglüht

Abb. 78: Partiell geschmolzene Legierung

streifen in Kristallen, die an sich durch ihre Zwillingsbildung eine Rekristallisation anzeigen.

Eine letzte Struktur wollen wir noch betrachten, die, wenn auch selten vorkommend, ein besonderes Schicksal der Münze verrät:

bei gleichgültig, ob die Münze kalt geschlagen und erst in einem zweiten Arbeitsgang oder einem späteren Feuer geglüht wurde. Auch heiß geschlagene Münzen zeigen die gleichen Zwillingsstrukturen, weil das Metall nach der Verformung sofort rekristallisieren kann. Grenzfälle, bei denen die Entscheidung schwierig wird, können natürlich auftreten.

Dies ist besonders der Fall, wenn kleine Münzen heiß geschlagen werden. Die Münze kommt dann zwar oberhalb der Rekristallisationstemperatur zwischen die Stempel. Sie kann aber in manchen Teilen schon unter die kritische Temperatur abgekühlt sein, wenn der Schlag erfolgt. Dort zeigt sie die Merkmale einer kalt geschlagenen Münze. Heiße Stellen können noch rekristallisieren, stehen aber unter erheblicher mechanischer Verformung. Dieser Zustand zeigt sich im Auftreten von Deformations-

Man erkennt Kristalle mit restlichen Anzeichen von Zwillingen, also ein verformtes und erhitztes Metall (Abb. 78). Die Zwickel zwischen vielen der Kristalle sind aber von offenbar geschmolzenen Partien ausgefüllt. Dendriten werden hier wegen der Kleinheit der Zwickel nicht ausgebildet. Eine solche Münze ist, möglicherweise lange nach ihrer Herstellung, in einem Feuer ganz dicht unter ihren Schmelzpunkt erhitzt worden. Dies ist ein deutlicher Hinweis auf einen Brand am Aufbewahrungsort der Münze.

7. Römische Metallurgie

Die Römer haben nicht nur die große Masse der erhaltenen antiken Münzen geliefert, sondern auch die Technik des Bergbaus zur Gewinnung der Metalle und die eigentliche Metallurgie des Münzwesens zur höchsten Blüte entfaltet. Ihre Techniken haben sich weit hinein ins Mittelalter, ja bis in die beginnende Neuzeit ausgewirkt.

Bei der Auffaltung des Apennin sind, vor allem in der Toscana, eine Vielzahl relativ kleiner Lagerstätten sulfidischer Erze gebildet worden. Auf diesen Lagerstätten betrieben die Etrusker einen ausgebreiteten Bergbau, vorwiegend auf Kupfer. Gold dürfte überwiegend aus Seifen gewonnen worden sein. Die Goldarbeiten der Etrusker ernten noch heute Bewunderung. Die Technik des Filigrans und der Granulation weisen dieses Volk als großen Kenner einer gehobenen Metallurgie aus.

Die römische Großmacht hatte nach dem zweiten punischen Krieg (218–201 v. Chr.), in dem die Einführung des Denars als Silbermünze erfolgt war, ganz andere Bedürfnisse. Hier war Geld und nochmals Geld, also große Mengen von Edelmetall, die grundlegende Voraussetzung einer expansiven Politik. Der Kleinbergbau der Etrusker konnte diese

Bedürfnisse nicht entfernt befriedigen; seine Bedeutung trat so weit zurück, daß er sogar wegen der damit verbundenen Schäden an der Natur verboten werden konnte.

In den eroberten Provinzen konnte man sich dagegen in aller Brutalität[1] frei entfalten. Hier hat die römische Begabung zu grandiosen Ingenieurleistungen Bergbaue betrieben, deren Größe erst in unserem Jahrhundert wieder erreicht wurde. Das gilt besonders für die iberische Halbinsel.[2]

7.1. Die großen Bergwerke

7.1.1. Die iberische Halbinsel

Plinius [33, 70–76] beschreibt einen Bergbau, der «die Werke der Giganten übertreffen» dürfte, doch hat man seine Schilderungen lange Zeit für übertrieben gehalten. Tatsächlich hat aber Harrison[3] in Nordportugal, bei Pedras Salgadas, in den Tras os Montes[4] wahrhaft gewaltige Bergbaue, die «Minas dos Mauros», entdeckt. Hier durchdringt ein Granitstock archaische Schiefer. In extrem harten

117

Quarzadern findet sich die hauptsächliche Mineralisierung, Arsenopyrite und Pyrit, Bleiglanz und andere Sulfide. Sehr hohe Goldgehalte von bis zu 50, ja 80 Gramm pro Tonne, konnten noch in stehen gebliebenen Rändern und Pfeilern nachgewiesen werden. Die Silbergehalte lagen je nach Erzprobe zwischen 0,5 und 5 Kilogramm pro Tonne.

Zwei Tagebaue, jeder etwa 300 mal 150 Meter breit und lang und 100 Meter tief, sind heute noch zu sehen. Sie wurden durch tiefe Stollen entwässert, die wohl auch zeitweise zum Ausbringen der Erze gedient haben. Harrison schätzt, daß hier mindestens 20 Millionen Tonnen Fels gebrochen wurden. Für die Gewinnung des Goldes mußten diese Mengen noch gemahlen werden. Granitene Mahlsteine erscheinen weit über die Gegend verstreut und sind häufig als Baumaterial in späteren Zeiten verwendet worden.

Der Bedarf an Arbeitskraft muß, auch wegen der Härte der Felsen und der Quarzadern, enorm gewesen sein. Wenn eine Arbeitskraft am Tage 75 Kilogramm Fels vom Brechen über den Transport bis zum Zerkleinern bewältigen könnte, müßten immer noch 2000 Arbeiter bei 300 Tagen im Jahr 400 Jahre lang gewirkt haben, um diesen Abbau zustandezubringen. Eine Tagesleistung von 75 Kilogramm pro Mann, vom Losbrechen über das Fördern und Vermahlen zu feinem Staub, erscheint aber nahezu unmöglich. Deshalb ist der Bestand an Arbeitskräften sicher bedeutend höher gewesen. Von den Bergwerken bei Cartagena (Carthago nova) berichten Polybios (nach 120 v. Chr.) [XXXIV, 9] und ihm folgend der unter Augustus schreibende Geograph Strabon [III, 2, 10], daß dort 40.000 Sklaven tätig gewesen seien, die dem römischen Volk täglich

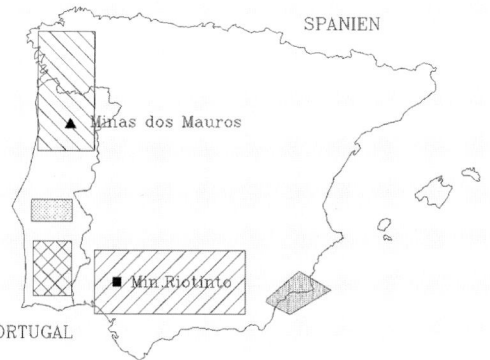

Abb. 79: Karte der hauptsächlichen römischen Bergbaugebiete in Spanien (schematisch auf Grundlage der von Domergue angegebenen Karten)

25.000 Drachmen erarbeiteten – eine große Zahl, aber doch nicht mehr als etwa 106 Kilogramm Silber, etwa eine knappe Maultierlast.

Für die Betriebszeit der punisch-römischen Baue in Spanien, die im einzelnen nicht genau bekannt ist, wird allgemein die Periode von der Mitte des dritten vorchristlichen bis zum Ende des zweiten nachchristlichen Jahrhunderts angenommen.[5] In Portugal könnte sich diese Spanne von 400 Jahren mit der gesamten Bergbauzeit in diesem Gebiet dekken.

Eine ganz andere Zeitspanne überdeckt der Bergbau am Rio Tinto, nordöstlich von Huelva. Hier wird schon seit der Bronzezeit bis heute Bergbau betrieben. Iberer, Phönizier, Punier und Römer haben Stollen und Schächte gebaut, die immer wieder vom modernen Bergbau angeschnitten werden.

Die Lagerstätte enthält Erze vieler Metalle, besonders Eisen, Kupfer und silberhaltiges Blei. In den frühen Phasen ist wohl hauptsächlich Malachit abgebaut worden, zur Römerzeit dann die silberhaltigen Blei- und sulfidischen Kupfererze und in der Neuzeit auch das Eisen.

Die Zahl der hier Beschäftigten ist nicht bekannt, auch nicht ihr Status[5a]. Man wird aber wohl nicht fehlgehen, wenn man sich vorstellt, daß auch hier Sklaven in erschreckenden Zahlen «verbraucht» wurden, daß Zehntausende gefront haben müssen, um einen Silberfluß von 3000 Kilogramm pro Monat zu erzeugen.

7.1.2. Silber im Schwarzwald

Wo immer die Römer ein Gebirge betraten, haben sie nach Erzen gesucht. In Germanien kommt dafür der Schwarzwald in Frage. Merkwürdigerweise hat man bis in die letzten Jahre von römischen Bergbauen im Schwarzwald nichts gewußt, obwohl doch der sehr kleine Abbau in Leimen bei Heidelberg längst bekannt war. Erst in diesen Jahren[6] hat man im Südschwarzwald römische Baue nachweisen können. Die oberirdischen Spuren bei Sulzburg sind eindrucksvoll genug, und man darf mit fortschreitender Erforschung hier noch auf Größeres hoffen. Wie in Leimen hat man hier vorwiegend silberhaltige Bleierze abgebaut, deren prinzipielle Verhüttung wir schon ausführlich besprochen haben.

7.1.3. Das römische Dakien

Kaiser Traian (98–117 n. Chr.), eroberte die «dakischen Provinzen». Auch hier war der Bergbau schon uralt. Der Dakerkönig Decebalus, ein ungemein tatkräftiger Mann, hatte, wie schon erwähnt, seit 89 n. Chr. die Ertragskraft seiner Bergwerke durch die Anstellung römischer Techniker erheblich gesteigert und dadurch wohl die Aufmerksamkeit und den Neid Roms erweckt.

Unter der römischen Herrschaft wurde der Bergbau in großem Stil organisiert, und dakisches Silber und Gold schlugen sich in zahlreichen Münzprägungen nieder. Die Minen übernahm der Kaiser selbst, wie eine Inschrift aus Ampelum (Zalatna) zeigt, die einen «Procurator Aurariarum» nennt, also einen Verwalter der kaiserlichen Goldgruben.[7]

Interessant ist hier, daß zum ersten Male neben der Sklavenarbeit auch der durch freien Vertrag gebundene Lohnarbeiter nachweisbar wird. Die Verträge wurden auf Wachstafeln festgehalten, von denen sich einige bis heute in den Museen von Cluj und Budapest erhalten haben.[8] Sieben Asse waren der bescheidene Tagelohn eines solchen Arbeiters, während ein Legionär des römischen Heeres fast das Doppelte bekam.

7.2. Der römische Beitrag zur Hüttentechnik

Für uns ist die Tatsache wichtig, daß bei der Verhüttung komplexer Erze wie der vom Rio Tinto auf Edelmetalle jene komplizierten Hüttenprozesse zum ersten Male auftauchen, die bis in die Neuzeit mit geringen Abwandlungen immer wieder angewendet werden. Es wäre kulturhistorisch ganz wichtig zu wissen, ob eine Tradierung der chemischen Kenntnisse bis ins ausgehende Mittelalter stattgefunden hat oder ob die gleichen Schwierigkeiten immer wieder von Neuem gemeistert wurden. Leider muß diese Frage einstweilen offen bleiben.

Allein am Rio Tinto lagern heute noch rund sechs Millionen Tonnen Schlacken der auf Silber gerichteten Hüttentätigkeit.[9] Ausführliche mineralogische Untersuchungen der vielfältigen Schlackentypen[10] geben folgendes Bild der für die Silbergewinnung angewendeten Verfahren:

Das primär gesuchte Silber ist auf ein sehr komplexes Erzgemisch verteilt, das Kupfer, Eisen, Blei und Zink, gebunden an Schwefel, Arsen und Antimon enthält. Hier wird zum ersten Male in großtechnischem Maßstab eine Extraktion des Silbers durch Schmelzen mit Blei durchgeführt. Um diese Extraktion zu ermöglichen, müssen die Erze erst in einem Anreicherungsgang vorbehandelt werden.

Sie werden zu diesem Zweck unter Zugabe von Eisenoxiden und Sand als Schlackenbildnern sowie Bleiglanz in reduzierendem Feuer aufgeschmolzen. Dabei bildet sich ein Schmelzfluß, in dem genügend Schwefel verbleibt, um das Kupfer in Form von Kupferstein (engl.: matte)[11] an Schwefel gebunden zu halten. Blei tritt schon als Metall auf. In mehrfachen Schmelzgängen wird nun ein Fluß erzielt, der unter nochmaliger Zugabe von Blei «raffiniert» werden kann.

Es bilden sich dabei drei Schichten geschmolzener Materie, die sich nach dem spezifischen Gewicht voneinander trennen: «Speise» sind Arsen- und Antimonverbindungen, nach der Schlacke spezifisch am leichtesten. Darunter setzt sich der «Kupferstein» ab, der wiederum auf geschmolzenem Blei schwimmt. Speise und Stein kommen bei diesem Prozeß in innigen Kontakt mit Blei. Silber und Gold (wenn vorhanden) werden vom Blei aufgelöst und mitgeführt. Der Kupferstein kann auf Kupfer weiterverarbeitet werden, das Blei aber wird der Kupellation zugeführt.

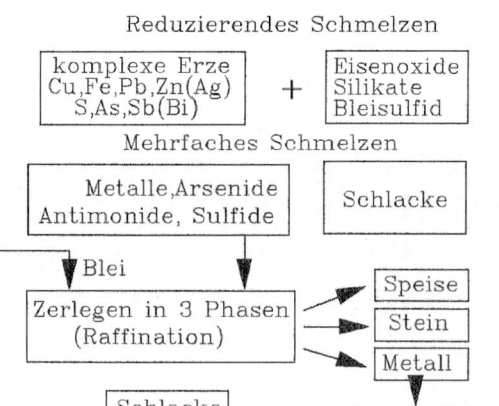

Dieser, irgendwann zwischen 200 vor und 200 nach Christus erfundene, komplizierte Prozeß ist in seinen Grundzügen bis heute für die Verhüttung solcher polymetallischen Erze im Gebrauch geblieben. Kann man je von einer zukunftsweisenden Erfindung im Hüttenwesen sprechen, so haben sie die Römer hier am Rio Tinto gemacht – ein technisches Denkmal allererstes Ranges.

7.3. Diocletian und der Leidener Papyrus

Technische Innovation in der Metallurgie kann helfen, einen Staat zu finanzieren, kann ihm aber auch zu schaffen machen. Wieder liefert Rom ein bemerkenswertes Beispiel.

Am Ende des dritten Jahrhunderts n. Chr. hatten Ägypter eine so hohe Kunst der Goldfälschung entwickelt, daß die Römer zur Zahlung der Abgaben nur noch geprägte Solidi, Goldmünzen, oder Gold, das vorher beim Staate gekauft worden war, annahmen. Es scheint, als wären die Gewinne der Goldfälschung in erheblichem Umfang zur Finanzierung von Aufständen gegen die römische Besatzungsmacht verwendet worden. Kaiser Diocletian (284–305 n. Chr.) beschloß, dem Treiben der ägyptischen Goldmacher ein für alle Male ein Ende zu bereiten. Nach einer Strafexpedition erließ der Kaiser 297 n. Chr. ein Edikt, welches ihn zum Erfinder der modernen Industrie-Demontage macht:

«Er ließ die Bücher der Alten über die Chemie des Goldes und Silbers suchen und überantwortete sie den Flammen, so daß kein neuer Wohlstand aus solchen Künsten mehr den Ägyptern zuwachsen und sie keine Ermutigung mehr finden sollten, gegen Rom zu rebellieren.»[12]

Verständlicherweise wurde seitens der Unterdrückten versucht, die eine oder andere der nun verbotenen Schriften zu retten. Tatsächlich wurde die Abschrift eines solchen metallurgischen Buches, eine Sammlung von Rezepten für eine Goldwerkstatt, in der Gräberstadt bei Theben gefunden, der berühmte «Leidener Papyrus X». Dem Zustand dieses speziellen Exemplars kann man ansehen, daß es nie in einer Werkstatt gebraucht, sondern wohl eher als wertvoller Besitz vor den Römern verborgen wurde.

Das ursprüngliche Buch ist sicher in vielen Kopien abgeschrieben worden, denn wir finden einzelne seiner Rezepte in späteren «alchemistischen» Werken wieder, auch in den «Mappae Claviculae».[13] Die Wanderung dieses Wissens läßt sich bis in das Paderborner Kloster verfolgen, in dem Theophilus Presbyter sein Werkstattbuch für die abendländischen Mönchswerkstätten schrieb.[14]

Mindestens einige der Rezepte sind aber erheblich älter als dieser auf Pergament und in Griechisch geschriebene «Papyrus». Gerade einige identische Rezepte zur Fälschung von Gold und Silber finden sich schon in einem Werk aus dem ersten Jahrhundert.[15]

Auf die Rezepte zum Legieren, Strecken und Fälschen von Gold kommen wir S. 131 ff. noch im Detail zurück. Der Papyrus enthält außerdem noch Vorschriften für die Herstellung einer Vielzahl von weiteren Legierungen, meist auf der Basis von Kupfer, darunter auch das Messing, ferner für metallische Tinten zum Schreiben.

7.4. Abwertung und Fälschung

Diocletians Anweisungen und der Leidener Papyrus sind zwei Quellen mit unmittelbarem Bezug zur Metallurgie. Zahlreiche andere Texte erwähnen «gutes» und «schlechtes» Geld, allerdings ohne auf die metallurgische Seite des Unterschieds einzugehen. Aus allen wird aber eine explosionsartige Zunahme – meist ungut angewandter – metallurgischer Kenntnisse in der römischen Kaiserzeit erkennbar. Die Münzen, auch die aus Nichtedelmetallen, zeigen in zeitlich viel dichter liegenden Beispielen, wie die technische Kunst auf der einen Seite und die Niedertracht der Herrschenden – manchmal aus der Not geboren – auf der anderen, sich in einem ständigen Wechselspiel entfalten können.

Einer Überlegung wert sind die Begriffe der «Fälschung» und des «schlechten Geldes». Faßt man den Staat oder den Herrscher als gottgewollte oder sonstwie geheiligte Institution auf, kann man die amtliche Herstellung unterwertiger Münzen nicht gut als Fälschung bezeichnen. In solchen Epochen spricht man von Abwertung oder Geldverschlechterung und reserviert den Begriff Fälschung für die private Herstellung von Münzen außerhalb der genannten Autorität.

Dagegen wird man in Zeiten, in denen man den Staat auch durchaus des Betruges für fähig und willens hält, geneigt sein, die Herstellung unterwertiger Münzen als Fälschung zu bezeichnen – dies besonders dann, wenn die Verschlechterung der Münze so ausgeführt wird, daß der geringere Metallwert für den Laien nicht erkennbar ist.[16] Im Rahmen dieses Verständnisses von Staat und Autorität kann man von staatlichen und privaten Fälschungen sprechen.

Für unsere metallurgisch-handwerkliche Betrachtung der Münzen ist eine solche Unterscheidung nützlich, hat doch der Staat mit seinen Münzwerkstätten und deren geschultem Personal ganz andere technische Möglichkeiten als der private Fälscher zu seiner Verfügung.

Für die Herstellung der zur Kaiserzeit immer größer werdenden Serien «amtlicher» Fälschungen scheint das uralte Verfahren des Plattierens langsam zu aufwendig geworden zu sein, und zwar wohl wegen des hohen Anteils an geschickter Handarbeit. Die große Serie verlangt wohl stets ein rationelles Verfahren mit geringem Anteil qualifizierter Arbeit am Einzelstück. Dazu müssen, wie auch heute, spezielle Techniken entwickelt werden, die gerade die qualifizierte Handarbeit ersetzen können. Die Entwicklung solcher rationeller Techniken setzt eine genaue Materialkenntnis voraus. Für ihr Verständnis sind einige naturwissenschaftliche Erörterungen unumgänglich.

7.4.1 Eigenschaften von Silber-Kupfer-Legierungen

Wie man der nachfolgenden Tabelle 9 entnehmen kann, sind Gold und Silber in einem Metallgitter der reinen Metalle sehr genau gleich weit entfernt voneinander und können deshalb leicht durch das jeweils andere Metall ersetzt werden, ohne daß deshalb der Kristallbau geändert werden müßte.

Die Atomabstände im reinen Kupfer sind nennenswert kleiner als im Silber- oder Goldgitter. Im Kupfergitter lassen sich Gold- oder Silberatome zwar noch unterbringen, doch kann man erwarten, daß wegen der verschiedenen Größe der Bausteine Spannungen auftreten werden.

Solche Spannungen können bis zu einem gewissen Maße dann überwunden werden, wenn der Einbau der fremden Atome mit einem Gewinn an Energie verbunden ist. Größenunterschied und Bindungsenergie stehen im Wettstreit, und es kann vorkommen, daß die Natur bei unterschiedlichen Mischungsverhältnissen sonst gleichbleibender Metallkombinationen zu verschiedenen Kristallformen Zuflucht nehmen muß.

Tab. 9: Atomabstände und Bindungsenergien

Metall	Bindung	Atomabstand 10^{-10} m	Energie kJ
Gold	Au - Au	2,8894	218
Silber	Ag - Ag	2,8841	163
Kupfer	Cu - Cu	2,5560	202
	Ag - Au		203
	Au - Cu		232
	Ag - Cu		175

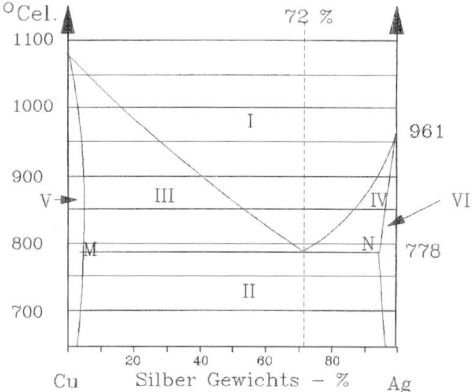

Aus solchen Anpassungsbestrebungen durch unterschiedliche Kristallformen entstehen dann zum Teil recht komplizierte Schmelzdiagramme, die an den Metallurgen neue Ansprüche stellen.

Ein ganz wichtiges Beispiel für die Münztechnik und für den Goldschmied zeigt das Schmelzdiagramm für das System Silber-Kupfer (Abb. 81).

Dieses Schmelzdiagramm kann man mit Hilfe der Atomabstände und Bindungsenergien näher diskutieren. Aus der Tabelle ersieht man nämlich, daß bei dieser Mischung – anders als beim früher besprochenen System Silber und Gold – einmal die Bindungsabstände nicht besonders gut zueinander passen (2,88 gegen 2,55 10^{-10} m), und daß zum anderen die aus der Kupfer-Silber-Bindung zu gewinnende Energie (175 kJ) kleiner ist als diejenige, die aus den Bindungen Kupfer-Kupfer und Silber-Silber zu erhalten wäre.

Es leuchtet ein, daß aus diesen Gründen ein Silberkristall vielleicht ein wenig Kupfer und ein Kupferkristall ein wenig Silber aufnehmen kann

(Mischkristallbildung), daß aber die sich aus den verschiedenen Größen ergebenden Spannungen recht bald die geringe Energie der Kupfer-Silber-Bindung überwinden werden. Das führt dazu, daß sich beim Kristallisieren der Schmelze «lieber» wieder gleichartige Atome zusammenlagern, also Silber zu Silber und Kupfer zu Kupfer. Man sagt dann, das System ist im festen Zustand «nicht mischbar», d.h., es kann nicht aus einer Schmelze beim Abkühlen als homogene Phase ausscheiden.

Die beiden Randgebiete V und VI bezeichnen in der Abbildung 81 die sehr schmalen Existenzbereiche von Mischkristallen. Rechts ist etwas Kupfer in Silber zu einem Mischkristall gelöst, am linken Rand ein kleiner Prozentsatz Silber in Kupfer. Dazwischen erstreckt sich ein breiter Bereich, in dem die Mischungen keinen einheitlichen Kristall bilden können, eine sogenannte «Mischungslücke».

Alle Zusammensetzungen in diesem Bereich II können nur als Gemenge von Kristallen erstarren, die entweder silberreich – mit Gehalten der Grenzlinie zwischen II und VI –, oder kupferreich sind, mit den höchsten Silbergehalten entsprechend der Grenzlinie zwischen II und V.

Zusammensetzungen, die Punkten zwischen diesen Grenzlinien entsprechen würden, realisieren sich durch Ausfallen unterschiedlicher Mengen von Kristallen mit Zusammensetzungen der beiden Grenzlinien.

Im Gebiet I, also in der flüssigen Schmelze, herrscht dagegen homogene Löslichkeit jeder Komponente in der anderen vor. Bei der hohen Wärmeenergie, die die Atome in der Schmelze besitzen, können die kleinen Unterschiede zwischen Silber und Kupfer keine Trennung der beiden Metalle bewirken; es besteht nur eine einheitliche, homogene Flüssigkeit.

Es gibt aber andere Metallpaare, bei denen die erwähnten Unterschiede so groß sind, daß auch im flüssigen Zustand keine Mischung möglich ist, sondern das eine tröpfchenförmig im anderen als getrennte Phase bestehen bleibt. Ein solches, schon im Altertum viel verwendetes Paar bilden Blei und Kupfer, die sogenannte «Bleibronze», mit zwischen 36 und 87 Gewichtsprozenten Blei.

Im Silber-Kupfer-System hat die uns schon bekannte Liquidus-Kurve einen scharfen Knick bei etwa 778 Grad. Hier erstarrt die Mischung als ein Gemenge aus Mischkristallen der Zusammensetzung N und M. Da dieser scharfe Punkt auch bei langsamer Abkühlung relativ schnell durchschritten wird, sind die Kristalle klein. Gemenge dieser Entstehung sind im Mikroskop leicht zu erkennen, es handelt sich wieder um ein «Eutektikum» (vgl. S. 24 ff.).

Eine eutektische Mischung, die also gerade die Zusammensetzung des Knickes hat, ist technisch von großer Bedeutung, weil sie die tiefste im System mögliche Schmelztemperatur besitzt. Mit einer solchen Mischung kann man Werkstücke aus jedem der beiden reinen Metalle zusammenlöten, ohne daß die Werkstücke selbst schmelzen. In unserem Falle nennt man ein solches Lot ein «eutektisches Silberlot», damals wie heute häufig bei der Herstellung von Gegenständen aus Silber gebraucht.

Auch bei der Herstellung von gegossenen Münzen, ob Original oder Fälschung, verwendet man gerne eutektische oder nahezu eutektische Legierungen, weil sie wegen der geringen Größe der Kristallite ein besonders homogenes Aussehen des fertigen Gusses gewährleisten.

Letztere Eigenschaft wird klar, wenn wir die Erstarrung einer beliebigen Mischung im System Silber-Kupfer in dem oben gezeigten Schmelzdiagramm betrachten. Beginnen wir bei 1100 Grad und 40 Gewichtsprozent Silber. Die Schmelze bleibt ohne irgendwelche Ausscheidung bis auf 900 Grad herunter homogen flüssig, also weit unter den Schmelzpunkt jeder der reinen Komponenten. Dicht unterhalb 900 Grad wird die Liquidus-Kurve erreicht. Hier, im Diagramm «Gebiet III», beginnen Mischkristalle von viel Kupfer mit wenig Silber auszufallen. Ihre Zusammensetzung entspricht der Begrenzung des Gebietes V. Im Gebiet III bestehen solche festen Mischkristalle und ein flüssiger Rest der Schmelze nebeneinander. Die Schmelze verliert aber durch diese Kristallisation mehr Kupfer als Silber, sie reichert sich mit Silber an, d.h., ihre Zusammensetzung bewegt sich mit fallender Temperatur zu höheren Silbergehalten. Das System «bewegt» sich längs der Grenzkurve zwischen den Gebieten I und III bis zum eutektischen Punkt, an dem schließlich alles erstarrt.

Da für diese Bewegung ein relativ großes Temperaturintervall durchschritten werden muß, können die kupferreichen Mischkristalle bei langsamer Abkühlung zu erheblichen Größen heranwachsen. Das gilt ebenso für silberreiche Mischkristalle, wenn man beispielsweise mit einer Mischung von 90 Gewichtsprozent Silber begonnen hätte.

Die in Abb. 82 angedeuteten großen Kristalle sind Mischkristalle, die, im Feld III oder IV, bei langsamer Erstarrung genügend Zeit zum Wachsen hatten. Ihre Zusammensetzung entspricht der Trennlinie von den Feldern III oder IV zu den Feldern V bzw. VI. Der Hintergrund wird von sehr

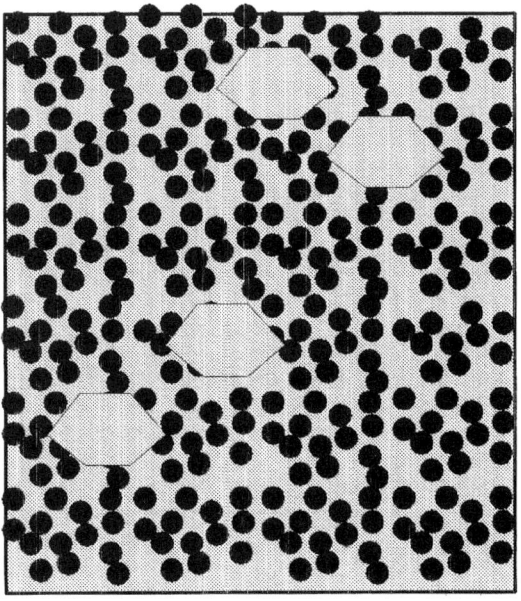

Abb. 82: Schematisches Mikrobild einer eutektischen Mischung mit großen Mischkristallen

kleinen Kristallen gebildet, die ein Gemenge von Mischkristallen darstellen, das eutektische Gemisch (vgl. Kapitel 6.6.). Die von der Silberseite kommenden Mischkristalle sind in der Farbe von reinem Silber kaum zu unterscheiden, ein für die Münztechnik besonders wichtiger Umstand:

■ 1. Verschneidet man Silber mit Kupfer, erhält man einen relativ breiten Bereich von Zusammensetzungen, deren Farbe silbern oder wenigstens noch silbrig ist, da silberreiche Mischkristalle aus Gebiet VI und das Eutektikum die Farbe bestimmen. Solche Münzen kann man unmittelbar als Silbermünzen in Verkehr bringen.

■ 2. Treibt man den Verschnitt zu weit, sehen die Münzen nicht mehr aus wie Silber, sondern immer mehr wie Kupfer. Kupferreiche Mischkristalle (V) bestimmen die Farbe. Solche Münzen noch als Silbergeld anzubieten, erfordert besondere Tricks, damit der Betrug nicht gleich offen erkennbar wird.

Wir können daher, auch um der Technik- und Intelligenzgeschichte willen, eine von der traditionellen historisch-geographischen Einteilung verschiedene Einteilung, nämlich nach metallurgisch-technischen Gesichtspunkten, vornehmen.

7.4.2 Münzen aus reichen Silber-Kupfer-Legierungen

Unter «reichen» Silber-Kupfer-Legierungen wollen wir vorwiegend «übereutektische» Legierungen (siehe Schmelzdiagramm, Abb. 81) verstehen, also solche mit mehr als 72 Prozent Silbergehalt. Hier wird die Farbe durch silberreiche Mischkristalle und durch das ebenfalls silbrig aussehende Eutektikum bestimmt.

Die zunehmende Abwertung etwa seit Nero zeigt die Abb. 83. Die Darstellung ist nach «dokimastischen» Analysen, engl. «assay», einiger in Rom geprägter Münzen gezeichnet.[17] Diese Analysenmethode ist die zuverlässigste, besonders bei relativ hohen Gehalten an Edelmetallen. Die Probe wird hierbei in Blei aufgelöst und dann kupelliert, ein Prozeß, den wir schon ausführlich besprochen haben.

Unter diesen Münzen befand sich nur ein «Ausreißer», eine Münze des Maximinus Thrax

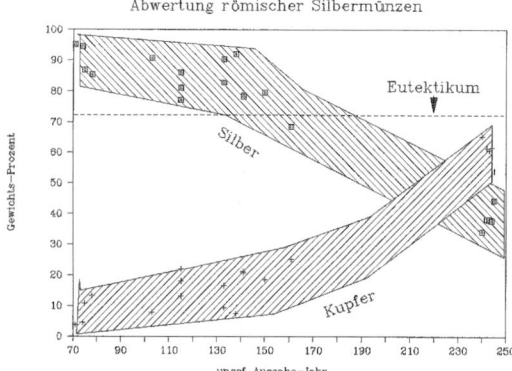

Abb. 83: Münzverschlechterung in Rom (1.–3. Jahrhundert n. Chr.)

jährlich 100 Millionen Sesterzen nach Indien, China und Arabien für «Ergötzlichkeiten und Schmuck der Weiber» abflössen.[18]

Laut Graphik wird in den Jahren von 64 bis 193 n. Chr. das Silber der römischen Denare langsam immer mehr mit Kupfer legiert. Kam unter Nero nur 1 Unze Kupfer (27,29 Gramm) auf ein römisches Pfund Silber (327,45 Gramm), so sank der Silbergehalt bis zum Ende des zweiten Jahrhunderts immer mehr und unterschritt laut Graphik um etwa 200 n. Chr. die Grenze der eutektischen Legierung mit 72 Prozent Silber. Die danach geprägten Münzen sind alle «untereutektisch». Vergleichen wir diese Angabe mit dem Schmelzdiagramm Abb. 81, so sehen wir, daß das Metall all der Legierungen bis etwa 200 n. Chr. aus silberreichen Mischkristallen (Phasengebiet VI im Schmelzdiagramm) und dem ja immer noch silberreichen Eutektikum bei 72 Prozent Silber bestand. Diese metallischen Phasen sehen alle noch wie Silber aus, haben allenfalls einen leicht gelblichen Farbstich. Mit anderen Worten: Damals, als die Münzen umliefen, konnte der Laie die Verschlechterung nicht oder fast nicht erkennen.

7.4.3 Münzen aus armen, untereutektischen Silber-Kupfer-Legierungen

Zwischen den Münzen aus untereutektischen Silber-Kupfer-Legierungen ist nochmals eine metallurgische Unterscheidung möglich und notwendig:

■ 1. Am rechten Rand der obenstehenden Graphik finden sich Münzen mit 30 bis 40 Prozent Silbergehalt. Diese Münzen haben noch einen nennens-

(235–238), der mit einem Silbergehalt von nur 22 Prozent sozusagen seiner Zeit voraus war.

Die Darstellung gibt in den breiten Bändern ein deutliches Bild vom zeitlichen Verlauf der Entwertung des römischen Silbergeldes. Hierbei fällt auf, daß sich innerhalb der Bänder gewisse mehr oder weniger senkrechte Gruppen von Analysenwerten bilden. Diese senkrechten Gruppierungen zeigen anschaulich, wie neu an die Regierung gekommene Herrscher zunächst bemüht sind, ein gutes Geld mit hohem Silbergehalt auszugeben. Innerhalb einer Regierungsperiode tritt aber geradezu gesetzmäßig eine Abwertung auf, der hohe Anfangsstand läßt sich nicht halten, und die Realität holt, wie auch heute, die guten Vorsätze bald ein.

Die Gründe für die ständig fortschreitende Verschlechterung des Münzmetalls sind vielfältig und nicht immer unumstritten. Vielleicht hat der hohe Abfluß von Edelmetallen in Gebiete außerhalb des Imperiums eine Reduzierung des Geldwertes erzwungen. Immerhin erwähnt Plinius [12, 14, 2], daß

werten Edelmetallgehalt. Man kann diese Legierungen unter den Begriff Billon (vgl. Glossar) einordnen. Farblich stehen diese Legierungen zwischen Silber und Kupfer, etwas heller als letzteres.

- 2. Bei noch stärkerem Verschnitt haben die Münzen keine Ähnlichkeit mehr mit Silbermünzen, sondern sind von frischen Kupfermünzen mit dem Auge kaum zu unterscheiden. Für solche Legierungen überhaupt noch Silber zu opfern, kann nur dann als sinnvoll betrachtet werden, wenn es gelingt, den daraus geschlagenen Münzen durch irgendwelche Tricks das Aussehen von Silber zu verleihen.

Die Korrosion, der die Stücke während der langen Zeit von damals bis heute ausgesetzt waren, hat natürlich deren Oberfläche angegriffen und manche Unterschiede sichtbar gemacht.

Für die Analytik stark legierter Münzen ergeben sich manche Schwierigkeiten. Verlangt man eine möglichst beschädigungsfreie Analyse, ist der Untersuchende zwangsläufig auf kleine Proben von der Oberfläche angewiesen. Deren Zusammensetzung ist aber – nach Herstellungsart und Korrosion – mehr oder weniger zufällig. Insbesondere können sich Proben von der in zufälligem Ausmaß oxidierten Oberflächenschicht – sie kann manchmal den größeren Teil der Münze ausmachen – von der ursprünglichen Legierung erheblich unterscheiden. Letztere findet man im nichtoxidierten inneren Metallkern der Münze, wenn ein solcher noch vorhanden ist. Das Innere der Münze ist aber nicht ohne Beschädigung zugänglich. Ein Beispiel gibt die folgende Tabelle 10:

Tab. 10: Vergleich der Analysen von Oberfläche und Kern einiger römischer Denare[19]

Silbergehalt, Naßanalyse, Oberflächenprobe Gewichts-%	Silbergehalt, Spektralanalyse Probe aus nichtoxidiertem Kern, Gewichts-%
81	71
64	48
59	49
58	45

Man erkennt an allen Stücken eine deutliche Anreicherung des Silbergehaltes an der Oberfläche. Diese kann sowohl natürliche Ursachen haben (Korrosion), als auch von der Münzanstalt künstlich herbeigeführt sein.

Wie man leicht einsieht, kann man zuverlässige Aussagen nur durch kräftigen Einschnitt bis in den nicht korrodierten Kern der Münze gewinnen, am besten mit begleitender metallographischer Untersuchung.[20] Solche Methoden zerstören aber viel oder alles. Sie werden daher recht selten angewendet.

Es ist auch zu bemerken, daß aus dem gleichen Zeitraum einige Analysen römischer Münzen von Prägestätten in Antiochia und Lugdunum vorliegen, die entgegen der stadtrömischen Entwertung einen hohen Legierungsstandard beibehalten konnten.[21]

Die stark abgewerteten und komplexer legierten Antoniniane des späteren Gallienus (260–268 n. Chr.), einfache Kupfer-Silber-Antoniniane der gallischen Usurpatoren (260–274), und schließlich die «Silbermünzen» aus silberhaltiger Bronze des Aurelianus und seiner Nachfolger (ca. 270–294 n. Chr.) zeigen den immer stärkeren Rückgriff auf metallurgische Künste, die allerdings auch immer weniger befriedigende Ergebnisse zeigen. Die Tendenz setzt sich unter Diocletianus (284–305 n. Chr.) fort.[22] Erst zwischen 346 und 348 kommt es dann zu einer neuen Münzreform, die sich auf Billonmünzen beschränkte.

Münzen aus Billon wurden in der Antike nur auf der Insel Lesbos als «gutes Geld» geprägt (Abb. 34). Sie enthielten etwa 40 Prozent Silber. Andere Billonprägungen in Karthago, in den Städten an der Nordküste des Schwarzen Meeres, gegen Ende der Seleukidenherrschaft in Syrien, bei den Parthern, Ptolemäern, bei einigen gallischen Stämmen und bei römischen Provinzialprägungen, etwa in Ägypten und in der Spätantike, sind im Zuge von Münzverschlechterungen erfolgt.

Das langsame Abnehmen der Silbergehalte und der steile Abbruch zu Beginn des dritten Jahrhunderts haben tiefliegende wirtschaftliche und eben auch metallurgische Gründe. C.C. Patterson[23] hat gezeigt, daß einmal gewonnene Edelmetalle, und besonders das chemisch nicht so wie Gold inerte Silber, nur eine begrenzte Verweilzeit in den Händen der Menschen haben.

Silber geht ununterbrochen durch die Hand vieler Leute. Es wird abgerieben, umgeschmolzen, vergraben, verloren und vergessen. Der Bestand an Silber hängt also von einer Bilanz zwischen Gewinnen und Verlusten ab. Die Halbwertzeit des Silbers scheint zur Zeit der Römer nach Patterson etwa 25 bis 50 Jahre betragen zu haben. Nach Ablauf dieser keineswegs großen Spanne ist die Hälfte des zu Beginn der Periode vorhandenen Silbers verschwunden, verbraucht, verloren. Ein einfaches mathematisches Modell ergibt dann, daß bei einmal unterbrochener Gewinnung nach nur vier Halbwertzeiten (also maximal 200 Jahren) schon rund 94 Prozent auch des größten Bestandes verschwunden sind.

Die Silberproduktion des römischen Reiches wird von Patterson auf etwa 150 Tonnen pro Jahr zu Beginn des ersten Jahrhunderts geschätzt. Diese Produktion mußte aber mit der Erschöpfung der zugänglichen Lagerstätten oder des für die Bergwerke erforderlichen «Menschenvorrats», zusammenbrechen. Ende des zweiten, spätestens am Anfang des dritten Jahrhunderts war dieser Zeitpunkt gekommen. Von da an war nicht mehr genug Silber erreichbar, um auch nur die Verluste auszugleichen, die Währung war auf einen Silberersatz angewiesen.[24]

So lassen sich zwei Gründe für metallurgische Ersatzversuche erkennen: einmal ein Überverbrauch während guter Produktionsjahre, vielleicht typisch für die ersten 150 Jahre unserer Zeitrechnung, und danach eine sich ständig verschärfende Mangelsituation, die sich auch durch neue Eroberungen nicht mehr beheben ließ.

Die erste große Abwertung von 193 n. Chr. bringt eine Kupferlegierung mit nur 44 Prozent Silber. Nach dem Schmelzdiagramm Abbildung 81 scheiden sich aus einer solchen Legierung die kupferreichen Mischkristalle des Phasengebietes V zuerst ab und werden dann durch das relativ silberreiche Eutektikum von 72 Prozent Silber zusammengekittet. Die Mischkristalle aus V sind rot, nicht mehr mit Silber zu verwechseln. Eine silbrige Farbe kommt nur noch in den Bereichen der Kittsubstanz, des Eutektikums, vor.

Man erkennt auf den Mikroaufnahmen in Abb. 84 deutlich die dunklen (roten) großen Kupfer-Silber-Mischkristalle, deren Zusammensetzung der

Abb.84: Schliffbild einer untereutektischen Silberlegierung (weiß: Silber-Kupfer-Eutektikum) (links)

Abb. 85: Schliffbild eines Antoninians des Valerian mit 18,38 Prozent Silber. Vergrößerung 560fach (nach Cope, 1972,1, Plate XIX, Bild 2) (rechts)

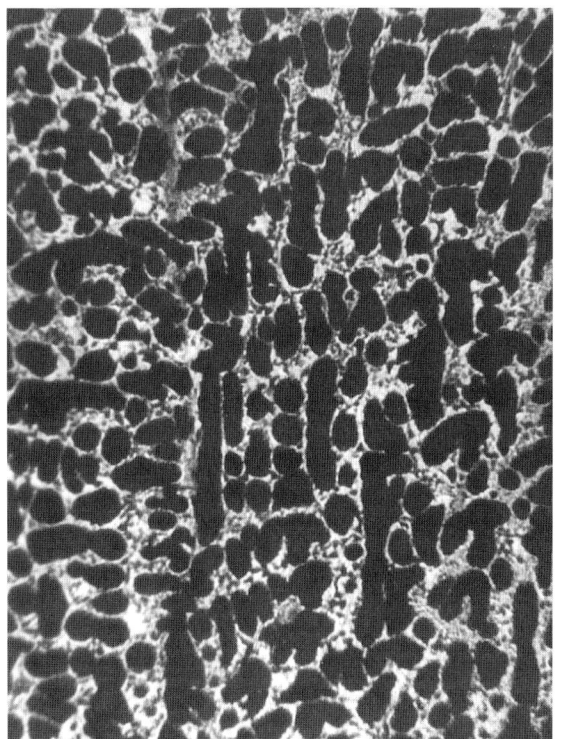

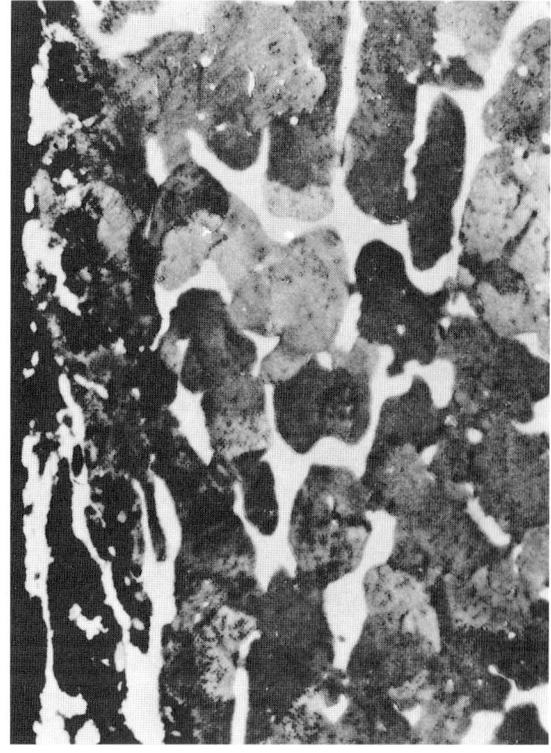

Phasengrenze zwischen V und III der Abb. 81, entspricht. Sie sind im Phasengebiet III während der Erstarrung der Schmelze gewachsen. Die Zwischenräume sind mit dem Kupfer-Silber-Eutektikum mit 72 Prozent Silber ausgefüllt, was zuletzt erstarrt.

Sind bei dieser Silberkonzentration die Bereiche des eutektoiden «Kittes» noch überall zusammenhängend, kann der Zusammenhang bei noch geringeren Silberanteilen verlorengehen. Dies zeigt das Schliffbild eines Antoninians des Valerian mit nur 18,38 Prozent Silber.

Solche Legierungen sind wegen des hohen Kupfergehaltes viel härter als reines Silber, besonders nach mechanischer Bearbeitung. Man muß daher den Schrötling vor dem Schlagen der Münze weichglühen. Dabei treten die chemischen Unterschiede der beiden Metalle in den Vordergrund: Kupfer und die kupferreichen Mischkristalle oxidieren leicht und bilden an der Oberfläche des Schrötlings schwarze Kupferoxide. Diese haben ein größeres Volumen als das ursprüngliche Kupfer und können die Oberfläche wie eine Borke überwuchern. Das Eutektikum ist, wegen des höheren Silberanteils, wesentlich beständiger gegen die Oxidation.

Die schwarze Borke der Kupferoxide muß vor dem Prägen entfernt werden. Dies geschieht durch Ätzen oder Beizen, zum Beispiel in heißem Essig. Dies ist das berühmte «Weißwaschen» oder «sieden», bei dem entgegen der verbreiteten Meinung keineswegs Silber aufgetragen, sondern nur die schwarze Borke des oxidierten Kupfers entfernt wird. Auch hierbei wieder ist das Eutektikum wegen des höheren Silbergehaltes wesentlich beständiger gegen Verluste in der Beize.

Am Ende der Prozedur hat man, grob gesprochen, einen Kupfer-Schrötling, aus dem silberreiche Bezirke oder Kristallite herausstehen. Hämmert man jetzt diese Bezirke flach auf den Schrötling auf, entsteht eine mehr oder weniger geschlossene «Silber»-Oberfläche – nämlich mit der Zusammensetzung des Eutektikums (Abb. 86).

Diese Oberfläche hat zwar einen leichten Farbstich, ist aber für das Auge von weniger stark legierten Stücken kaum zu unterscheiden. Auch eine eventuelle Strichprobe wird den Schwindel nicht ohne weiteres aufdecken.

Die Grenze dieses Verfahrens, mit einer einfachen technischen Operation in der Münzwerkstatt Silber durch Kupfer unmerklich zu ersetzen, dürfte etwa bei Legierungen mit ungefähr 15 bis 20 Prozent Silber erreicht sein. Darunter wird die silberreiche Deckschicht zu dünn und vor allem zu porös, die Korrosion setzt zu schnell ein, und der Betrug wird zu leicht erkennbar.

Es hat einen ganz eigenen Reiz, durch die grandiosen Reste der Antike in Rom und anderswo zu bummeln und dabei daran zu denken, daß die Finan-

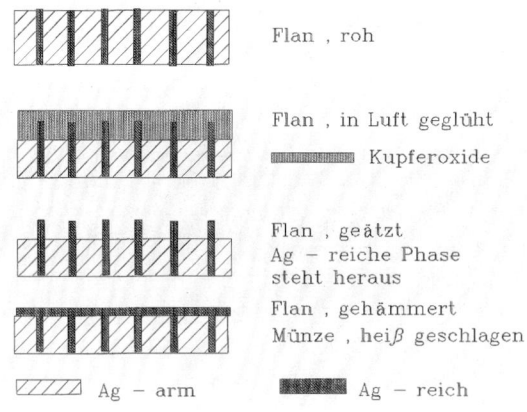

Abb. 86: Arbeitsgang zur Herstellung von hochlegierten Silbermünzen (nach Cope, 1972)

zierung so mancher dieser großartigen Bauten zumindest teilweise einem kleinen metallurgischen Trick zu verdanken sein könnte.

Die so hergestellten Münzen sind der oben schon erwähnten Veränderung durch Korrosion besonders ausgesetzt. Salze und Oxide des Kupfers durchdringen von innen die Oberfläche, scheiden sich darauf ab und geben der heute gefundenen Münze häufig den Anschein einer gewöhnlichen Kupfermünze. Werden solche Stücke vorsichtig gereinigt, kann der Silberglanz eventuell teilweise wieder hervortreten. Bei zu grobem Vorgehen kann die oberflächliche Silberlage aber auch ganz verlorengehen.

Die genannte technische Grenze der Abwertung der Münzlegierung bei etwa 15 Prozent Silber war natürlich nicht die Grenze der Wünsche der Münzherren.

7.4.4. Münzen aus silberhaltigen Bronzen

Der Weg zu weiterer Münzverschlechterung bei immer noch passablem Aussehen wurde in der Verwendung von Buntmetall-Legierungen gesucht, die schon von sich aus einen helleren Farbton als das Kupfer hatten. Die Verwendung solcher Legierungen anstelle des roten Kupfers mußte eine weitere Senkung des Silbergehaltes ermöglichen. Wieder kommen wir auf den Leidener Papyrus zurück. Dieser zeigt, daß solche Rezepte spätestens im zweiten nachchristlichen Jahrhundert zahlreich zur Verfügung standen. So können wir uns diesmal zur Erläuterung der einschlägigen Metallurgie statt der modernen Diagramme echt antiken Wissens bedienen.

In diesen Rezepten spielt der Begriff «Asem» – von griech. ἄσημος = ohne Siegel, Kennzeichen – eine zentrale Rolle. Asem ist nicht leicht zu definieren, es scheint aber in etwa «Legierung», besonders häufig für Surrogate von Edelmetallen, zu bedeuten.[25] Allerdings gibt es ein «echtes» oder «natürliches» Asem, nämlich das uns schon bekannte Elektron, die natürlich vorkommende Gold-Silber-Legierung.

Dieses Elektron wird in den Rezepten des Leidener Papyrus nun durch Buntmetalle bis zur Unkenntlichkeit verändert und vor allem verdünnt. Kupfer, Arsen, Zinn und Quecksilber machen weiße Legierungen, die sich zum «Ersatz» von Silber eignen. Kupfer und Messing bzw. Galmei machen gelbes Asem, das für Gold eintreten soll. Solche Legierungen eignen sich in der Tat als Unterlage für dünne Vergoldungen oder Versilberungen, da dann bei einer kleinen Verletzung der Oberfläche für den weniger aufmerksamen Betrachter kein auffallender Farbunterschied zutage tritt. Bis heute sind «silberne» Tafelbestecke solcher Machart noch in hohem Schwange.

Einige Original-Rezepte nach dem Leidener Papyrus[26]:

10. Verdopplung von Asem
«Nimm gereinigtes Kupfer von Zypern, wirf darauf zu gleichen Teilen 4 Drachmen Salz des Ammon (Salpeter?) *und 4 Drachmen Alaun* (1 Drachme = ca. 3,25 g)*; schmelze und füge einen gleichen Teil Asem* (hier Elektron) *hinzu.»*

11. Herstellung von Asem
«Reinige Blei sorgfältig mit Pech und Bitumen oder auch Zinn. Mische mit Cadmia (hier «Hüttenrauch» und Gekrätze von Kupfer-Schmelzöfen, enthält Arsen und Zinkoxid) *und Litharge* (Bleioxid aus Kupellation) *zu gleichen Teilen mit dem Blei, schmelze und rühre, bis die Legierung vollständig ist und erstarrt.»*

Rezept 10 ist ein brauchbares Rezept; das Ergebnis ist hart und hat noch einen nennenswerten Gehalt an Edelmetall. Rezept 11 ist schlichter Betrug für ganz Dumme, es ist einfach gefärbtes Blei.

Der Traum der Geldmacher beginnt nun bei Rezepten, die die «unendliche Vermehrung» des Asem betreffen. Das folgende Rezept beschreibt eine solche wunderbare Vermehrung:

6. Verdoppeln von Asem
«Man nehme: raffiniertes Kupfer, 40 Drachmen, Asem 8 Drachmen (hier vermutlich auch Elektron)*; Zinn in Granula, 40 Drachmen. Man schmilzt zuerst das Kupfer und dann, nach zwei Hitzen, das Zinn, dann das Asem. Wenn alles*

weich ist, schmelze wiederholt»und lasse abkühlen. Wenn alles Metall nach dieser Vorschrift behandelt ist, reinige mit Talk. (Entfernung von Oxidhäuten.) Eine Verdreifachung wird in gleicher Weise durchgeführt, die Mengenverhältnisse wie oben.»

Das Rezept 7 schließlich trägt den bezeichnenden Namen «Der unerschöpfliche Vorrat» und besteht einfach in der wiederholten Anwendung des Rezeptes Nr. 6.

Die fortschreitende Verdünnung des Edelmetalls nach einer solchen Praxis hat natürlich eine Grenze, nämlich dann, wenn auch der unbedarfteste Kunde den Schwindel noch vor dem Kauf sieht. Dann muß eben der ganze Prozeß etwa mit Rezept 10 wieder von vorne angesetzt werden.

Ein gewisser Mangel an «Weltbefahrenheit» hat seriöse Wissenschaftler des 19. Jahrhunderts verführt, diese Rezepte in den Bereich des alchimistischen Aberglaubens zu verbannen. Das Gegenteil ist richtig, hier wurden präzise und sehr wohl ausführbare Anleitungen für eine wenn auch anrüchige, so doch kunstvolle und nützliche Werkstattpraxis gegeben.

Ein Beispiel bietet die an der thrakischen Küste gelegene Stadt Maroneia. Von dort stammt ein Schatzfund von 60 dem vierten Jahrhundert v. Chr. zugeschriebenen Münzen gleichen Typs: Vorderseite ein springendes Pferd, Beamtenmonogramm, Rückseite Rebstock mit vier Trauben im Linienquadrat mit Ethnikon. 44 dieser Münzen waren eindeutig Bronzemünzen, 16 sahen wie Silberstücke aus.

Während die Bronzemünzen der gleichen Art ungemein zahlreich auftreten, waren silberne dieses Typs bislang unbekannt. Eine metallographische

Abb. 87: «Versilberte» (obere Reihe) und bronzene Münzen aus dem Schatz von Maroneia, um 350 v.Chr. (Privatbesitz)

Untersuchung[27] ergab jedoch, daß alle Münzen im Kern aus dem gleichen Kupfer mit ganz geringem Bleizusatz bestehen, von winzigen Mengen sog. Spurenelemente einmal abgesehen.

Bei den 16 Münzen der zweiten Gruppe enthielt der nur 0,005 bis 0,010 Millimeter dicke «Silber»-Überzug lediglich 16 Prozent Silber. Die auf der Münzoberfläche sichtbare silberne Färbung kommt durch eine lokal begrenzte erhebliche Beimischung von Silberkristallen zustande und ist mit den viele Jahrhunderte später entstandenen römischen Antoninianen des dritten Jahrhunderts n. Chr. zu vergleichen (Abb. 90).

Durch diese Manipulation konnten die so behandelten Münzen ohne große Schwierigkeit als silberne Trioboloi von etwa vier Gramm Durchschnittsgewicht Verwendung finden – zumindest solange die dünne Oberhaut noch nicht abgerieben war. Es kann sich nur um Notgeld gehandelt haben, das die belagerte Stadt vor ihrer Eroberung durch König Philipp II. von Makedonien zur Bezahlung von Söldnern und anderen Kriegsausgaben herstellen ließ. Eine Stempelkopplung zwischen einer Bronze- und einer «Silber»-münze dieses Fundes liefert dafür einen eindeutigen Beweis.

Wie sagt doch der sizilische Historiker Diodor [I, 78] zur Zeit des Kaisers Augustus?

«Den Falschmünzern und solchen, die unrichtige Maße und Gewichte verfertigen oder Siegel verfälschen, auch Schreibern, welche in die öffentlichen Bücher etwas Falsches eintragen oder von dem Eingetragenen etwas löschen, sowie denen, welche Urkunden unterschoben, mußte man beide Hände abhacken.»

In der Spätzeit Roms, besonders im vierten Jahrhundert, sind von den über das Imperium verstreuten römischen Münzstätten Metalle verprägt worden, die Silber nur noch in «Spuren» enthielten.[28] Es ist schwer zu entscheiden, ob dieses Silber willentlich der Legierung zugesetzt wurde oder ob ganz einfach Kupfererze mit hohem Silbergehalt verarbeitet wurden, wie bei manchen keltischen Münzen schon in vorchristlicher Zeit. Letzteres würde für das späte Rom auf einen Verfall der Hüttenkunst hindeuten, da man solche Silbergehalte früher ja extrahieren konnte (siehe Rio Tinto).

Andererseits kann der Sinn einer willentlichen Silberbeigabe, und sei sie auch sehr gering, nur darin liegen, die Münze als Silbernominal gelten zu lassen. Dabei wäre es sicher hilfreich, wenn ein solches Nominal im Aussehen wenigstens annähernd an Silber erinnern würde.

Uns interessiert hier die große Menge der Münzen des späten 3. und 4. Jahrhunderts, mit 2 bis maximal 5 Prozent Silber, 4 bis 7 Prozent Zinn neben 5 bis 10 Prozent Blei, Hauptbestandteil Kupfer.[29] Der Gehalt an Zinn und Blei rechtfertigt die Bezeichnung Bronze – also eigentlich Aes – aber der Silbergehalt erscheint zu hoch und zu regelmäßig, als daß man an eine zufällige Verunreinigung glauben könnte. Andererseits ist die Menge des Silbers viel zu gering, um einen realen Metallwert zu repräsentieren.

Die Silbermenge ist auch zu gering, um einen bemerkbaren Farbeffekt hervorzurufen. Die frisch hergestellte Legierung hat einen schönen, aufgehellten Kupferton. Dieser Ton wird schon von geringen Mengen Zinn allein hervorgerufen und kann nicht der Grund für die Zumischung von Silber sein.

Eine einfache Erklärung für diese Beimischung von Silber läßt sich nicht leicht geben. Eine Annahme wäre, daß die Hersteller des Münzmetalls eine fortwährende Verdünnung, etwa wie in den oben zitierten Rezepten des Leidener Papyrus, vorgenommen hätten. Oder auch, daß man einen geringen Teil guter Münzen der Schmelze zugesetzt hätte, um – etwas mystisch – den Charakter «guten» Geldes zu wahren. Solchen Überlegungen steht aber die Tatsache entgegen, daß gut erhaltene Stücke eine «versilberte» Oberfläche haben, also offenbar einem besonderen Prozeß mit dem Ziel unterworfen wurden, als Silber zu erscheinen.

Auch die eigentliche Bronzelegierung ist nicht selbsterklärend zusammengesetzt. Bleibronzen waren in Rom seit langem in Gebrauch, besonders beim Guß großer Statuen.[30] Gegenüber diesen Bronzen haben unsere Münzlegierungen aber einen auffallend geringen Bleigehalt. Wollte man annehmen, für die Münzen sei Schrott verwendet worden, müßte man die zusätzliche Annahme machen, daß die Legierung durch Verdünnen mit reinem Kupfer auf einen gewünschten Bleigehalt eingestellt worden wäre.

Der Zinngehalt ist als normal anzusprechen. Würde man ihn erhöhen, erhielte man eine für das Prägen von Münzen zu harte Legierung.

Der Schluß liegt nahe, daß es sich bei diesen Münzbronzen um sorgfältig hergestellte Spezial-Legierungen handelt, mit deren Zusammensetzung ein bestimmter Zweck verfolgt wurde. Dieser kann nach dem Gesagten nur darin bestanden haben, eine dünne Silberhaut auf der fertigen Münze herstellbar zu machen.

Diese Oberflächenbehandlung ist bis heute nicht aufgeklärt. Verschiedene Vorschläge in der Literatur haben sich als nicht mit mikroskopischen Befunden vereinbar erwiesen.[31] Ein Auftrag von Silber auf die Bronze, nach welcher Methode auch immer, würde den Silbergehalt in der Legierung nicht erklären, ja unlogisch erscheinen lassen. Tatsächlich läuft beim Schmelzen einer solchen Legierung ein physikalisch-chemischer Mechanismus ab, der durch die Bruttoanalyse des Münzmetalls eher verschleiert wird.

Wie das Schmelzdiagramm (Abb. 88) zeigt, löst sich Blei nicht in Kupfer. Vielmehr scheiden sich beim Erstarren zunächst nur die Kupferkristalle aus, und zwar so lange, bis die eutektische Mischung mit 36 Gewichtsprozenten Blei erreicht ist. Diese Mischung besteht aus Kupferkristallen und 87prozentigen Bleitröpfchen.

Das Mikrobild einer solchen Mischung (Abb. 89) zeigt deutlich die entstehenden Bleitropfen:

Wie wir bereits bei der Kupellation gesehen haben, wird das Silber leicht von Blei aufgelöst. Da

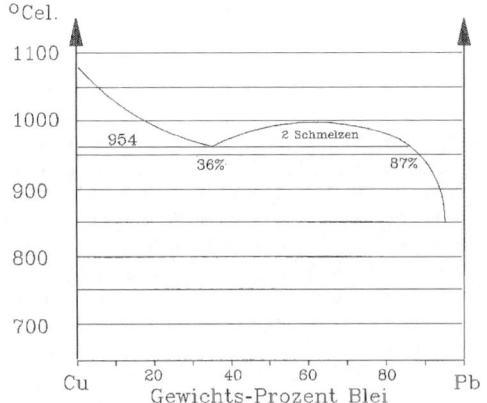

Abb. 88: Schmelzdiagramm Kupfer-Blei (Daten nach Hansen)

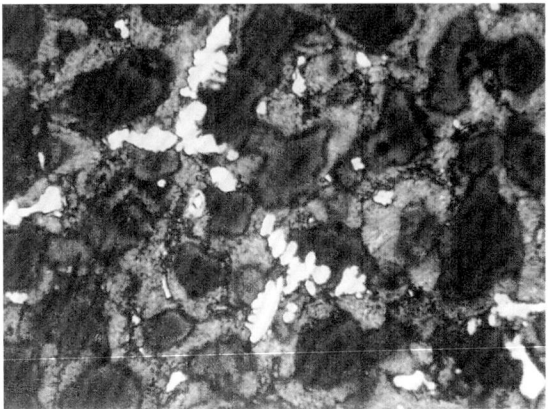

Abb. 89: Schliffbild einer künstlichen Münzbronze aus Kupfer, Blei, Zinn und Silber. Weiß: Silber-Blei-Legierung als Ausscheidung beim Erstarren

sich Silber auch in Kupfer löst, kommt es bei den silberhaltigen Bleibronzen zu einer Verteilung des Silbers zwischen Kupfer und Blei, d.h., die Konzentrationen des Silbers unterscheiden sich zwischen der Kupfermatrix und den in der eutektischen Phase vorliegenden Bleitropfen (vgl. das spätmittelalterliche Seiger-Verfahren, Glossar).

Diese Verteilung bevorzugt ganz stark die Bleiphase, wir haben in einer solchen Legierung also ein silberarmes Kupfer neben hoch mit Silber angereicherten Bleitropfen im Eutektikum, während die Gesamtanalyse nur einen gleichmäßigen, eben durchschnittlich niedrigen Silbergehalt ergibt.

Da die eutektische Phase von Blei und Kupfer ein anderes Oxidations- und Ätzverhalten aufweist als die reine Kupferphase, scheint es denkbar, daß man diese Münzen nach etwa dem gleichen Verfahren wie oben bei den arm legierten Silberprägungen (vgl. S. 126 ff. «Münzen aus armen, uneutektischen Silber-Kupfer-Legierungen», und Abb. 84) oberflächlich mit einer hauchdünnen Silberschicht versehen konnte, bei der das Blei die Rolle des «Silbertransporteurs» aus der Tiefe zur Oberfläche übernommen hat.

Die Abbildungen 90 und 91 zeigen zwei Beispiele, für die die angestellte Überlegung vielleicht zutreffen könnte.

Eine andere Möglichkeit, Kupfer silbern erscheinen zu lassen, besteht in der Verwendung von Arsen zur Erzeugung einer «Arsenbronze».

Das Kupfer wird durch die Legierung mit Arsen härter, ein Umstand, der Arsenbronzen als ersten überhaupt vom Menschen erzeugten künstlichen Werkstoff lange vor der Bronzezeit in Gebrauch gebracht hat.

Das Schmelzsystem Kupfer-Arsen ist bis hin zu 28 Prozent Arsen gut bekannt. Für uns ist nur interessant, daß eine Randlöslichkeit auftritt, d.h., Arsen löst sich im Kupfergitter bis zu maximal acht Gewichtsprozent auf, ohne daß getrennte Phasen entstehen. Die Farbe dieser Legierung wird mit wach-

sendem Arsengehalt immer weißer, ähnelt also immer mehr dem Silber.

Arsenik, das Oxid des Arsens, hat zu allen Zeiten als «Hüttrauch», also als weißer Niederschlag an den oberen kalten Stellen der Öfen der Blei- und Kupfergewinnung, weithin verbreitet zur Verfügung gestanden.

Diesen Hüttrauch kann man leicht mit Kohle zu Arsen reduzieren. Trägt man eine Mischung von Hüttrauch mit Kohle auf Kupfer oder Bronze auf und erhitzt unter Luftabschluß – wozu eine Abdeckung mit einer Lehmschicht genügt –, so wird das entstehende Arsen sofort vom Metall aufgenommen und bildet sehr korrosionsbeständige, silberfarbige Legierungen. Dieses Verfahren war bereits den Hethitern bekannt, wie die «silbernen» Bänder von Arsenbronze auf dem Stier von Horztepe belegen.[33]

Man kann getrost erwarten, daß diese schöne Technik auch in der Antike hier und dort ausgeübt wurde. Leider liegen hierzu keine Nachweise vor. Das liegt sicher daran, daß die geringen Brutto-Arsengehalte einer oberflächlich so geschönten Münze bei der üblichen chemischen Analyse als «Spuren» betrachtet werden und so der Erkennung entgehen.

Das bekannteste belegte Beispiel zur Verwendung von Arsen zum Münzbetrug im ausgehenden Mittelalter liefert Kaiser Friedrich III. (1440–1493). Für die ständigen Kriege und Auseinandersetzungen reichte das vorhandene Geld nicht mehr, und das nötige Münzsilber war nicht in ausreichender Menge zu beschaffen, das Seigerverfahren steckte erst in den Anfängen. So war der Kaiser zur Ausgabe ganz minderwertiger Münzen gezwungen, die durch das «Weißsieden» mit Arsenik eine weiße Farbe erhielten.[34] Diese im Volk «Schinderlinge» genannten Münzen waren jedoch nur kurze Zeit in Gebrauch. Andere Fürsten scheinen diesem Verfahren aber gefolgt zu sein. Den schlimmsten Ruf erwarb sich in

diesem Gewerbe Herzog Ludwig der Reiche von Bayern.

7.5. Die Verwendung von Aes

«Aes» verstand der Römer als Sammelbegriff für Kupfer und alle möglichen Bronzen, aber auch für Erze.[35] Diese Vieldeutigkeit des Wortes bringt manche Fehlübersetzung alter Texte mit sich. So wird manchmal eine Glocke als «tönendes Erz» bezeichnet, ein wohlklingendes Wort, aber frei von einer materialkundlichen Aussage. Im Zusammenhang mit dem Münzwesen ist Aes wohl am umfassendsten mit dem materialkundlichen Begriff «Buntmetalle» zu übersetzen.

7.5.1. Kupfer und Bronze

Kupfer stand im römischen Weltreich von Kleinasien und Zypern bis Gallien, von Spanien bis Germanien und den dakischen Provinzen aus ungezählten Bergbauen zur Verfügung. Seine Gewinnung und Bearbeitung war von uralten Zeiten her bekannt und geläufig.[36]

Seit dem ersten Jahrtausend und bis zum 3. Jahrhundert v. Chr. wurde Kupfer in Italien als zu wiegendes Metallgeld («aes infectum») benutzt, teils in unförmigen Brocken («raudera» oder «aes rude», Abb. 92), teils in stangen- oder plattenförmigen Stücken.[37]

Um 300 v. Chr. setzt das Aes signatum ein[38], das meist mit Bildern von Stieren, Adler/Pegasos, Schwert/Scheide, Anker/Dreifuß, Elefant/Sau ver-

Stücke, rund, beiderseitig bebildert und von beträchtlichem Gewicht, wie ihr Vorgängergeld auch.

Das Hauptnominal war der As, der Einer, im meist schlecht justiertem Gewicht von einem Pfund = Libra.[39] Wie schwer dieses Pfund war, ist umstritten. Das Gewicht der einzelnen Fundstücke schwankt bis zu 30 Prozent, so daß offensichtlich weiter gewogen werden mußte. Ob das römische Pfund mit 327 Gramm, das oskische mit 273 oder das ostitalische Pfund zugrunde lag, ist ungewiß. Wie auch immer, diese schwergewichtigen Stücke entsprechen nicht unserer Vorstellung von Münzen im üblichen Sinne.

Die Emissionen dieser Kupferwährung werden schnell leichter. Im zweiten punischen Krieg (218–201) wiegt der As schon nur noch ein Sechstel eines Pfundes, um 89/88 nur noch 1/24.[40] Um 80 v. Chr. wird dann die Prägung eingestellt und erst unter Augustus wieder aufgenommen.

Von der primären Gewinnung her bringt Kupfer häufig einige Spurenelemente, etwa Gold oder Silber, aber auch Nickel mit, die jedoch in der Numismatik kaum je zur Herkunftsbestimmung verwendet werden können. Münzmetalle sind zu häufig mehrfach vermischt oder mit anderen Metallen legiert worden, die ihrerseits wieder Spuren von Verunreinigungen enthalten haben können usw. Eine deutliche Zuordnung zwischen Münzmetall und Erz scheint in der Regel unmöglich.

Trotzdem zeigen sich bei der Spurenanalyse manchmal gewisse Regelmäßigkeiten, wie z.B. ein gewisser Goldgehalt des römischen Kupfers in der Zeit nach der Eroberung der dakischen Provinzen, während Gold in kleinasiatischen Kupfermünzen der römischen Zeit fehlt. Die frühen Asse des Tibe-

sehen war. Die Wahl der beiden letztgenannten Symbole (Abb. 93) ging wohl auf die Schlacht bei Beneventum (275 v. Chr.) zurück, in der die Römer gegen die erstmals in Italien auftretenden Kriegselefanten des Königs Pyrrhos von Epirus Säue trieben. Durch deren Gestank sollen die Elefanten in Panik geraten sein und wandten sich gegen die eigenen Reihen.

Abgelöst wurde dieses Zahlungsmittel noch in der ersten Hälfte des 3. Jahrhunderts durch das sog. «aes grave», das Schwergeld. Dies waren gegossene

rius, ausgegeben zwischen 15 und 24 n. Chr. scheinen signifikant mehr Nickel (bis 0,4 Gewichtsprozent) zu enthalten als die späteren Asse des gleichen Herrschers, deren Nickelgehalt nur noch 0,03 Prozent erreicht.[41] In einem solch ausgeprägten Falle ist die Folgerung, daß hier der Lieferant des Metalls gewechselt wurde, durchaus zu vertreten. Zinn ist hier ebenfalls nur als Spurenelement vertreten, es bleibt von Tiberius bis Nero bei den Assen unter 0,05 Gewichtsprozent, soweit verläßliche Analysen vorliegen. Die von Carter analysierten Asse und Quadranten der Kaiserzeit sind aus recht reinem Kupfer (über 99 Prozent) geschlagen.

Häufig sind geringe Bleigehalte (bis zu einem halben Prozent) im Kupfer, die nicht mit Bleibronzen verwechselt werden dürfen. Die Isotopenanalyse solcher Bleispuren könnte vielleicht bei ausführlicherer Untersuchung die eine oder andere historische Frage klären helfen, hier ist die Forschung jedoch noch nicht weit genug gediehen. Auch läßt die zu vermutende Vermischung von Metallen verschiedener Herkunft einer breiteren Anwendung skeptisch entgegensehen.

Kupfer ist ein Metall, welches einer Prägung keinerlei Schwierigkeiten bereitet. Zu bemerken ist nur, daß es beim Schlagen von Blechen, etwa für Schrötlinge, recht hart werden kann. Diese Härte läßt sich durch «Weichglühen» leicht beseitigen. Es genügt dafür, das Metall wenige Minuten auf dunkle Rotglut zu erhitzen und dann, im Gegensatz zum Eisen, abzuschrecken. Die beim Glühen gebildete Oxidhaut kann man leicht auf viele verschiedene Weisen entfernen.[42]

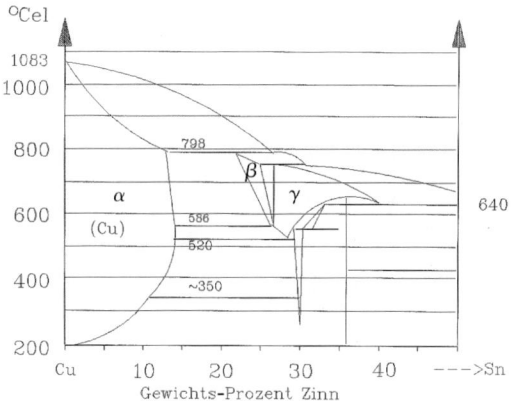

Abb. 94: Schmelzdiagramm Kupfer-Zinn (Daten nach Hansen)

Bronzen, also Mischungen von Kupfer mit Zinn bieten ein breiteres Feld für metallurgische Betrachtungen.

Die Mischung von Kupfer und Zinn weist ein sehr kompliziertes Schmelzdiagramm mit vielen, in den mechanischen Eigenschaften sehr unterschiedlichen Phasen auf (Abb. 94). Bis etwa 12 Gewichtsprozent Zinn jedoch sind die Verhältnisse übersichtlich. Typische Münzbronzen aus dem hellenistischen Kleinasien haben kaum mehr als 10 Prozent Zinn, hier tritt nur eine Phase auf (α).

Das Zurückbiegen der Begrenzungslinie bei tieferen Temperaturen (bis 1,3 Prozent Zinn bei Zimmertemperatur) zwischen der α-Phase und den Phasen mit höheren Zinngehalten zeigt, daß die eigentliche Schmiedbarkeit schon bei Zinngehalten oberhalb von nur 1,3 Prozent Zinn problematisch wird. Durch nicht zu hohes Erhitzen und Abschrecken kann man die Ausbildung der spröden Phasen – weiter rechts im Bild – zumindest teilweise unterdrücken. Daher läßt sich Bronze bis etwa 12

138

Abb. 95: Verformbarkeit von Bronzen

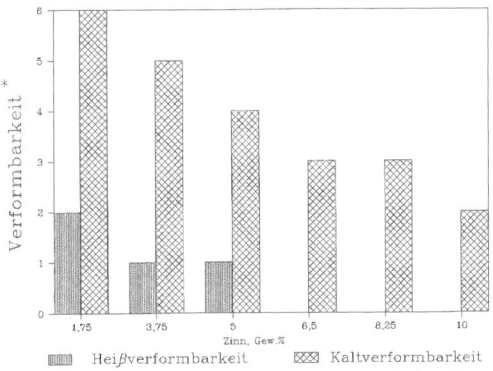

Prozent Zinn von geschickten Handwerkern im kalten Zustand noch mechanisch verarbeiten.

Entsprechend zeigt Abb. 95, daß eine «Heißverarbeitung», also Schmieden und Prägen bei höherer Temperatur, bei Bronzen über fünf Gewichtsprozent Zinn kaum noch möglich ist.

Die Daten wurden für moderne Bronzen[43] ermittelt; die alten Bronzen können sich von diesen Werten geringfügig unterscheiden. Sie weisen häufig einen geringen Bleigehalt auf, der die Eigenschaften hinsichtlich der Verarbeitung etwas verbessern kann. Ein durchschlagender Effekt ist nicht zu erwarten.[44]

Bronzen mit höheren Zinngehalten lassen sich jedoch hervorragend gießen. So ergibt sich eine natürliche Unterteilung der Münzwerkstoffe. Die frühen römischen Bronzemünzen sind gegossen und können hohe Zinngehalte aufweisen. Auch unter den bisher analysierten keltischen Münzen finden sich Stücke, die wegen ihres hohen Zinngehaltes sicher nicht geprägt, sondern gegossen wurden.[45] Die späteren geprägten Münzen Roms können aus techni-

schen Gründen nicht nennenswert über zehn Prozent Zinngehalt haben, reichere Legierungen würden beim Schlagen brechen. Häufig wird die Ansicht vertreten, daß die meisten römischen Münzen heiß geschlagen wurden. Dies ist recht unwahrscheinlich, wie man der obigen Diskussion entnehmen kann.

Bedauerlicherweise sind die meisten chemischen Analysen ohne metallographische Untersuchung gemacht worden. Dies ist um so weniger verständlich, als die Münzen für die Analyse ohnehin stark zerstört werden müssen, einer mikroskopi-

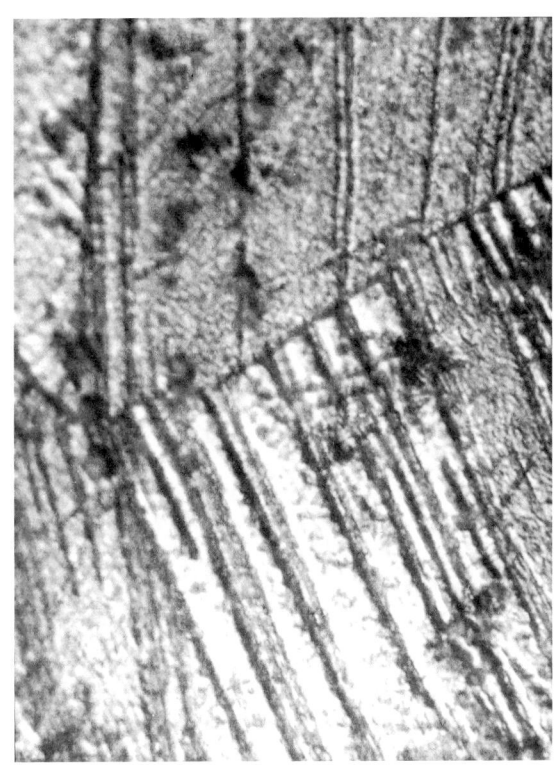

Abb. 96: Schliffbild einer kalt geschlagenen Bronzemünze des Caligula aus Kleinasien, Prägeort nicht bekannt. Untere Bildkante 0,1 mm, geätzt mit Salpetersäure (HNO₃)

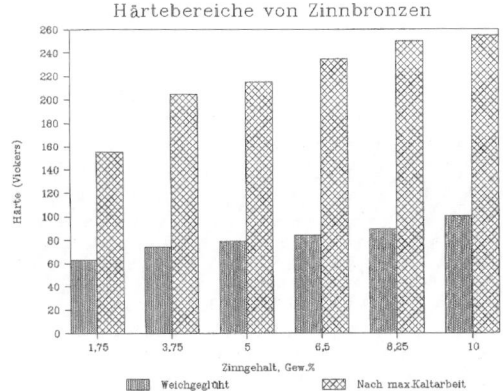

Werkzeugkosten leicht in Kauf genommen werden konnten. In der Tat zeigen die vorhandenen Analysen antiker Bronzemünzen den bestimmenden Einfluß dieser Materialfragen.

Analysen von Bronzemünzen phrygischer und bithynischer Städte aus dem ersten Jahrhundert v. Chr. zeigt die folgende Tabelle, wobei aus einer größeren Zahl von Analysen die fünf mit den höchsten und die fünf mit den niedrigsten Zinngehalten dieser Analysenserie ausgewählt wurden.

Die erste Gruppe hat, wie man durch Vergleich mit den Abbildungen 95 und 97 leicht einsieht, erhebliche Anforderungen an die Werkzeuge gestellt. Diese Münzen mußten mit Bestimmtheit kalt geschlagen werden. Die zweite Gruppe kommt – zumindest teilweise – für beide Herstellungsverfahren in Betracht. Metallographische Untersuchungen liegen zu diesen Münzen nicht vor.

Höhere Zinngehalte kommen nur in einer einzigen Analyse aus dem Jahre 1895 eines Dupondius des Severus Alexander mit 15 Prozent Zinn vor.[47] Wenn diese Analyse richtig ist, handelte es sich bei der Münze wohl eher um eine gegossene Imitation; auch dieser Sachverhalt ist nicht mehr aufzuklären.

Bronzen mit Blei und Antimon neben Zinn
Zinn dürfte zu allen Zeiten ein relativ teures Metall gewesen sein. Eine reine Zinnbronze hat daher neben dem schönen Aussehen des Metalls auch einen relativ hohen Metallwert. Die Güte des Geldes konnte auch bei den Buntmetallmünzen einen politisch-symbolischen Wert haben, indem die Bevölkerung eine Verbesserung des Geldes mit dem Anbrechen einer neuen «guten» Herrschaft verband.

schen Präparation also keine Sammlerbedenken entgegenstehen konnten.

Die Abbildung 96 zeigt einen Schliff einer kleinasiatischen Münze des Caligula mit sehr schön erkennbaren Gleitlinien, die eine Kaltprägung beweisen.

Ein weiterer Grund für eine Begrenzung des Zinngehaltes auf höchstens etwa zehn Prozent liegt in der starken Zunahme der Härte des Metalls mit dem Grad der mechanischen Verformung.

Die Abbildung 97 zeigt die Vickershärte moderner Bronzen nach dem Weichglühen (dunkler Balken, links) und nach maximaler, d.h. ohne Risse durchführbarer mechanischer Verformung (rechter, schraffierter Balken).

Man erkennt, daß eine stark verformte Bronze etwa ab 6,5 Prozent Zinn die Härte eines guten kohlenstoffarmen Eisens erreichen kann. Hier wird dann die Standfestigkeit der Prägestempel zum Problem, um so mehr, als man sich kaum vorstellen kann, daß gerade für geringwertige Nominale hohe

140

Hohe Zinngehalte

Zitat	Ort	Zeit	Kupfer	Zinn	Blei	Zink
BMC 35	Laodikeia/ Phryg.	133–27	83,0	11,3	1,6	0,13
BMC 39	"	133–27	87,5	10,8	0,29	0,01
BMC 32	"	133–27	88,5	10,5	1,3	0,01
BMC 61	Apameia/ Phryg.	57–54	85,5	10,2	0,12	0,02
BMC 49	Laodikeia/ Phryg.	100–30	78,5	9,1	10,0	-

Niedrige Zinngehalte

Zitat	Ort	Zeit	Kupfer	Zinn	Blei	Zink
BMC 86	Apameia/ Phryg.	75–60	79,5	4,2	10,1	0,02
BMC 2	Nikomedia/ Bith.	61–57	82,5	8,4	7,8	0,004
BMC 15	Apameia Myrl./Bith.	47–46	89,0	6,7	1,5	0,005
BMC 1	Bithynion/ Bith.	61–57	89,0	7,7	4,7	0,62
BMC 86	Apameia/ Phryg.	75–60	79,5	4,2	10,1	0,02

Deshalb liegt es in der Münzpolitik des Augustus, fortgeführt von Tiberius, daß die Münzwerkstätten von Rom und Lugdunum Münzen aus im wesentlichen reinen Kupfer und Messing prägten, während reine Bronze der Münze von Antiochia vorbehalten blieb. Die mehr provinziellen Münzstätten seien nach Meinung einiger Forscher gehalten gewesen, schlechtere Metalle, also unreines Kupfer, Bleibronze und mit Bronze vermischtes Messing zu verwenden.[48]

Solche Qualitätsunterschiede lassen sich kostengünstig durch Verschneiden des Zinns mit weniger teuren Metallen, wie Antimon und Blei, erreichen.

Ohne Zweifel reichten die Materialkenntnisse der Zeit aus, um Blei von Zinn nach Farbe und Schmelzpunkt zu unterscheiden. Schwieriger wird die Unterscheidung, wenn nicht die reinen Metalle, sondern Vorlegierungen im Handel angeboten werden.

Blei schmilzt bei 327 Grad, Zinn bei 232 Grad. Das Schmelzdiagramm mit Randlöslichkeit zeigt ein Eutektikum bei 38,1 Gewichtsprozent Blei und 183 Grad. Bei rund 55 Prozent Blei hat die Legierung wieder den Schmelzpunkt des reinen Zinns erreicht.

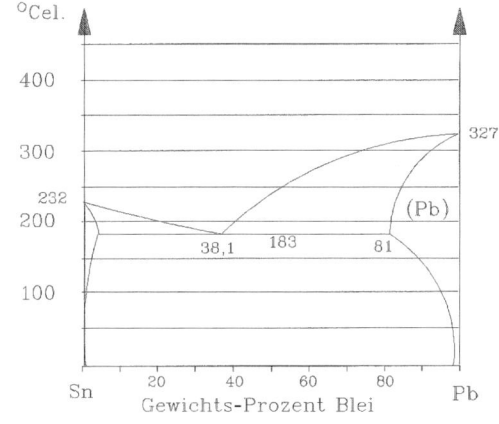

Abb. 98: Schmelzdiagramm Blei-Zinn (Daten nach Hansen)

Eine alte handwerkliche Probe auf die Reinheit des Zinns besteht darin, daß man das geschmolzene Metall auf ein Papier gießt. Bräunt sich das Papier, ist der Schmelzpunkt zu hoch, und das Material enthält zuviel Blei. Eine Legierung mit 55 Prozent Blei ist hierdurch allerdings nicht zu erkennen, es sei denn, man nimmt die Farbe des Metalls zu Hilfe.

Der geringe Farbunterschied der Legierungen läßt mit dem Auge allenfalls zwischen Bleigehalten in Stufen von etwa 20 Prozent unterscheiden, eine Tatsache, die Herstellern von Gegenständen aus Zinn auch heute nicht unbekannt ist.

Gerade Fälle von geringen Bleigehalten in Münzen können durchaus auf die Verwendung von – vorsätzlich oder unerkannt – bleilegiertem Zinn zurückgeführt werden.

Komplizierter liegen die Verhältnisse beim Antimon. Das wichtigste Antimonerz, Antimonglanz, Antimonit oder Grauspießglanz, Sb_2S_3, kommt auf Bleiglanzgängen, auch zusammen mit sog. Bleispießglanzen vor. In einem mehr oder weniger derben Erzgemisch ist es für den Bergmann, besonders beim trüben Licht der damaligen Lampen, vom Bleierz nicht zu unterscheiden. Wenn Spießglanz in größeren Stücken kristallisiert und rein vorkommt, ist er ein auffallendes Mineral. Plinius [33, 101] nennt es «stimi» oder «stibi», daher auch der Mineralname Stibnit. Dieses Mineral, also nicht das Metall, ist seit ältesten Zeiten als Schönheitsmittel verwendet worden.[49]

Die chemische Ähnlichkeit des Antimons mit dem Blei ist groß genug, daß es bei der Verhüttung des Bleiglanzes ebenfalls in das Metall überführt wird. Je nach Lagerstätte kann antikes Blei also mehr

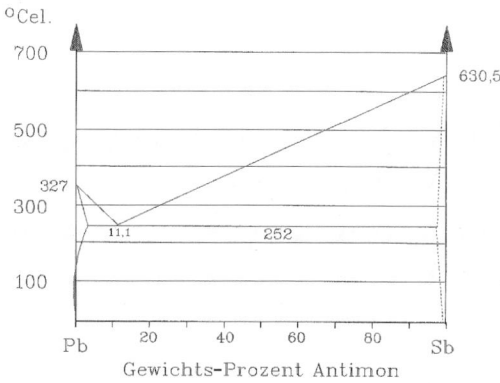

Abb. 99: Schmelzdiagramm Blei-Antimon (Daten nach Hansen)

oder weniger Antimon als seinerzeit unerkannten Bestandteil enthalten. Es gibt auch zahlreiche Fundgegenstände aus mehr oder weniger reinem, metallischem Antimon – in den Museen gelegentlich für Zinn gehalten –, aber keinen Hinweis darauf, daß den Alten eine Unterscheidung zwischen Antimonmetall und Blei geläufig war.

Interessanterweise zeigt das Schmelzdiagramm des Systems Blei – Antimon ein Eutektikum bei einer Temperatur (252 Grad), die sehr nahe bei der Schmelztemperatur des Zinns (232 Grad) liegt. Dieses Eutektikum kann bei den damals denkbaren Probierverfahren durchaus zu Verwechslungen geführt haben.

Von den Schmelzeigenschaften und der Farbe her können Zinn, eine rund 50prozentige Zinn-Blei-Legierung und eine nahe eutektoide Blei-Antimon-Legierung durchaus verwechselt oder absichtlich substituiert werden. Die oben erwähnte römische Münzpolitik, wenn es sie tatsächlich in dieser Weise gegeben hat, wäre dann bereits mit einer Lockerung der Auswahlvorschriften für Zinn oder seine Ersatz-stoffe zu erreichen gewesen.

Nach dem bisherigen Stand der analytischen Untersuchungen alter Münzen fällt eine besondere Häufung hoher Blei- und Antimongehalte bei frühen keltischen Münzen ins Auge.[50] Auch die um 50 v. Chr. geprägten Stücke folgten sicher nicht den (späteren) römischen Vorschriften. Ihre Zusammensetzung spiegelt vielmehr eher einen etwas «rauheren» Umgang mit heimischen Erzen und Metallen wider. Eine gewollte Legierung mit bestimmten Absichten hinsichtlich der Eigenschaften des Münzmetalls läßt sich aber nicht unbedingt ausschließen. Die bereits früher (Abb. 65 und 66) gezeigte gegossene Blei-Zinn-Münze des Geta aus dem Trierer Raum gehört auch in diesen Zusammenhang.

Die folgende Tabelle gibt einige ausgewählte Analysen aus einer ausführlichen Untersuchung keltischer Münzen, die den Sachverhalt verdeutlichen sollen. Leider sind die Analysen nur «halbquantitativ». Sie sind mit einer frühen Mikrosonde gemacht und nur in der Zahl der Impulse pro Zeiteinheit angegeben, die der Detektor aufgenommen hat. Die Umrechnung der relativen Impulszahlen in Gewichts- oder Atomprozente ist ohne weitere Angaben nicht möglich. Man kann die Impulszahlen aber als ungefähren Anhaltspunkt für die Unterschiede in den Konzentrationen verwenden, ein Verfahren, welches für unsere Zwecke ein ausreichend genaues Bild liefert.

Vergleicht man die Lage der Stammesgebiete der Erzeuger dieser Münzen mit einer geologischen Karte, wird man zu der Vermutung geführt, daß die Münzmetalle aus Erzvorkommen stammen könn-

Tab. 12: Analysen keltischer Münzen (Auszug aus Zwicker, 1984). Daten v. Chr.

Bez.[51]	Dat	Cu	Sn	Pb	As	Sb	Ag	Sonst.	Gew.
Ebora	~100	763	nn	107	nn	nn	nn	Fe	20,1
Massilia 1	200–50	444	80	4	nn	nn	nn	Fe	10,42
Arverner	~50	163	44	7,3	nn	nn	3,6	Zn15	1,58
Sequaner 1	~50	141	120	5,8	nn	11	6		3,19
Leuker 1	~50	99	30	36	2,7	39	9	Zn35	4,38
Massilia 2	~50	287	65	5	nn	6,5	3,7		2,13

ten, die zum Stammesgebiet oder seiner näheren Nachbarschaft gehörten.

Diese Abhängigkeit von lokalen oder wenigstens nahen Erzlagern wird besonders deutlich im Auftreten von Zink als weiterer Komponente, besonders in der räumlichen Nachbarschaft zu den Erzlagern im Raume zwischen Dinant und Aachen (Averner und Leuker 1), wo gemischte Blei- und Zinkerze häufig sind. Auch die teilweise hohen Silbergehalte deuten auf lokale Quellen.

Wenn man auf den ersten Blick aus diesen bunten Metallgemischen auf eher etwas armselige hüttenmännische Fähigkeiten der Hersteller schließen möchte, macht doch die Münze «Leuker 1» nachdenklich. Diese Legierung kommt einem heutigen «Glanzmetall»[52] sehr nahe, d.h. einem Metall, das auf besonders schönes glänzendes Aussehen «gezüchtet» wurde. Dieses Aussehen wäre natürlich einer Münze sehr förderlich, und könnte, im Gegensatz zum «ersten Blick», auf recht kenntnisreiche Metallurgen schließen lassen.

Patina

Kupfer und die Münzmetalle auf der Basis von Kupfer bilden, je nach ihrer Lagerung, braune bis grüne Schichten auf der Oberfläche, die sogenannte «Patina». Die meist grüne Färbung beruht hauptsächlich auf der Bildung des grünen Hydroxycarbonates des Kupfers, dem Mineral Malachit, auf Abb. 28 als Anflug zu erkennen. Sie ist dem Kupfer eigentümlich und behält ihr Aussehen auch bei Legierung des Kupfers mit Zinn und anderen Metallen fast unverändert. Dies führt auch zu vielen Irrtümern in bezug auf das Metall, aus dem eine alte Münze besteht. Zum Beispiel wird eine grüne Münze häufig als «Bronze» angesehen, während sie tatsächlich aus Messing oder reinem Kupfer besteht. Auch die «Silbermünzen» mit sehr niedrigem Feingehalt können solche Schichten entwickeln.

Die «Patina» liefert je nach ihrer Ausbildung eine gute Unterscheidungsmöglichkeit zwischen modernen Nachahmungen und echten alten Stükken. Eine voll ausgebildete, grüne und alte Patina läßt schon unter einer guten Lupe im Schnitt oder an Verletzungen zwei deutlich getrennte Schichten erkennen. Unmittelbar auf dem Metall liegt eine leuchtend rote Schicht von Kupfer-I-oxid (Cu_2O) auf. Über dieser Schicht folgt dann eine deutlich kristalline, hell bis dunkelgrüne Lage, die zur Hauptsache aus Malachit, $Cu_2[(OH)_2CO_3]$, Kupferhydroxicarbonat, besteht.

Das Auftreten zweier Schichten und die deutlich kristalline Beschaffenheit, mindestens des Malachits, sind entscheidende Kennzeichen einer echten, antiken Patina. Bis heute ist kein Fälschungsverfahren bekannt geworden, mit dem man zwei Schichten

und gleichzeitig eine kristalline Beschaffenheit nachahmen könnte.[53]

Tatsächlich gibt es eine Vielzahl von chemischen Vorschriften, nach denen Kupfer und seine Legierungen künstlich «patiniert» werden können. Die Andenken- und Medaillenindustrie weiß diese Rezepte zur Verschönerung ihrer Produkte ausführlich anzuwenden.[54] Aber auch in jedem orientalischen Basar kann man schöne Beispiele dieser Kunst finden. Die mikroskopische Unterscheidung solcher moderner grüner Schichten von echter Patina ist leicht, da die künstlichen Schichten stets eine pulverige Struktur aufweisen, die rote Unterlage fehlt und das Metall unter der Schicht starke Spuren von Verätzung zeigt.

Eine genaue, röntgenographische Untersuchung verschiedenster Patina-Schichten hat noch eine Reihe weiterer Mineralien zum Vorschein gebracht. Darunter die beiden Kupfer-Chlor-Verbindungen Atakamit und Paratakamit. Beide haben die chemische Formel $Cu_2(OH)_3Cl$, aber eine unterschiedliche Kristallstruktur. Atakamit kristallisiert unter den Bedingungen der Patinabildung gut und geht nur unter besonderen Umständen langsam in Malachit über.

Paratakamit jedoch erreicht meist nur eine pulverige Ausbildung. Er entsteht besonders sekundär, wenn eine schon vorhandene Patina chloridhaltige Bodenlösungen aufnimmt. Unter dem Einfluß feuchter Luft kann sich dann auch auf echten Gegenständen eine pulverige Patina entwickeln, die sogenannte «wilde Patina». Weil sie keine dichte Schutzschicht auf dem Objekt bilden kann und leicht zu Malachit weiter reagiert, wird immer aufs neue Chlorid freigesetzt. Dieses bildet wieder Paratakamit, und so beginnt ein fortlaufender Zersetzungsprozeß, der schließlich zur Zerstörung des ganzen Stücks führen kann.[55]

Hat man so ein «blühendes» Stück in der Sammlung, kann man versuchen, es so lange in ständig erneuertem entionisierten Wasser (am leichtesten bei einer Tankstelle zu erhalten) zu lagern, bis alles Chlorid entfernt ist.

Die wachsende Überdüngung unserer landwirtschaftlichen Flächen, die ja auch große Mengen von Chloriden in den Boden bringt, wird den Zerfall vieler Bodenfunde extrem beschleunigen. Was Jahrtausende gut überstanden hat, kann mit einer guten Kali(chlorid)düngung in wenigen Jahrzehnten für immer verschwunden sein. Dies gilt übrigens auch für Artefakte aus Eisen, bei denen es einen ähnlichen Zerfallsmechanismus unter dem Einfluß von Chloriden gibt.

7.5.2. Verwendung von Messing, «Orichalcum»

Messing, eine Legierung von Kupfer mit Zink, wurde im Altertum, wohl wegen seiner goldenen Farbe, als «Orichalcum» bezeichnet.[56] Es ist vorwiegend zur Prägung von Dupondien und Sesterzen verwendet worden.

Messing nimmt unter den Münzmetallen eine historische Sonderstellung ein. Während Gold, Silber, Bronze und Kupfer nach langer Vorgeschichte als Münzmetall eingeführt und über zwei Jahrtausende hinweg gebräuchliche Münzmetalle geblieben sind, stand Messing nur eine relativ kurze Zeit zur Verfügung. Offenbar war es schon bald nach seiner Einführung nicht mehr erreichbar, sei es, daß es zu

teuer wurde, oder daß man es nicht mehr importieren konnte. Erst in der Neuzeit wird es wieder als Münzmetall verfügbar.

Dieser eigentümliche Umstand hat mit größter Wahrscheinlichkeit metallurgische Gründe. Da Zinkerze durchaus weit verbreitet sind, kann das Verschwinden von Münzmessing nicht auf der Erschöpfung von Zinklagerstätten beruhen. Ein möglicher Grund könnte sein, daß Messing im Altertum nur nach recht umständlichen und schwierigen Prozessen darzustellen war. Die Kenntnis dieser Prozesse kann verlorengegangen sein, oder man wandte sich anderen, vielleicht lohnenderen Produkten zu. Sicher scheint, daß etwa zu Beginn des ersten vorchristlichen Jahrhunderts an einigen Orten in Anatolien ein besonderes technisches Können entstand, das zumindest zeitweise auch für Rom zugänglich war.

Werfen wir einen Blick auf die Geschichte des Messings:

Aus griechischen Gräbern an der Nordküste des Schwarzen Meeres sind Angelhaken bekannt, die 10 Prozent Zink enthalten haben. Einige phrygische Fibeln, eine griechische Nadel aus dem sechsten Jahrhundert v. Chr. sowie einige etruskische Fundstücke aus Messing haben zwischen 6 und 12 Prozent Zinkgehalt.[57]

Otto und Witter[58] haben aber auch einige Messingfunde aus der frühen mitteleuropäischen Bronzezeit analysiert und durchschnittlich 12 Prozent Zink neben Kupfer und Spuren anderer Metalle gefunden. Die insgesamt geringe Zahl von Fundstücken mit einem über bloße «Spuren» hinausgehenden Zinkgehalt zeigt deutlich, daß das frühe Messing ein seltenes, fast «exotisches» Metall war. Auch sind die relativ geringen Konzentrationen von Zink auffallend.

Die älteste bisher analysierte Messingmünze wurde von König Mithradates VI. in Kleinasien herausgegeben (120–66 v. Chr.) und enthält 19 Prozent Zink.[59] Wir müssen, nach den zahlreichen Funden von Messingmünzen, auch viele spätere Prägestätten solcher Münzen in diesem Raume vermuten (Abb. 100).

Da die bereits erwähnten keltischen Münzen mit qualitativ nennenswerten Zinkgehalten[60] aus dem keltischen Nordosten stammen, wo die Blei-Zinkerzlager des Dinant-Aachener Raumes (Stolberg) nicht weit entfernt sind, kann man auch hier von einer messingerzeugenden Metallurgie sprechen; dies um so mehr, als eine spätere römische Messingerzeugung aus dieser Gegend bekannt ist.[61]

Die bis heute älteste schriftliche Überlieferung über Zinkmetall und Messing ist aus dem vierten vorchristlichen Jahrhundert erhalten. Theopompos[62] spricht in seinen «Philippika» davon, daß eine gewisse Erde aus dem in der Troas in Kleinasien gelegenen Andeira, wenn in einem Ofen behandelt, «Tropfen von falschem Silber» liefert. Diese ergäben, wenn mit Kupfer vermischt, «jene Mischung, genannt Orichalcum». Daß dieses «falsche Silber» auch als falsches Silber verwendet wurde, zeigt mit Zink ausgegossener Silberschmuck von der Insel Rhodos, der in die Zeit um 500 v. Chr. datiert werden kann.[63]

Ein weiteres Stück Zinkmetall stammt aus Griechenland. 1939 fand A. Parsons bei Ausgrabungen in der Athener Agora, am Fuße des Nordhanges der Akropolis unter dem Grabheiligtum des Pan, ein Fragment aus metallischem Zink. Beifunde datieren dieses Stück nicht später als in das zweite vorchristliche Jahrhundert. Die Fundumstände schließen aus,

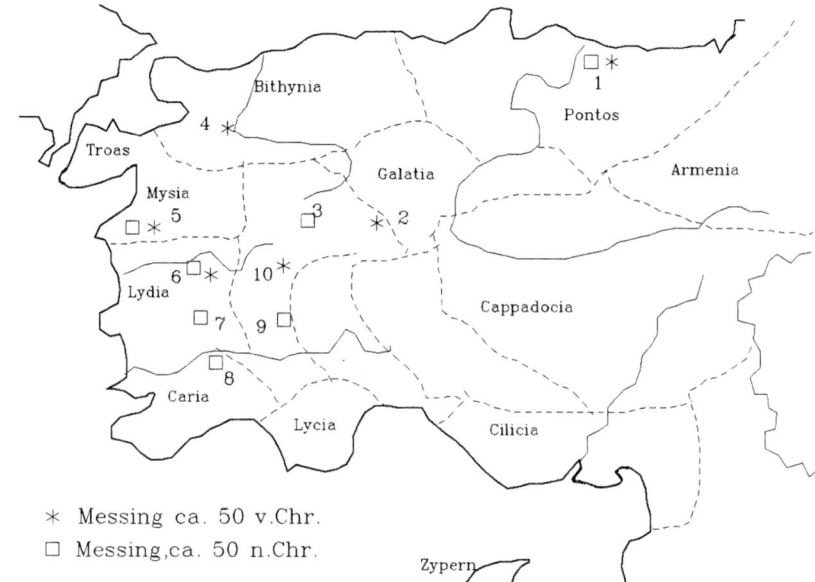

* Messing ca. 50 v.Chr.
□ Messing, ca. 50 n.Chr.

Abb. 100: Prägestätten für Messingmünzen in Kleinasien (nach Zwicker, 1983)

1 Amisos
2 Philomelion
3 Tiberiopolis
4 Nikaia
5 Pergamon
6 Sardeis
7 Philadelphia
8 Tripolis
9 Apameia
10 Eumeneia

daß es sich um ein modernes Metall handelt, das etwa durch Erdbewegungen in die alte Schicht gelangt wäre. Für die Echtheit sprechen auch Analysen, die Verunreinigungen zeigen, die für modernes Zinkmetall untypisch sind.[64]

Daß dem Zink zur römischen Kaiserzeit eine erhebliche Wichtigkeit beigemessen wurde, zeigt ein Brief von Plinius dem Jüngeren an Kaiser Traianus aus der Zeit seiner Statthalterschaft in Bithynien (111–113 n. Chr.). Er erwähnt darin [epist. X, 74, 3] eine «glebula», ein Klümpchen (von «gleba», Klumpen) Metalls aus einem parthischen Bergwerk, das er dem Kaiser schicke und das er mit seinem Ringe gesiegelt habe – womit er verhindern wollte, daß es unterwegs vertauscht würde. Mengenangabe und Siegel zeigen, daß es sich bei diesem Klümpchen nicht um Gold, wie fast alle bisherigen Übersetzungen und Interpretationen meinen, und auch nicht um ein anderes bereits gut bekanntes Metall gehandelt haben kann. Nach neuester Auffassung[65] liegt es vielmehr nahe, bei diesem Klümpchen an metallisches Zink zu denken.

Der durch seinen Onkel naturwissenschaftlich gebildete Plinius erkannte dessen Bedeutung und sandte das Stück an den Kaiser, um die eventuelle wirtschaftliche oder technische Bedeutung eines solchen Fundes in Rom prüfen zu lassen. Man wird wohl nicht fehlgehen, wenn man unterstellt, daß der Statthalter dabei an das in der römischen Münzprägung seiner Zeit verwendete Messing (Orichalcum) gedacht hat, für das Zink ja von großer Wichtigkeit war.[66]

Es muß auffallen, daß Zinkmetall zu dieser frühen Zeit nur in kleinsten Mengen vorkommt bzw. erwähnt wird. Dies steht in Widerspruch zur massenhaften Verwendung des Messings als Münzmetall. In der Tat werden wir ein Verfahren kennenlernen, nach dem Messing in großen Mengen hergestellt werden kann, ohne daß dabei metallisches Zink in Erscheinung tritt. Wo aber liegt der Grund für die Seltenheit des Zinkmetalls?

Zum Unterschied von den bisher besprochenen Metallen verdampft und verbrennt Zink sehr leicht. Man kann es daher nicht mit den von der Antike bis ins Mittelalter üblichen Schmelzöfen als Metall darstellen; es raucht wegen seines hohen Dampfdrucks schnell ab und verbrennt an Luft zu einem weißen Oxid. Allerdings können hin und wieder durch einen Zufall oder einen Fehler in der Konstruktion eines Schmelzofens geringe Mengen Zink entstehen und mehr oder weniger zufällig «überleben».

Dieser Zufallscharakter der Erzeugung von Zinkmetall in einem Schmelzofen wird in einem Bericht des deutschen Hüttenmeisters Löhneyss[67] aus dem Jahre 1617 deutlich:

«Wenn die Schmelzer beim Schmelzen sind, so sammelt sich in der vorderen Wand unten im Ofen in Klüften, die nicht dicht ausgestrichen wurden, zwischen dem Schiefergestein ein Metall, welches von ihnen ‹Zink› genannt wird. … Dieses Metall ist ähnlich weiß wie Zinn, jedoch härter und weniger geschmeidig als dieses und klingt wie ein Glöcklein.»

Die Ähnlichkeit dieser Angaben mit der anfangs erwähnten Stelle des Theopompos, rund 2000 Jahre vor Löhneyss, springt ins Auge. Die Herstellung von Messing aus solchem Zinkmetall war Löhneyss offensichtlich nicht geläufig.

In Indien scheint die Produktion von Zinkmetall schon im ausgehenden Mittelalter bekannt gewesen zu sein.[68] Dieses indische Zink wurde bis nach Europa verhandelt. Libavius berichtet in seiner «De natura metallorum» um 1606, daß eine Schiffsladung Zink in Holland angekommen sei. In Europa ist die technische Darstellung von Zinkmetall erst aus dem 18. Jahrhundert n. Chr. bekannt.

Metallisches Zink kann mit Kupfer zu Messing legiert werden. Man trägt dazu Zink in geschmolzenes Kupfer ein, wobei die Schmelze gut mit Kohle abgedeckt werden muß. Auf diese Weise lassen sich Messingsorten mit praktisch beliebig hohem Zinkgehalt herstellen. Im Gegensatz dazu haben antike Messingmünzen in aller Regel weniger als 28 Gewichtsprozent Zink. Dies ist ein wichtiger Hinweis darauf, daß das Messing der Münzen nicht durch Legieren mit Zinkmetall, sondern nach dem Verfahren der «Zementation» hergestellt wurde, das wir weiter unten ausführlich darstellen wollen.

Wir wissen also einerseits, daß es antikes Messing gibt, das aus Zinkmetall und Kupfer legiert wurde, dieses Messing aber offenbar recht selten und mehr als Zufallsprodukt auftrat. Andererseits muß Messing als Massenprodukt für die Münzprägung wenigstens zeitweise verfügbar gewesen sein. Craddock[69] bringt hier einen vereinheitlichenden Gesichtspunkt in die Diskussion. Seiner Ansicht nach wurden die größeren Mengen für die Münzproduktion erst durch das wohl Anfang des ersten vorchristlichen Jahrhunderts in Gebrauch gekommene «Zementationsverfahren» verfügbar. Der Ursprung des neuen Verfahrens ist mit einiger Sicherheit im Osten, also Kleinasien bis Persien, zu vermuten.

Weder die räumliche Verbreitung noch die Betriebszeiten dieser Prägestätten geben einen Hinweis auf die «Erfindung» der Messingmünzen. Es ist aber deutlich, daß alle bis heute bekannten Prägestätten dieser Münzen im griechisch-römisch bestimmten Teil Anatoliens liegen. Auch eine gewisse Korrelation mit bekannten Galmei-Lagerstätten ist, besonders im Norden, angedeutet.

Die Verarbeitung des Messings, also hier insbesondere das Prägen von Münzen, bereitet keine metallurgisch begründeten Schwierigkeiten. Im Gegensatz zur Zinnbronze gibt es bei Messing bis zu Zinkanteilen von 31 Prozent, also über den ganzen der Antike zugänglichen Bereich hinaus, keine versprödenden Phasen. Im ganzen der damaligen Metallurgie zugänglichen Konzentrationsbereich für

Zink konnten somit Münzen nach der gleichen Technik geprägt werden.

Die Gewinnung von Messing mit Hilfe der «Zementation»

Unter Zementation versteht man eine Reaktion fester Stoffe in einem luftdicht abgeschlossenen Tiegel, bei der man möglichst das Entstehen einer Schmelzphase vermeidet. Wir haben bereits eine Zementation, nämlich die von silberhaltigen Goldlegierungen mit Kochsalz und Ziegelmehl beschrieben. Die technische Grundlage des Verfahrens war also etwa seit dem sechsten vorchristlichen Jahrhundert in Kleinasien bekannt.

Zur Erzeugung von Messing braucht man eine Reaktion, die Zink, zumindest als Zwischenprodukt, aus einem geeigneten Erz erzeugt. Ein solches ist der Galmei (Cadmea, $ZnCO_3$). Plinius[70] kennt die Verwendung der Cadmea für die Herstellung von Messing und als Heilmittel. Er unterscheidet [34, 2], allerdings ungenau, zwischen natürlichem Cadmia (Galmei) und solchem, der sich in Schmelzöfen ansetzt. Dieses letztere Material ist aber nicht das Karbonat des Zinks, sondern das Oxid (ZnO), was auch in Laurion schon gewonnen wurde.

Sowohl Zinkcarbonat als auch Zinkoxid reagieren in der Hitze und unter Luftabschluß mit Kohle zu Zinkmetall. Dieses siedet bei 905 Grad, liegt also bei heller Rotglut als Dampf vor und würde an der Luft sofort wieder zu Zinkoxid verbrennen. Wenn Sauerstoff ferngehalten wird, kann dieser Zinkdampf von metallischem Kupfer aufgenommen werden. Das Zink wird dabei im Kupfer aufgelöst und bildet so Messing. Diese Prozedur wurde übrigens bis in die Neuzeit als «Färben» des Kupfers verstanden und nicht etwa als die Bildung einer Legierung aus zwei Metallen.

Die primitivste Form der Darstellung besteht darin, daß man das Zinkerz, mit Kohle gemischt, auf flüssiges Kupfer streut und die Schmelze kräftig rührt. Wir werden unten zeigen, daß man in römischen Messingmünzen noch eingeschlossene Partikel von zweifelsfrei aus einem Zinkerz stammenden Zinkoxid nachweisen kann. Es gibt auch Anzeichen, daß diese Art der Legierungsherstellung bei angelsächsischen Münzprägungen Verwendung gefunden haben könnte. Ein gleichmäßiges und hoch angereichertes Produkt läßt sich so aber nicht erzielen.

Das eingesetzte Kupfer sollte dem Zinkdampf über möglichst lange Zeit eine möglichst große Oberfläche bieten, damit eine gute Sättigung mit Zink erfolgen kann. Es ist daher günstig, wenn man das Kupfer in Form von dünnen Blechen einbringt. Man sollte dabei vermeiden, daß der Schmelzpunkt nicht nur des Kupfers, sondern auch des Messings (je nach Zinkgehalt bis herab zu 800 Grad) überschritten wird. Schmelzen nämlich die Metalle während des Prozesses, wird die Oberfläche verkleinert und die weitere Aufnahme von Zinkdampf behindert. Damit ist das Temperaturintervall für einen effektiven Prozeß auf etwa 800 (Messing und Kupfer bleiben fest) bis 1000 Grad (Kupfer noch fest) eingegrenzt.

Alle praktischen Erfahrungen zeigen nun, daß ein Maximalwert von 28 Gewichtsprozent Zink bei der Zementation nicht überschritten werden kann. Beim Zementieren löst sich Zinkdampf in Kupfer auf. Andererseits kann Zink aus Messing heraus verdampfen. Beim Löten färbt sich Messing, wenigstens ober-

flächlich, deutlich kupferfarbig. Dies ist ein Zeichen für die als «Entzinkung» bekannte Verarmung der Messingoberfläche an Zink. Aufnahme und Abgabe von Zink finden, sozusagen im Wettbewerb, gleichzeitig nebeneinander statt. Ist nun die Zink-Konzentration im neu gebildeten Messing sehr hoch geworden, kann entsprechend viel auch wieder verdampfen.

Überläßt man ein solches System eine Weile sich selbst, stellt sich ein Gleichgewicht zwischen Aufnahme und Abgabe ein, der Zinkgehalt des Messings erreicht einen Wert, der auch bei längerem Abwarten nicht weiter anwächst. Dieser Endwert hängt von der Temperatur ab, aber wir haben gesehen, daß der anwendbare Temperaturbereich aus praktischen Gründen ziemlich eng begrenzt ist. Daraus folgt für unser Münzmessing, daß Münzen mit mehr als 28 Prozent Zink nicht nach dem Zementationsprozeß hergestellt worden sein können.

Zinkanteile zwischen 0 und 31 Gewichtsprozent, also der ganze Konzentrationsbereich der Zementation, ergeben sog. α-Messing. Entsprechende moderne Legierungen sind warm (um 800 Grad) mäßig, kalt jedoch gut verformbar. Aussagen über die Eigenschaften, die für die Münzprägung wichtig sind, kann man ohne weiteres vom modernen auf das antike Messing übertragen. Dementsprechend wäre eine Heißprägung gerade noch möglich, eine Kaltprägung aber besser und einfacher. Die in den antiken Münzen häufig zu beobachtenden geringen Bleimengen stören nicht, sie werden auch modernem Messing gern zugesetzt, um die Entstehung zu langer Späne beim Drehen zu verhindern.

Die meisten antiken Messingmünzen enthalten sehr viel weniger Zink als jene 28 Prozent des gesättigten Zementationsproduktes, sei es, daß die

Zementation nicht bis zur Sättigung getrieben wurde, sei es, daß man das gesättigte Messing mit Kupfer wieder verdünnt hat. Findet man aber in einer Münze mehr als diese 28 Gewichtsprozent Zink, kann es sich nur um Messing handeln, welches aus Kupfer mit metallischem Zink zusammenge-schmolzen wurde. Es kann sich bei solchen Münzen durchaus um alte Originale handeln, denn es ist nicht völlig auszuschließen, daß irgendeine Werkstatt einmal das damals sehr seltene Zinkmetall verwendet hat. Näherliegend ist aber der Verdacht auf einen Fehler in der chemischen Analyse oder auf eine schlichte Fälschung mit modernem Messing.

Über die Werkstätten oder Anlagen zur Messingerzeugung haben wir leider nur geringe unmittelbare Kenntnisse aus alter Zeit. Eine provinzialrömische Messingwerkstätte mit einem Tiegelofen von 50 mal 100 Zentimetern und einer Tiefe von 30 Zentimetern ist erst kürzlich in England gefunden worden.[71] Auf dem Magdalensberg in Kärnten, einer keltisch-römischen Ansiedlung, gibt es neben zahlreichen Beschlägen aus Messing einen hohen Tiegel aus einer Metallwerkstatt, der sich für einen Zementationsprozeß geeignet hätte.[72]

Eine etruskische Ofenanlage in der Toscana bei Campiglia Marittima, bei der Feuer und Nutzraum durch eine Decke mit Löchern getrennt sind, könnte der Zementation gedient haben. Die für diese Anlage immer wieder vorgeschlagene Verwendung zur Erzeugung von Kupfer ist sicher unrichtig.[73] Aus Persien kennt man eine Anlage, die offenbar zur Reinigung von Zinkoxid gedient hat, aber hier ist nicht sicher, ob das Produkt tatsächlich für metallurgische Zwecke Verwendung fand.[74]

Eine anschauliche Vorstellung von der Arbeit alter Messinghütten kann man bei Biringuccio finden, der als hervorragender Fachmann auf dem Gebiet der Metallurgie den Stand der Technik am Ausgang des 15. Jahrhunderts beschreibt. Das Vorgehen bei der Zementation kann aus technischen Überlegungen heraus in der Antike nicht wesentlich anders gewesen sein. Bemerkenswert ist aber die Feststellung Biringuccios nach seinem Besuch der Mailänder Messinghütte, er glaube, daß man Messing auch an anderen Orten herstellen könne, wenn man nur das Erz (wohl Galmei) an diese anderen Orte transportieren würde.

Diese Bemerkung läßt uns ahnen, wie perfekt das Betriebsgeheimnis gewahrt wurde und wie merkwürdig wenig man allgemein von der Herstellung dieses Metalls wußte. Biringuccio war ein Sienese, der am Ende des 15. Jahrhunderts lebte, also kein Römer der Kaiserzeit. Aber auch zur römischen Kaiserzeit scheint die Herstellung des Messings eine nicht allgemein bekannte Kunst gewesen zu sein. Man kann die Verarmung der römischen Münzen an Zink eigentlich nicht anders verstehen als durch die Annahme, daß die Kunst der Herstellung des Messings im römischen Kernstaat irgendwie verlorengegangen ist bzw. der Kontakt zu Messingherstellern unterbrochen wurde.

Tabelle 13 zeigt eine ständige Abnahme des Zinkgehaltes römischer Messingmünzen von Augustus bis Commodus. Es gibt keine erkennbaren metallurgisch-technischen Gründe für diese Abnahme. Man hat eher den Eindruck, daß Messing schwerer erhältlich wurde und eingespart werden mußte.

Im Einklang mit den obigen Überlegungen überschreitet der Zinkgehalt der hier analysierten

Tab. 13: Caleys Analysen römischer Messingmünzen. Angegeben sind nur die Werte für Kupfer, Zinn und Zink, die Summe der anderen Elemente ergibt sich aus der Differenz zur Spalte «Total» (nach Caley, 1962)

Nr.	Kaiser	Kupfer	Zink	Zinn	Total
1	Augustus	76.70	22.02	0.27	99.93
2	Tiberius	76.86	22.85	0.03	100.7
3	Caligula	72.63	26.71	0.02	100.4
4	Caligula	78.19	21.11	0.12	99.85
5	Claudius	75.91	23.20	0.09	100.06
6	Claudius	77.59	21.11	0.1	100.17
7	Nero	77.27	22.46	0	100.17
8	Nero	83.16	15.95	0.01	99.74
9	Nerva	83.60	14.82	0.7	100.18
10	Traian	82.08	14.10	2.05	100.13
11	Ant.Pius	86.51	11.14	1.69	100.18
12	Ant.Pius	89.29	9.38	0.16	100.15
13	M.Aurelius	87.86	9.06	2.03	100.05
14	M.Aurelius	88.96	7.87	2.33	100.22
15	Commodus	86.85	6.43	1.64	100.6

Tab. 14: Kennzeichnung der in den folgenden Tabellen und Abbildungen näher beschriebenen Münzen

Nr.	Kopf	Ort	Typ	Datierung	Gewicht g
12	Germanicus	Rom	Dupond.	37–41 n.	9,36
21	Traianus	Rom	Sesterz	98–103 n.	23,29
22	Antoninus Pius	Rom	Sesterz	140–144 n.	25,03
19	Zeit des Antoninus Pius	Sala, Lydien	AE,Syll. Cop. 422–424	138–161 n.	3,78
11	Caligula	Aizane, Phryg.	AE,Syll. Cop. 76 ff.	37–41 n.	4,28
20	Beamtenname, unles.	Pergamon/ Mys.	AE,Syll. Cop. 386	2.–1. Jh.v.	2,9

Tab. 15: Hauptelemente der Münzen der vorigen Tabelle

Nr.	Cu Gew.-%	Zn Gew.-%	Pb ppm	Sn ppm
12	75,00	25,0	311	703
21	84,20	13,8	9700	1150
22	86,70	12,6	1780	225
19	71,00	14,0	70000	60000
11	77,90	22,10	3220	1856
20	78,60	21,4	955	9

Münzen nie die dem Zementationsverfahren gesetzte Grenze von 28 Prozent. Er ist teilweise sogar erheblich niedriger. Diese «Verdünnung» des Messings mit Kupfer erscheint dem modernen Menschen geradezu absurd, haben wir uns doch daran gewöhnt, das (heute) teurere Kupfer mit dem billigen Zink zu strecken.[75] Es ist ein bemerkenswerter Einblick in die wirtschaftlichen Hintergründe des römischen Münzwesens, daß dies im alten Rom möglicherweise umgekehrt war.

Es bleibt nun noch zu untersuchen, ob eventuell in Rom und Kleinasien unterschiedliche Techniken zur Messinggewinnung angewendet wurden. Dazu ist eine genauere Analytik, die auch geringe Rückstände des Prozesses noch erfassen kann, notwendig. Solche Untersuchungen sind wegen des erheblichen Arbeitsaufwandes zur Zeit nur für wenige Stücke durchgeführt worden.[76]

In Tabelle 14 und nachfolgenden (nach Moesta 1993) werden je drei römische und drei kleinasiatische Messingmünzen unterschiedlicher Zeit- und Wertstellung verglichen. Die Aufteilung in mehrere Tabellen ist leider aus drucktechnischen Gründen erforderlich.

Die Tabelle zeigt, daß nirgends die Grenzkonzentration der Zementation überschritten wird. Man sieht auch, daß wechselnde Mengen Blei und Zinn in den Münzen enthalten sind, die aber keinen wesentlichen Einfluß auf die Bearbeitung der Münzen haben. Die einzige Ausnahme ist die Nr. 19, von Sala in Lydien, die mit sieben Prozent Blei und sechs Prozent Zinn vermutlich aus Bronzeschrott gefertigt ist. Solche Legierungen von Kupfer, Zink und Zinn sind in der modernen Technik unter dem Namen Rotguß bekannt.

Wenden wir uns nun den sogenannten Spurenelementen in den obigen Münzen zu. In der Archäometrie spielen solche Spuren eine gewisse Rolle. Einige Wissenschaftler glauben, daß aus diesen Spuren nützliche Informationen über die Herkunft der Erze und die Hüttentechnik gewonnen werden können.

Für die beiden reichsrömischen Münzen der Zeit, 21 und 22, ist der zwar geringe aber doch eindeutige Goldgehalt typisch, der vermutlich durch das verwendete Kupfer eingebracht wird. Er wird übrigens auch für römische Silbermünzen als Charakteristikum der Echtheit betrachtet. Zusammen mit dem höheren Nickelgehalt, wohl ebenfalls aus dem Kupfer stammend, kann man vermuten, daß das Kupfer dieser Münzen aus dem Alpen- oder Karpatenraum

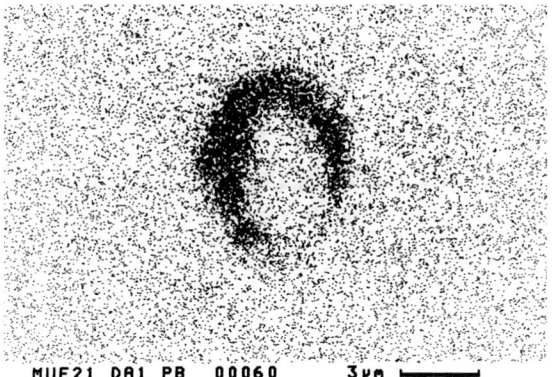

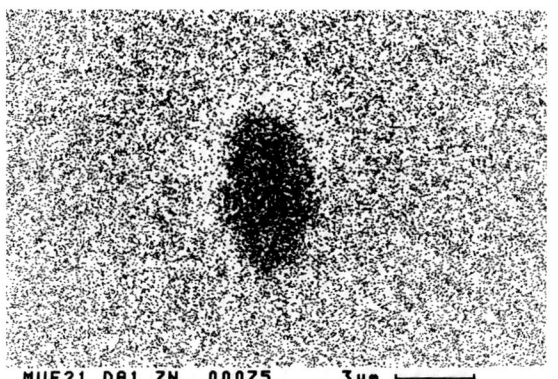

Abb. 101: Verteilung von Blei und Zink in einem Einschluß. Messingsesterz von Traian. Oberes Bild: Verteilung von Blei; unteres Bild: Verteilung von Zink

Tab. 16: Spurenelemente in den Münzen der Tab. 15

Nr.	Au ppm	Bi ppm	Co ppm	Fe ppm	Mn ppm	Ni ppm	Sb ppm
12	0	0	0	2035	117	110	74
21	3		0	1365	19	184	84
22	1		0	2626	8	215	189
19	0		0	6000	–	–	–
11	0		0	760	185	65	185
20	0		0	1732	5	–	176

stammt. Wenn auch die Anzahl der hier vorgestellten Analysen sehr gering ist, passen die genannten Sachverhalte doch recht gut in die Erkenntnisse aus größeren Analysenreihen.

Wichtiger ist es, daß an allen Münzen der Tabelle im Elektronenmikroskop winzige Einschlüsse beobachtet werden konnten, die ganz eindeutig aus dem Zementationsprozeß stammen und sogar Hinweise auf die verwendeten Zinkerze gestatten.

Die Aufnahmen in Abb. 101 zeigen einen solchen Einschluß. Das Präparat wird mit sehr fein gebündelten Elektronen bestrahlt, die die Metalle zur Aussendung einer für ihre Ordnungszahl charakteristischen Röntgenstrahlung anregen. Filtert man nur die Strahlen eines bestimmten Elementes heraus, kann man eine Art Photo lediglich im «Lichte» eines einzigen Elementes herstellen und so seine Verteilung im Objekt beobachten.

In der oberen Aufnahme sind nur die für Blei charakteristischen Röntgenstrahlen zur Abbildung verwendet worden, in der unteren die des Zinks. Man sieht auf diesen Aufnahmen also die Verteilung der beiden Metalle in ein und demselben Einschluß. Die beiden Elemente sind nicht gleichförmig verteilt, vielmehr «sitzt» das eine wie eine Haube auf dem anderen.

Allerdings ist an so kleinen Einschlüssen keine quantitative Bestimmung der Mengen mehr möglich, weil der anregende Elektronenstrahl zum Teil auch durch die winzigen Einschlüsse hindurch die Elemente der Umgebung erfaßt. Qualitative Analysen der Einschlüsse sind aber möglich und werden in der nächsten Tabelle angeführt.

Tab. 17: Qualitative Analysen der Einschlüsse in Messingmünzen. Die Zahl der Kreuze deutet die relative Menge einiger Elemente an

Nr.	Hauptelemente	Spuren
12	S, Zn, Cu	Mn +
21	S, Zn, Cu, Pb	Mn, Se
22	S, Zn, Cu, Pb	Fe, Mn, P
19	S, Zn, Cu, Sn	Mn, Se
11	S, Zn, Cu	Mn +++, Se
20	S, Zn, Cu	Se ++

Alle untersuchten Einschlüsse enthalten Schwefel (S) und Zink als Hauptelemente. Es handelt sich bei diesen Einschlüssen um Reste des Minerals Zinkblende. Es scheint auch plausibel, daß das in diesen Analysen auftretende Blei dem Bleiglanz zugeordnet werden kann, denn das etwa als Metall eingelegte Blei bildet getrennte Tröpfchen, die mit diesen Einschlüssen nicht verwechselt werden können. Die Spurenelemente zeigen außerdem, daß neben den genannten Erzen weiterhin Minerale des Selens (Se), des Mangans und des Eisens eingeschleppt wurden.

Sulfidische Erze werden in einer reduzierenden Atmosphäre, wie sie für die Zementation nötig ist, nicht zersetzt. Galmei ist nie ganz rein, sondern enthält stets Reste von nicht verwittertem Primärerz, eben Zinkblende, die ihrerseits sehr häufig mit Bleiglanz verunreinigt ist. Mit dem Galmei eingetragene Reste solcher Minerale bleiben unter den Bedingungen der Zementation chemisch unverändert erhalten. Das früher erwähnte, aus dem Hüttenrauch abgesetzte Zinkoxid ist durch Destillation gereinigt und enthält deshalb sicher keine Sulfide. Da auch metallisches Zink wohl nur über die Dampf-phase gewonnen werden kann, darf man es wegen der beobachteten Einschlüsse ebenfalls ausschließen. Insgesamt ergibt sich, daß die hier analysierten Messingmünzen durch Zementation mit natürlichem, leicht unreinem Galmei und weder aus Zinkoxid noch aus Zinkmetall hergestellt wurden.

Zink als «Weißmacher»
Frisches Zink ist ein sehr helles, fast silberfarbiges Metall. Der rote Ton des Kupfers wird durch Beimengung von Zink zum gelben des Messings verschoben. Kennt man diesen Effekt, scheint es naheliegen, diese Eigenschaft des Zinks zur «Verschönerung» von Münzen zu verwenden. Wir haben oben gesehen, welche Anstrengungen die römischen Münzer machten, um den roten Ton des Kupfers in den schlechten (kupferlegierten) Silbermünzen zu überdecken. Offenbar konnte man in Rom gerade zur Zeit der Verschlechterung der Silbermünzen in der Kaiserzeit Messing nicht herstellen. Man kannte den Effekt der Zementation mit Galmei nicht und hat so auch diesen Weg zur Verbesserung der Münzfarbe dort offenbar nie beschritten. Man erinnere sich aber an die oben erwähnte Münze der Leuker (Tab. 12), bei der eine bewußte Manipulation der Farbe durch Zink immerhin denkbar erscheint.

Es hat noch einige hundert Jahre gedauert, bis die metallurgischen Möglichkeiten des Zinks in dieser Hinsicht systematisch ausgenützt wurden. Der «Ruhm» dieser Erfindung gebührt wohl angelsächsischen Münzern oder Metallfachleuten zwischen 800 und 1000 n. Chr.

Eine Vielzahl von Analysen von Silbermünzen aus dem England jener Zeit[77] zeigen die Verwendung des Zinks zur Verbesserung der silbernen Farbe immer schlechterer Münzen. Zu Beginn des durch die Analysen beleuchteten Zeitraumes wurde noch ehrliches Silbergeld mit 85 bis 95 Prozent Feingehalt geprägt. Stärkster Legierungspartner ist, wie immer bei Silbergeld, das Kupfer. Aber schon hier tauchen ganz geringe Mengen Zink in der Analyse auf.

Anteile unter einem Gewichtsprozent sollten bei an sich hohem, übereutektischem Silbergehalt die Farbe noch nicht erkennbar beeinflussen. Sie können aber als Hinweis verstanden werden, daß nicht etwa nur reines Kupfer, sondern zusätzlich Messing, vielleicht auch etwas Bronze zur Legierung verwendet wurde. Die ersten drei Analysen der folgenden Tabelle sind als Beispiele für diesen Legierungstyp aus der Menge der Analysen herausgegriffen.

Diese noch sparsame Verwendung von Messing und Bronze als Zusatz läßt sich von König Coenwulf (796–821 n. Chr.) bis etwa zum Ende der Regierungszeit des Eadwig (955–959 n. Chr.) verfolgen. Unter den hier zur Verfügung stehenden 64 Analysen[78] aus diesem Zeitabschnitt sind nur vier Stücke mit einem niedrigen Silbergehalt von 76, 75, 66 und 64 Prozent (Nr. 4 bis 7 in der Tabelle). Diese Stücke fallen durch einen weit höheren Zinkgehalt auf, als bei den übrigen Analysen jener Epoche gefunden wurde. Hier ist ganz offensichtlich schon versucht worden, den wegen des hohen Kupfergehaltes für gutes Silbergeld zu roten Farbton durch Messing zu überdecken. Vielleicht sind diese Münzen nicht legal geprägt worden, eine Frage, die sich aus den vorhandenen Angaben aber nicht entscheiden läßt.

Tab. 18: Angelsächsische Silberprägungen mit zinkhaltigen Legierungen (ausgewählt aus McKerrel und Stevenson, 1972). Angeführt nur die Werte für Silber, Kupfer und Zink in Gewichtsprozenten, die fehlenden Prozente zu 100 bestehen hauptsächlich aus Blei, daneben noch Zinn, Wismut und Gold

Nr.	Bezeichnung	Datierung	Typ	Silber	Kupfer	Zink
1	Coenwulf	796–821	Diola	98	2	0,02
2	Aelfred	940–946	BMC Typ i	90	6.1	0,0
3	Thurmod	955–959	BMC Typ ii	87	7,2	2,3
4	Deiheah	839–858	BMC Typ xi	64	30	5,4
5	Boiga(e?)s	946–955	BMC Typ ic	66	30	3,4
6	Dudeman(es)	946–955	BMC Typ ic	75	20	2,6
7	Dunn(es)	955–959	BMC Typ ic	76	15,3	6,6

Tab. 19: Münzen des Eadgar (959–975), mit besonders niedrigem Silbergehalt. Angegeben sind nur die Werte für Silber, Kupfer und Zink in Gewichtsprozenten. Für die Ergänzung zu 100 gelten die Angaben der vorherigen Tabelle

Nr.	Bezeichnung	Typ	Silber	Kupfer	Zink	Zn/CU
1	Athelaver	BMC Typ i	59	31	8,9	0.287
2	Adelger	"	62	25	12	0.48
3	Frothric	BMC Typ id	52	37	9,1	0.246
4	Eadmund	"	64	27	5,6	0.207
5	Thurmod	"	65	27	7,3	0.27
6	Aelfsig	BMC Typ ii	52	39	6,8	0.174
7	Eoroth	"	34	55	10,6	0.193

Ganz anders sehen die Analysen von Münzen aus der Zeit des von 959 bis 975 regierenden Königs Eadgar aus. Hier erreichen nur wenige Münzen einen Feingehalt von 90 Prozent, den Rekord der Entwertung hält ein Stück mit nur 34 Prozent Silber. Für Einsichten in den technischen Stand der Metallurgie sind aber gerade solche extremen Fälle von besonderem Interesse. Wir greifen daher in der folgenden Tabelle einige der besonders schlechten Stücke heraus:

Alle hier angeführten Stücke sind so stark mit Kupfer legiert, daß ihre Farbe sie sofort entlarvt hätte, besonders, wenn «gute» Stücke zum Vergleich verfügbar waren.

Zur Münze Nr. 7 gibt es nun in der gleichen Analysenreihe ein zeitgleiches Gegenstück mit immerhin 92 Prozent Silber, also genau das entgegengesetzte Extrem der Legierungsreihe. Dieser Umstand mag an der vorsätzlichen Entwertung im Auftrag des Herrschers zweifeln lassen; metallurgisch sieht man jedoch ohne weiteres ein, daß gerade wegen des möglichen Vergleichs mit guten Stücken hier bei Münze Nr. 7 Zink zur Aufhellung gebraucht wurde, um neben der guten Legierung zu bestehen.

In der letzten Spalte ist das Verhältnis von Zink zu Kupfer angegeben. Diese Zahl müssen wir mit den 28 Prozent Zink vergleichen, die bekanntlich als höchste mit der Zementation erzielbare Konzentration gelten muß. Danach können alle Zusammensetzungen der Tabelle bis auf die Nr. 2 damit erklärt werden, daß man ein fertiges Messing zur Verdünnung des Silbers benutzt hat.

Die Nummer 2 mit einem Zink-Kupfer-Verhältnis von 0,48 dagegen kann nicht durch Zugabe von zementiertem Messing erklärt werden. Wohl aber könnte eine Vorlegierung aus Silber und Kupfer mit der Methode der Zementation behandelt worden sein. Die Gesamtmenge von Silber und Kupfer würde den Zinkgehalt wieder in eine für die Zementation plausible Größenordnung rücken.

Denkbar – und vielleicht auch wahrscheinlicher – ist ebenso, daß im Falle der Nr. 2 vielleicht eine einzelne Charge mit metallischem Zink aus irgendeiner Zufallsproduktion gefälscht wurde. Eine solche Annahme, nämlich zeitgenössischer Betrug mit einem nur zufällig erhältlichen Metall, würde auch auf die wenigen silberarmen Stücke aus der Zeit vor 959 gut passen. Unter Eadgar allerdings scheint die Abwertung der offiziellen Prägung und die Verschönerung mit Zink bzw. Messing wohl doch zur offiziellen Praxis gehört zu haben.

Ohne jeden Zweifel hat die Farbe des Metalls eine wichtige Rolle bei der Akzeptanz des Geldes gespielt. Wenn vielleicht auch Fachleute wie Wechsler oder erfahrene Händler den wirklichen Wert einer Münze durchschauen konnten, so blieb der «Normalverbraucher» doch auf den Augenschein angewiesen. Sind die Prägungen gut und mit anerkannten Stempeln gemacht, bleibt als Wertkriterium nur die Farbe des Metalls.

In diesem Zusammenhang muß bedauert werden, daß Farbanalysen von Münzen noch nie veröffentlicht wurden. Hier wären interessante Einblicke in Zusammenhänge zwischen Entwicklungsreizen für die Legierungstechnik und den praktischen Erfordernissen der Herrschaft bei der jeweiligen Mentalität der Zeit zu erwarten.

Anmerkungen und Quellen

1. Historische Aspekte von Münzen und Metallen

1 Patterson, 1972
2 Levey, 1959
3 Agatharchides bei Diodor von Sizilien III, 12 = FGrHist. nr. 86
4 Lauffer, 1989, S. 5ff.
5 Knudtzon, 1915, Nachdr. 1964 I, S. 79ff. Nr.7, 66–70
6 Herodot III, 56, 2: «Ein weniger glaubwürdiger Bericht ist im Umlauf, Polykrates habe eine Menge Bleimünzen vergolden lassen. Die habe er den Spartanern gegeben, und sie seien daraufhin (von der belagerten Stadt Samos) abgezogen.»
7 Dadurch wird dem geisteswissenschaftlich vorgebildeten Leser zugemutet, naturwissenschaftliche Begriffe und Darstellungsweisen zu verarbeiten. Dies wird ihm nicht schwerer fallen als dem naturwissenschaftlich orientierten Leser das Verständnis der antiken Geschichte.

2. Gold, Elektron und die ersten Münzen

1 Politik 1, 1257a 36ff.
2 West-Türkei, 38.28 N, 28.02 O, an der Straße von Izmir nach Ankara, am Nordhang des Boz Dag (Tmolos-Gebirge im Altertum)
3 Kaletsch, Historia 7, 1958, S. 1ff.
4 Young, 1973
5 Aus einem Grabe bei Baqt nahe Beni Hassan, ca 2000 v. Chr. Bei Notton, 1974
6 Young, 1973

7 1 micron entspricht 1/1000 mm
8 Strabon [13, 591. 625]
9 Plinius, n.h. [33, 80]
10 Die Hauptmünze war der Stater, eigentlich der «Wieger», allgemein das Normal- oder Einheitsstück wie heute etwa die Mark. Der Stater war das Doppelte einer Gewichtseinheit, z.B. der Drachme. Gewicht und Wert hängen von Ort und Zeit ab. Hier genügen ungefähre Werte als Orientierung. Ein phokäischer Stater wog anfangs etwa 16,5 g (Elektron). 2000 Stater wurden einmal als Lösegeld für eine kleine Stadt bezahlt, 1 Stater wurde öfter als Monatslohn für einen Söldner geboten.
1 Hekte = 1/6 Stater, etwa 2,75 g Elektron.
1 Hemihekte = 1/12 Stater, rund 1,37 g Elektron.
Es gibt Unternominale bis 1/96 Stater, also etwa 0,17 g, ein Hinweis auf die Genauigkeit der damals verwendeten Waagen.
11 Paszthory, 1980
12 Heute Sart Cay. Elektron fand sich auch in anderen kleinen Flüssen zwischen den Orten Turgutlu und Allahiye in der südwestlichen Türkei, die von den Lagerstätten her zum Pactolus gerechnet werden können.
13 In manchen Systemen treten bei Abschreckung besondere Kristallphasen auf, die bei langsamer Abkühlung nicht stabil wären. Solche Phasen sind dann ein unmittelbarer Beweis für die schnelle Abkühlung. Im Münzwesen ist $AuCu_3$ ein wichtiges Beispiel.
14 Darling und Healy, 1971, zeigen, daß der Goldgehalt einer Hekte von Mytilene des 4. Jhs. v. Chr. durch die Ausscheidung von Gold-Dendriten beim Guß des Rohlings oberflächlich bis auf 63 und 68 % in den Dendriten bei einem durchschnittlichen Goldgehalt von nur 37,5 % ansteigen kann.
15 Jenkins und Lewis, 1963

16 Bass, 1967

17 Bodenstedt, 1976, Tab. 1, S. 33

18 Jenkins und Lewis 1963, besonders S. 67

19 Plinius, n.h. [33, 43]

20 Agricola, De Re Metallica Libri XII, Bücher VII und X

21 Die Wertrelation von Elektron zu Gold wird für die Zeit der frühen insel-griechischen Prägungen in der älteren Literatur meist mit 10:13,33 angegeben. Bodenstedt, 1976, kann aber zeigen, daß wohl keine fixe Silber/Elektron-Relation bestanden haben kann. Vielmehr ist nach diesem Autor ein wesentlich geringerer Wert für Elektron anzusetzen.

22 Bengtson, Die Staatsverträge des Altertums, Band II, München 1975[2], Nr. 228

23 Übersetzung von Bodenstedt, 1976

24 Weidauer, 1975, S. 72–80. Furtwängler, 1986, S. 153ff.; Isik, 1992, S. 47ff.

25 Anabasis [5, 6, 23; 7, 3, 10; 1, 3, 10]

26 Franke, 1984, S. 19

27 Der persische Wortstamm bedeutet «Gold», und es gilt nicht als ausge-schlossen, daß auch der Name des Königs nach diesem Metall gewählt ist.

28 siehe besonders Lewis, 1968, S. 105ff.

29 Der Sage nach stammte der Reichtum des Phoinikers Kadmos, der die Erzförderung nach Griechenland gebracht haben soll [Hyg. Fab. 274 u.a.], von hier [Strabon 14, 680]. Das spricht dafür, daß schon in mykenischer Zeit Edelmetall gewonnen wurde. Aristoteles [mir. Ausc. 45] erwähnt, daß nach Regen oft Gold zutage trete. Die «Minen» waren zumeist Goldwäschereien, die das Gold in den Seifen der umliegenden Ebenen erfaßten. Strabon [7, 331, fr. 34] nennt Goldminen mit dem Namen «Asyla» = «ungeplündert», das Gold werde sogar beim Pflügen in Stücken gefunden.
Im 7. Jahrhundert zu Thasos gehörig, um 550 zeitweise im Besitz des Tyrannen Peisitratos, eroberten die Athener unter Kimon 465/463 das Gebiet, das 356 unter die Herrschaft Philipps II. fiel.
Nach Diodor [16, 8, 6] soll der Makedonenkönig durch Intensivierung der Förderung jährlich (in Silber gerechnet) 1000 Talente gewonnen haben. Vgl. Le Rider, 1982, S. 428.
Herodot [6, 46, 3] berichtet, daß hingegen die Thasier dort nur 80 Talente förderten, dazu auf der Insel selbst 120 bis 220 Talente jährlich.

30 Kraay, 1976

3. Das Scheiden von Gold und Silber mit Salz

1 z.B. ein Schminkbecher der Pu-Abi in Ur; Moesta, 1983

2 Goldverbindungen mit Chlor sind vergleichsweise recht unbeständig und können hier außer Betracht bleiben.

3 Mit lat. Misy, griech. μίσυ wird in der Antike einmal eine Art von Staubschwämmen bezeichnet, also Trüffeln, zum anderen aber ist es eine in metallurgischen Schriften häufig genannte Mineralbezeichnung, zu der keine klare Zuordnung möglich ist. In manchen Zusammenhängen bedeutet es möglicherweise Galmei oder ein Vitriolerz. Hier und im Leidener Papyrus liegt es aber näher, ein Verwitterungsprodukt von sulfidischem Kupfer und/oder Eisenerzen anzunehmen, zumal die Ärzte Hippokrates [Mul. 1, 103], Galenus [12, 241, 15.32] und Dioskurides [5, 100] ein auf Zypern gefundenes Kupfererz mit diesem Namen bezeichnen. Siehe auch Galenus, «De simplicium medicamentorum temperamentia et facultatibus» [9, 21]. Die Verbindung so verschiedener Materialien in einem Wort scheint merk-würdig, ist aber durch das ähnliche Aussehen solcher Verwitterungsminerale und durch die gemeinsame adstringierende Wirkung auf der Zunge durchaus erklärbar.

4 Übersetzt von König, München 1984. Die Verwendung der Rückstände als Heilmittel wird hier von Plinius wohl fälschlich dem Gold zugeschrieben, in der «Asche» sind wahrscheinlich die Silberverbindungen das wirksame Agens.

5 Diod. [3, 14] = FGrHist. Nr. 86.

6 D. und R. Klemm, 1989

7 Notton, 1974

8 Eine für den Laien nachvollziehbare Anleitung für diesen Versuch findet sich in Moesta, 1986.

9 Siehe den Brief des Burraburiasch, der sich über eine Verminderung ägypti-schen Goldes beschwert, die nur durch erhebliche Zinngehalte verständlich wird. Knudtzon, 1915; Moesta, 1986

10 siehe z.B. Hanfmann, 1972

11 Hanfmann und Waldbaum, 1970

12 Goldstein in Hanfmann und Waldbaum 1970, zusammen mit vielen türki-schen Kollegen.

13 Die ausführliche Untersuchung dieses Fundes in chemischer und analyti-scher Hinsicht findet sich in vielen Arbeiten von Gentner und der Heidel-berger Gruppe, die numismatische von Price und Waggoner in «Archaic Greek Coinage». The Asyut Hoard, London 1975

14 Gale, Gentner, Wagner, 1980; Gentner, Müller, Wagner, 1978, besonders S. 283

15 zitiert nach Notton, 1974, vgl. Riess, RE I, 1894, S. 1351f.

16 Hunt, 1976; von Lippmann, 1913; Caley, 1926; Berthelot und Rouelle, 1987, Vol. 1, S. 19–73. Auf die arabischen Schriften zum Münzwesen wird weiter unten genauer eingegangen.

17 Plinius ɪɪ.ʜ. [34, 106]

18 Theophilus Presbyter, «Diversarium Artium Schedula», 3. Buch, 1983

19 Übersetzung von Toll, 1968

20 Al Hamdani schreibt über China (as-Sin): «und as-Sin gehört auch zu den Goldländern. Tubba hat gesagt: ‹Mir wurde verkündet [als erfüllt] in China ein Wunsch, den ich hatte – Gewänder aus Seide und ein Schatz aus Gold.›» Nach Toll, 1968, S. 148

21 Biringuccios Pirotechnica, übersetzt und erläutert von Johannsen, Braunschweig 1925

22 Toll, 1968

23 Toll, 1968, S. 158

24 Georgii Agricolae de re metallica libri XII, Basel 1556; Georgius Agricola, Zwölf Bücher vom Berg- und Hüttenwesen, erste deutsche Ausgabe erschienen 1557 in Basel; übersetzt und bearbeitet von Carl Schiffner, VDI-Verlag Düsseldorf, zahlreiche Auflagen, hier: 4. Auflage 1977

25 Beierlein und Ercker (eds.), 1968

26 anonym: Tem Kenkyujyo, 1985

4. Goldmünzen

1 Nach Herodot [I, 14. 50] stiftete König Gyges von Lydien goldene Weihgeschenke im Gewicht von ca. 785 kg, Kroisos von ca. 745 kg Gold nach Delphi, letzterer zusätzlich 2960 kg Elektron.
Nach Plinius [33, 83] setzte sich der Philosoph Gorgias als erster unter den Menschen (wohl auch als letzter der Philosophen, wie die Autoren meinen) eine aus massivem Gold gefertigte Statue im Tempel zu Delphi, wohl um 420 v. Chr. So groß war, fügt Plinius hinzu, damals der Gewinn vom Unterricht in der Beredsamkeit.
Der 478 v. Chr. von Gelon von Syrakus gesandte Dreifuß wog 16 Talente, ca. 420 kg (Diod. 11, 26, 7).

2 40 Talente dieses Goldes gehörten zum abnehmbaren Schmuck der Athena Parthenos-Statue des Phidias (um 438 v. Chr.), der jährlich nachgewogen wurde, vgl. Thukidides [2, 13, 5]; Inscriptiones Graecae II/III², 1407, 5. Von jeweils 7–10.000 Münzen blieb demnach nur eine einzige erhalten.

3 Die Gruben im Pangeion sollen, wenigstens zu Anfang, Gold im Werte von 1000 Silbertalenten jährlich geliefert haben, also rund 2,09 Tonnen. Daraus hätten sich über 240.000 jener goldenen «Philippeioi» prägen lassen, die so oft zur Bestechung von Politikern verwendet worden sind.

4 Diodor [16, 8, 7]

5 Nach den sich ergänzenden Nachrichten antiker Autoren fand Alexander mehr als 180.000 Talente an Edelmetallen in den persischen Schatzhäusern vor, rund 4715 Tonnen, etwa ein Drittel der Weltjahresproduktion von 1987. Hinzu kamen bis zu seinem Tode 323 v. Chr. jährlich 30.000 Talente = 786 Tonnen.
Nach Price, 1991, S. 25f. beliefen sich die Kosten für das makedonische Heer auf etwa 20 Talente = 30.500 Tetradrachmen *täglich*. Nach der Eroberung von Persepolis gab Alexander jedem Makedonen, der bei ihm blieb und nicht nach Hause zurückkehrte, ein Geschenk von 3 Talenten = 4150 Tetradrachmen. Ein Lehrer verdiente damals etwa 100 bis 120 Tetradrachmen im Jahr.

6 vgl. Price, 1991, S. 66f., der über 7000 Münzen Alexanders aufgearbeitet hat, davon allein 3500 im Britischen Museum. Mit schätzungsweise 2800 Vorderstempeln, von denen 1800 noch nachweisbar sind, geht er allein von 55 Millionen geprägter Drachmen aus. Die Zahl der Tetradrachmen liegt höher, etwa bei 450 Millionen.

7 Diese Methode ist, nach vielen Vorläufern, besonders von W.A. Oddy in zahlreichen Arbeiten zu einer verläßlichen numismatischen Analytik ausgebaut worden (siehe z.B. Oddy, 1972).

8 «Beschädigungslos» bedeutet immer, daß die Untersuchung auf die Oberfläche beschränkt ist. Seigerungen können hier bei gegossenen oder geschmolzenen Rohlingen sehr große Verschiebungen der Gehalte gegenüber dem Durchschnittsgehalt ergeben.

9 Healy und Darling, 1971, haben wohl als erste diese Methode auf griechische Elektron-Münzen angewendet.

10 Gordus, 1972, 1980

11 Cope, 1972, RIC² Nr. 52 mit Abb. Taf. 18; Vs: NERO CAESAR AVGVSTVS, belorbeerter Kopf mit Bart rechts. Rs: IVPITER CVSTOS, thronender Jupiter mit Blitz und langem Zepter links. Gewicht 6,775 g, aber beschädigt durch erheblichen Abrieb auf der Rückseite.

12 Pink, 1973²; Göbl, 1973

13 Hartmann, 1976

14 Paulsen, 1973²

15 Gordus und Metcalf, 1980

16 Darling und Healy, 1971

17 zitiert nach der Bearbeitung von Beierlein; siehe Ercker und Beierlein, 1968

5. Silber

1 Forbes, 1940; Gale und Stos-Gale, 1981

2 Gale (et al.), 1980, 1982, 1981, 1988; Heinrich, 1986; Jones, 1984, 1985; Kalcyk, 1982, 1988; Pernicka, Bachmann, 1983. Pernicka, Wagner, 1983 geben nur einen kleinen Ausschnitt aus der Flut der neueren Arbeiten über Laurion und das griechische Silber. Eine kritische Betrachtung der Forschungsarbeiten findet sich bei Weisgerber und Heinrich, 1983. Zur Geologie Marinou und Petrascheck, 1956.

3 siehe z.B. Lauffer, 1989, S. 5 ff.

4 siehe Kapitel 1, Anm. 3

5 Eine moderne Diskussion der verschiedenen Ansichten über die Entstehung der Silbergewinnung anhand der neuesten Erkenntnisse und Funde geben Pernicka und Wagner, 1985; Gale, 1982; Gale, Gentner, Wagner, 1980; Gale und Stos-Gale, 1981; Jones, 1980; Kalcyk, 1982; Pernicka und Bachmann, 1983; Wagner (ed.), 1985; Wagner und Pernicka, 1982; Weisgerber und Heinrich, 1983.

6 Bernal, 1970, zit. nach Suhling, 1976

7 z.B. Hetherington, 1980

8 siehe, um nur ein Beispiel von vielen zu zitieren: Jones, 1984

9 Bachmann, 1982

10 vgl. Kalcyk, 1982

11 Kohlmeyer und Hennig, 1954; Schneider, 1992, S. 78ff.

12 Da in allen thermochemischen Nachschlagewerken immer noch die alte Einheit at verwendet wird, wollen wir hier die für den Leser eher verwirrende Umrechnung in die neuen gesetzlichen Einheiten vermeiden.

13 Hörbe und Knacke, 1959; Kohlmeyer und Hennig, 1954

14 Assimenos, Begemann, Doumas, 1983; Dörpfeld, 1902; Forbes, 1940; Gale und Stos-Gale, 1981

15 Ein experimentelles Beispiel findet sich in Moesta, 1986.

16 z.B. bei Bayley und McDonell, 1990

17 Eine umfassende Darstellung der Kupellation mit ihren Tricks und Schwierigkeiten findet sich in: Die Edelmetallanalyse, Heidelberg 1964.

18 Von lat. pustula (bei Plinius u.a. auch pusula), das Bläschen auf dem geschmolzenen Silber, im übertragenen Sinne für reines Silber, vgl. Martial [7, 86, 7;8, 51, 5]; Sueton, Nero [44]

19 schon bei Pseudo-Aristoteles, Probl. phys. 936 b Loeb

20 Conophagos, Badecca, Tsaimou, 1976

21 Ähnliche Stücke gibt es z.B. im Museum von Nikosia/Zypern (vgl. Nicolaou, Mørkholm, Paphos I, A Ptolemaic Coin Hoard, Nicosia 1976) und aus dem keltischen Oppidum von Manching. Zu einem Fund im Hof der Zitadelle von Jerusalem aus der Zeit um 70 n. Chr. vgl. Amiran und Eitan, Israel Explor. Journ. 20, 1970, S. 9ff.

22 Conophagos et al., 1976. Die Münzen werden hier mit den Nummern der obigen Arbeit identifiziert.

23 aus Conophagus et al., 1976

24 Eine vollständige Bibliographie der Analysen griechischer und römischer Münzen findet sich bei Hall und Metcalf, 1972.

25 Vs. Gorgoneion oder zwei Kalbsköpfe zueinander, Rs. Quadratum Incusum, vgl. Franke, 1972, Nr. 693–694; Kraay, 1976, Nr. 107–108

26 Price, 1974, S. 19f.; Raymond, 1953, S. 18ff.

27 Das Stück wurde freundlicherweise von Herrn Rainer König, Saarbrücken, zur Verfügung gestellt.

28 Thompson, 1956

29 Thompson, 1956; Thompson und Chatterjee, 1954

30 Thompson, 1972

31 siehe Hanfmann und Waldbaum, 1970, bes. S. 19–21; «Cupellation Area A, B»

32 vgl. H. Küthmann, 1966

33 Aus dem Mittelalter und der frühen Neuzeit sind eine Reihe von sog. «Probierbüchern» überliefert. Am bekanntesten sind wohl die folgenden, leicht zugänglichen Werke: Egg, 1963; Beierlein und Ercker, 1968. Auch Agricola und Biringuccio widmen dem Probieren umfangreichen Raum in ihren Werken.

34 Die Verfasser möchten besonders Herrn Prof. Dr. Ch. J. Raub vom Forschungsinstitut für Edelmetalle in Schwäbisch Gmünd für viele Stunden der Vorführung und Unterrichtung auf diesem Gebiet danken.

35 siehe Edelmetallanalyse, Heidelberg 1964

36 «Stein», «Kupferstein» oder englisch «matte» ist ein Gemisch von unklar definierten Sulfiden des Kupfers und des Eisens, was beim Schmelzen sulfidischer Kupfererze als gelbe bis blauweiße Masse erhalten wird.

37 Suhling, 1976, S. 12

38 Forbes, 1964, besonders bei Davies, 1935

39 Suhling, 1976; dort findet sich auch eine erschöpfende Quellensammlung.

40 Joel und Schrenk, 1990

41 Herrn Namio Haga, Tokio, und Herrn Suzuki, Osaka, gebührt Dank für ausführliche persönliche Mitteilungen.

6. Herstellung von Münzen

1 Bei einem Tagessold von einer Drachme zahlte nach Thukidides [8, 29, 1] der persische Satrap Tissaphernes 412/411 für einen Monat rund 330.000 Drachmen = 1438 kg Silber an die 55 spartanischen Schiffe mit 200 Mann Besatzung, die für ihn kämpften. Der zu ihm übergelaufene Athener Alkibiades setzte dann mit fadenscheinigen Gründen eine Reduzierung auf die Hälfte durch. (Thuk. 8, 45, 2.)
Der spartanische Feldherr Lysander erhielt vom Großkönig 10.000 Dareiken für seine Soldaten, was einen Monatslohn für ebenso viele Söldner bedeutete.
Auf der Akropolis lagen im Parthenon bei Ausbruch des Peloponnesischen Krieges 431 v. Chr. nach Thukidides [2, 13f.] nicht weniger als 6000 Talente Silbers in Form von geprägtem Geld, also rund 9.000.000 Tetradrachmen.
Der Tempel von Lokroi stellte König Pyrrhos für seinen Krieg gegen Rom zwischen 281 und 276, also in nur sechs Jahren, 11.240 Talente, d.h. rund 17 Millionen Tetradrachmen, zur Verfügung (vgl. A. de Franciscis, Stato e Societa in Locri Epizefiri, Neapel 1972.).

2 Werz, 1994. Die Abbildung 37 wird dem Verfasser verdankt. – J. Nollé widerspricht jedoch dieser Interpretation im Jahrbuch für Numismatik 1995 (im Druck) entschieden und hält es für eine mythische Schmiedeszene.

3 Als Beispiel sei hier auf die Arbeiten von Babelon bis Conophagos verwiesen.

4 Delamare, Montmitonnet, Morrisson, 1988, geben die ausführlichste Abhandlung zu diesem Thema.

5 Ein im Januar/Februar des Jahres 350 verwendeter und an der Römerbrücke in Trier gefundener Prägestempel des Usurpators Magnentius besteht noch aus dem eigentlichen Stempel und einer eisernen Fassung, die den Hammerschlag aufnehmen mußte. Die erhaltene Kombination der beiden Teile wog 1535 Gramm. Katalog der Ausstellung des Rhein. Landesmuseums Trier, 1984, S. 127.

6 Für den Kaltverformungsgrad gibt es verschiedene Definitionen. Hier wird nur die folgende Definition verwendet, die bei den meisten Edelmetallverarbeitern üblich ist: F_0 sei die ursprüngliche Querschnittsfläche (z.B. senkrecht zur Bildebene der Münze geschnitten), F_e die endgültige Querschnittsfläche nach der Verformung. Dann gilt als Verformungsgrad $K = (F_0 - F_e) * 100 / F_0$ (in Prozent)

7 N = Newton, hier Krafteinheit, siehe Glossar

8 Delamare, Montmitonnet, Morrisson, 1988. Die Mechanik des Fließens von Metallen findet man in allgemeinen Zusammenhängen z.B. bei Barwell, 1980.

9 Die Seeschildkröte (a, b in der Abb.) symbolisiert die Seemachtstellung der bedeutenden Handelsmacht Aiginas, die aber 456 v. Chr. durch Athen endgültig gebrochen wurde. Nach Wiedergewinnung der Freiheit 404 wird deshalb eine Landschildkröte (c, d der Abb.) als Münzsymbol gewählt.

10 Analysen bei Morrisson, Barrandon, Poirier, 1983

11 In der Werkstoffkunde wird in alten Arbeiten eine Druck- oder Zugbelastung in «kg/mm2» angegeben. Nach der modernen Festlegung der Einheiten muß jedoch die Einheit «Pascal» verwendet werden. Zur Umrechnung: 1 kg/mm^2 entspricht rund 10^7 Pascal; 60 MPa (Megapascal) entsprechen also einer Belastung von rund 6 kg/mm^2. 1 Pa = 1 Newton/m^2. Anschaulich: Ein Pascal ist der Druck, den eine Tafel Schokolade auf ihre Unterlage ausübt, wenn man sie gleichmäßig auf einem Schreibtisch von 1 m^2 ausbreitet.

12 Analysen bei Morrisson und Barrandon, 1982 und 1985

13 Erstmals Hill, 1922, S. 1 ff., dann Schwabacher, 1953, 1957, S. 521. Int. Num. Congress Rom 1961, Atti II (1965), S. 107ff.; Franke, 8, 1957, S. 41f. Ablehnend: Sellwood, 1963, S. 219ff., Crawford, Num. Chron. 1981, S. 176f. Skeptisch: Mørkholm, Early Hellenistic Coinage, 1991, S. 28f. Dafür: Schwabacher, Num. Chron., 1966, S. 41ff.; Westermark, Das Bildnis des Philetairos von Pergamon, 1961, S. 28f.

14 Bachmann und Bodenstedt, 1976

15 vgl. auch Kraay, 1976, S. 13f. Allerdings ist der vorliegende Stempel nicht durch Einpressen einer Patrize, sondern durch Abguß hergestellt worden.

16 Bachmann und Bodenstedt, 1978. Die Autoren halten das Stück, abweichend von der hier gegebenen Deutung, für einen Probeabguß einer Form, in der Münzstempel gegossen werden sollten (s.a. Bodenstedt, 1976, S. 22; 1981; S. 35).

17 Herrn K.-H. Otto sei für die Überlassung des Stempels herzlich gedankt. Prof. Dr. U. Zwicker und Dr. K. Nigge, Universität Erlangen, verdanken wir den Prüfbericht mit den folgenden Angaben.

18 Seltman, 1921, S.32, Nr. 26, 27, Taf. 1 Serie IV, Nr. S und T

19 Hill, Num.Chron 1928, 117, Taf. II, 31; von Fritze, 1912, S. 41, Taf. I, 42; Vermeule, 1954, S. 10, Nr. 1.

20 Der von R. Postel, Ein Stempel aus Kyzikos, JBNum 19, 1969, S. 41ff. publizierte Stempel für eine Bronzemünzenemission des 4. Jhs. v. Chr. ist offensichtlich nicht antik.

21 Die Erlaubnis für diese Abbildung verdanken wir der steten Kollegialität der Direktorin, Frau Dr. M. Oikonomidou.

22 Vermeule, 1954. Dazu Kat. Schulmann 6.–11.6.1969 (Mabbott Coll.) Nr. 1758: Rückseitenstempel von Rhodos; N.Lupu, JBNum 17, 1967, S. 101ff.: Nachgemachte römisch-republikanische Stempel aus Dakien; H.M. von Kaenel, Liste 26, 19 der Numismat. Abt. der Schweizer Kreditanstalt; Stempel des Tiberius aus Ostia, 788 g schwer und 10,5 cm hoch; Aukt. Kat. Fa. Dr. Peus, Frankfurt/M. 318, 1987, Nr. 1113: Patrize für keltischen Quinar vom Nauheimer Typus, 1. Jh. v. Chr.; ders. Kat. Nr. 326, 1989, Nr. 27: Patrize für südd. oder böhmischen keltischen Buckelstater; Nr. 22: Patrize für keltischen Quinar vom Titelberger Typus, 1. Jh. v. Chr. – Weitere keltische Prägestempel in H. Dannheimer u.a., Das keltische Jahrtausend, 1993, S. 301 ff.

23 Babelon, 1901

24 Numismatica Ars Classica 7, 1994, S. 599 = Fine Arts 25, 1990, S. 301

25 Cüppers, Trierer Zeitschr. 31, 1968, S. 209ff.; Trier, Kaiserresidenz und Bischofssitz, 1984[2], S. 107, Abb. 27

26 Ravel, 1948. Kopplungen mit über hundert verschiedenen Stempeln finden sich für karthagische Prägungen bei Jenkins und Lewis, 1963, S. 63ff.

27 Ein sehr gutes Beispiel für die Entwicklung einer Stempelbeschädigung und schließlicher Zerstörung bei Cahn, 1944, S. 114–120 anhand von 56 stempelgleichen Tetradrachmen und 79 stempelgleichen Drachmen der sizilischen Stadt Naxos.

28 Robinson, 1956, S. 15ff.

29 Stets handelt es sich um abwechselndes Glühen und Durchschmieden. Durch Zusammenschmieden («Verschweißen») von Stäben aus Weicheisen und Stahl suchte man Härte und Geschmeidigkeit zu verbinden. Nach Plinius [34, 145] kam der beste Stahl von den Serern, von den Seidenleuten nördlich von Indien, und aus Parthien.
Auch die Härtung durch «Ablöschen» mit Wasser – so schon bei Homer, Odyssee [9, 391] – mit Urin, Bocksblut oder Öl ist bezeugt (Plin. Nat. 28, 148; Hippokr. Coacae praen. 384).

30 Toll 1968, S. 37 der Einleitung, Kap. XXXVI, LIII, LIV des arab. Textes.

31 Grundlegend: A. Furtwängler, Die antiken Gemmen. Geschichte der Steinschneidekunst im klassischen Altertum. 3 Bände, Berlin 1900.

32 Bei Healey, 1993 und Gerin, 1993 finden sich die entsprechenden Zitate.

33 siehe z.B. die Experimente von Tobey und Tobey, 1993

34 siehe neuestens bei Healey, 1993 und Gerin, 1993.

35 Dr. Busso Peus, Frankfurt/Main, Katalog 318, 1987, Nr. 1113

36 Fundort später als Oppidum Dünsberg bei Gießen identifiziert.

37 Dr. Busso Peus, Frankfurt/Main, Katalog 326, 1989, Nr. 22 und 27

38 Originaltext Katalog Peus. Der Stater ist im Katalog zur Ausstellung Kelten, Römer und Germanen von W. Mengin 1980 auf Taf. 21 abgebildet worden.

39 siehe die ausführliche Behandlung solcher Stempel bei Weidauer, 1975, S.43–58

40 zitiert nach Sellwood, 1980

41 vgl. Franke, Schweiz. Münzbll., 1958, S. 33ff.

42 M.V. Lemaire, Rev. belge de num., 1892, S. 101, zitiert nach Babelon, 1901, S. 918

43 Lehrstuhl Werkstoffwissenschaft (Metalle), Universität Erlangen-Nürnberg, Untersuchungsbericht UB 442/87, 09.12.87. Bearbeiter: U. Zwicker, R. Malter, K. Nigge

44 Tobey und Tobey, 1993

45 vgl. auch die Diskussion über das Stempelschneiden bei Hill, 1922

46 J. Svoronos, Matrice d'un Tetradrachme Athenien. Corolla numismatica. Oxford, 1906

47 Z.B. sind von den 10.000 im Tempelinventar von Delos erwähnten Tetrobolen ganze zwei auf uns gekommen. Von den 100.000 Golddrachmen der Serie Athens, 406–407 v. Chr., sind 26 Exemplare verschiedenen Nominals im Wert von 25 Drachmen erhalten, also ein 1/4000.

48 Siehe unter dem Stichwort «Signifikanz» in einem beliebigen Lehrbuch der Statistik.

49 Sellwood, 1963; Hill, 1922

50 Ausführliche Zahlenangaben bei Franke/Hirmer, 1972, S. 28 ff.

51 Carter, 1990

52 Solche Justierungen, zum Teil mit erheblichen Verletzungen des Münzbildes, sind für Denare der römischen Republik nachgewiesen. Stannard, 1993.

53 Bass, 1967

54 Bass, 1967

55 J. Werner, Waage und Geld in der Merowingerzeit. Sitzungsber. Bayer. Akad. D. Wiss. Phil.-Hist. Klasse, 1954, S. 1ff.

56 Toll, 1968, Kap. 18

57 Schaub, 1986; Schaub und Hiller, 1979; Meyer, 1986. Die Werkstatt war von 272 bis etwa 280 n. Chr. in Betrieb.

58 Bei Al Hamdani, vgl. Toll, 1968. Vgl. H. Hommel, 1965, S. 111 f. und 1966, S. 133. Göbl, 1968, S. 113f. Der behandelte Text gilt zwar für die Sasanidenzeit, doch dürfte er auch für die griechische Münzprägung zutreffen, was die Zahl des Personals betrifft.

59 I. Nicolaou, O. Mørkholm, A Ptolemaic Coin Hoard. Paphos I, 1976, S. 9f. mit Abb. 10, 11

60 Kraay, 1976, Tafel 2, fig. 39; Gela, Tetradrachme um ca. 425; vgl. Franke/Hirmer 1972, Taf. 57, 160

61 Sellwood, 1963

62 Hammer und Klemm, 1982

63 Duthil, Journ. Int. D'arch. num. II, 1899, S. 284; zitiert nach Babelon, S. 929

64 Sellwood, 1980

65 Von Reinigung spricht auch der Bericht des Mani aus der Mitte des 3. Jhs. n. Chr.; vgl. Hommel, 1965, S. 116.

66 siehe z.B. Hammer und Klemm, 1982, in ihrer Untersuchung römischer Denare.

67 Die aus der Verwendung «chemischer» Putzmittel gewonnenen Erfahrungen lieferten vermutlich die Grundkenntnisse, aus denen sich später das Weißsieden mit mehr oder weniger betrügerischer Zielsetzung entwickeln konnte. Hat man nämlich soviel Kupfer im Silber, daß die Münze wegen der natürlichen Farbe der Legierung nicht mehr als Silbermünze akzeptiert wird, kann man immer noch versuchen, durch partielles Heraussätzen des Kupfers in einer sehr dünnen Schicht die Münze wieder mit einem annehmbaren Silberton auszustatten.

68 Sellwood, Alterations in Mint Technology for the Edwardian Penny. Metallurgy in Numismatics I, 1980, S. 178f.

69 Sellwood, 1980. Durch die Vorbildung einer Schüssel kann das Aufreißen des Randes vermieden werden.

70 S.P. Noe, The Coinage of Metapontium I., 1927; vgl. Kraay, 1976, S. 12, 81, 170ff.

71 Vgl. Franke, 1961, S. 40f., 52; T. Hackens, Bull. Corr. Hell. 93, 1969, S. 701ff. Weitere Beispiele ließen sich in großer Zahl angeben.

72 vgl. Franke, Antike Welt 15, 1984, S. 21f. mit Abb. 21–24

73 Denaro, 1963

74 Treister, 1988, bes. S. 9, Statere von König Rheskuporis V., ab 242 n. Chr.

75 Plinius [36, 16ff.] beschreibt die wichtigsten Eigenschaften von Steinen. Evans 1864, S. 123ff., erwähnt bereits britische Münzen, an denen noch die Holzmaserung der Schrötlingsform zu sehen war.

76 Die Darstellung folgt weitgehend Hill, 1922.

77 B.Pick, Die antiken Münzen von Dakien und Moesien I, 1898, S. 182, Nr. 531 ff.; vgl. C. Predau und H. Nubar, Histria III, 1973, S. 236f. Taf. III.

78 Ausführliche Untersuchungen plattierter griechischer und römischer Münzen zwischen ca. 450 v. Chr. und 96 n. Chr. von Campbell, 1932. Kritische Betrachtungen dazu bei Cope, 1972.

79 vgl. Pollux [VII, 104]

80 vgl. Rutter, Campanian Coinages 475–380 B.C., 1979

81 siehe auch Thompson, 1956, Taf. 27, Abb. 19

82 siehe z.B. Picon und Guey, 1968

83 siehe bei Cope, 1972, S. 277f.

84 Zwicker, Hedrich, Kalsch, Stahl, 1968. Vs: Kopf Alexanders d. Gr. im Löwenskalp r.; Rs: l. thronender Zeus mit Adler; Halbmond unter dem Thronsessel als Zeichen der Münzstätte. Vgl. M.J. Price, The Coinage in the Name of Alexander the Great, 1991, S. 255f. Nr. 1825, 1826

85 Die Praxis, ein Lot durch mechanische Mischung von Feilspänen verschiedener Metalle herzustellen, geht in Mitteleuropa auf die frühe Hallstattzeit zurück.

86 Ein neuerer Beitrag zur Frühzeit der Blattgoldherstellung findet sich bei Eluere und Raub, 1990, neuerdings auch: Gold und Vergoldung bei Plinius: Werkheft Projektgruppe Plinius, Tübingen 1993.

87 Neuerdings W.A. Oddy u.a., Die Vergoldung von Bronzestatuen bei den Griechen und Römern. In: Die Pferde von San Marco, Katalog der Ausstellung in Berlin, 1982

88 Wir haben Herrn Prof. Dr. Ch. J. Raub, Schwäbisch Gmünd, für diese Aufklärung zu danken.

89 Zur Geschichte des Quecksilbers siehe Morral, 1984

90 Lechtmann und Heather, 1971, s. besonders S. 4

91 Der neueste Forschungstand findet sich mit umfassender Auflistung bekannt gewordener und untersuchter Stücke bei Oddy u.a., 1993, für Gold und bei La Niece, 1993, für Silber.

92 Oddy, Padley, Meeks, 1978; Raub, 1983; Scott, 1986; Oddy, 1983; Raub, 1991; Oddy, 1993; La Niece, 1993

93 Zwicker, 1973

94 Die folgende Darstellung hält sich in der Reihenfolge etwa an die Darstellung bei Thompson, 1956

7. Römische Metallurgie

1 Diodor schreibt [V, 38]: «Viele Arbeiter sterben hin vor übermäßiger Anstrengung, denn nie dürfen sie sich erholen, noch die Arbeit unterbrechen, sondern unter Schlägen der Aufseher, die sie zwingen, ihr schlimmes Los zu ertragen, opfern die Unglücklichen ihr Leben auf.»
Ein Brief des Bischofs Cyprianus (ep. 76), der 257 n. Chr. in der Nähe Karthagos an seine Glaubensgenossen in Erwartung der Hinrichtung geschrieben wurde, berichtet von den in den Bergwerken Numidiens verstreuten Christen, die zuerst mit Knüppeln geschlagen und schwer mißhandelt

wurden, mit Fußfesseln unter Tage arbeiteten, weder von Bett noch Polster im Schlaf erquickt, ohne Bad, starrend vor Schmutz, den Kopf halb geschoren wie Verbrecher, – deren Leiden aber nicht zu vergleichen seien mit der zukünftigen Herrlichkeit des himmlischen Reiches.
Auf einem ägyptischen Papyrus in der Österr. Nationalbibl. Wien, der zwischen 293 und 304 n. Chr. datiert ist, werden 6 Arbeiter von einem gewissen Apollonius für die Arbeit im Bergwerk überstellt. Sie sind zwischen 20 und 35 Jahre alt und Sträflinge, denn Apollonius übt das Amt eines «Räuberfängers» aus, offenbar in der Gemeinde Hermupolis in Ägypten (Papyr. Vindob. G 2075).

2 Domergue 1989, 1990

3 Harrison, 1931

4 41° 32" N und 7° 35" W

5 vgl. Diod. V, 35ff.

5a Vgl. dazu aber die CIL II 5181 inschriftlich überlieferte Bergwerksordnung von Vipasca, D. Flach, Chiron 9, 1979, S. 399–448, Domergue 1983.

6 Arbeitstagung «Zur Frühgeschichte des Erzbergbaues und der Verhüttung im südlichen Schwarzwald», Freiburg 1988

7 CIL III, 1312 = Dessau 1593

8 Noeske, 1979

9 Aus der sehr umfangreichen Literatur zum Rio Tinto sei hier nur auf die Arbeit von Rothenberg, Palomero, Bachmann, 1989 als Beispiel hingewiesen. Die dort mitgeteilten Messungen der Schlackenmenge durch Bohrungen haben die früher geschätzten 15 oder gar 20 Millionen Tonnen stark reduziert und damit ein neues Verständnis der Hüttentätigkeit ermöglicht.

10 Keesmann, 1990

11 Eine verhältnismäßig niedrig schmelzende Mischung von Kupfer- und Eisensulfiden.

12 Suda, Δ 1156, s.v. Diocletianus und Chemia; auch Hunt, 1976

13 Hunt, 1976

14 Theophilus, Ausgabe von 1983

15 «Physica et Mystica» des Pseudo-Demokritos, aufgeführt bei Berthelot und Rouelle, 1887, S. 70

16 Erst wenn sich der Begriff Geld völlig vom materiellen Wert des Zahlungsmittels gelöst hat, können beliebige Metalle für Münzen verwendet werden, ohne daß unmittelbar von Betrug die Rede sein kann.

17 Dokimastische Analysen (Assays) von H. Knight Ltd., mitgeteilt von Cope, 1972

18 Dies entspricht 8,2 Tonnen Gold oder 85 Tonnen Silber bzw. 1 Million Aurei oder 25 Millionen Denare. Davon allein nach Indien nach Plinius [6, 26, 6] die Hälfte.

19 Condamin und Picon, 1972, Tab. S. 51. Die Prozentangaben beziehen sich auf den Metallgehalt ohne Berücksichtigung der unterschiedlichen Sauerstoffanteile durch die oberflächliche Oxidation des Kupfers.

20 Eine ausführliche metallographische Untersuchung einiger römischer Denare findet sich bei Hammer und Klemm, 1982.

21 Cope, 1972

22 Dieser Kaiser setzt im Zuge einer der vielen Versuche zur Münzreform nicht nur den Aureus auf 1/60 = 5,4 g (in geringem Umfang auch auf 1/50 = 6,54 g) des römischen Pfundes herab, sondern prägt kurzzeitig auch eine Silbermünze von 90 %, den sog. Argenteus.

23 Patterson, 1972; Ashtor, 1971

24 Ein großer Teil des römischen Silberbesitzes stammte aus der Beute erfolgreicher Kriege, war also keine Eigenproduktion, vgl. Franke, 1990.

25 Der Begriff ἄσημος ist vielgestaltig. Ursprünglich bedeutete er «ohne Zeichen, Siegel», also auch ungemünztes und ungestempeltes Gold, später mehr allgemein Silberplatte, in Verbindung mit «metalla» auch Silbermine, und dann besonders Elektron oder dessen Imitationen bis hin zum Begriff «obskur», vgl. Liddell, Scott. A Greek-English Lexicon, Oxford 1940, ND. 1958, s.v.

26 zitiert nach Caley, 1926

27 Franke, 1994; Prof. Dickenscheid und Dr. Thiele, Univ. des Saarlandes, wird die metallographische Untersuchung gedankt.

28 Hier nur eine Auswahl: Caley, 1962 und 1964; Cope, 1972; Tyler, 1972; Carradice und Cowell, 1980; Carter, 1982–1983; Carter, 1978; Craddock, Burnett, Preston, 1980; Hammer, Klemm, 1982. Eine ausführliche Bibliographie von Münzanalysen findet sich bei Naster und Hackens, 1972.

29 Vielen falschen Analysen zum Trotze sind, laut Cope, die hier genannten Legierungen typisch für Silbermünzen von Gallienus' Alleinregierung bis zu Diocletians Reform und weiter bis in die Zeit der Constantine.

30 siehe z.B. Steinberg, 1973

31 z.B. «Weißwaschen» mit quecksilberhaltigen Lösungen, Tauchen in geschmolzenes Silber oder Silberchlorid, und mancher andere Vorschlag.

32 nach Franke 1991, S. 28 ff.

33 Smith, 1973

34 Allesch, 1959, S. 221

35 Plinius [34, 8–13, 94–96] beschreibt die verschiedenen Arten von Aes, die sich dort jedoch nicht auf das Münzwesen beziehen.

36 Tylecoat, 1987; Moesta, 1986

37 Plinius [33, 43] nach Timaios, FGrHist. Nr. 566 F 61

38 Festus 237 M; Plinius [33, 43]

39 Plinius [33, 42]

40 Plinius [33, 44–46]

41 Carter, King, 1980

42 Bürsten mit Sand, Abbeizen in organischen Säuren, ammoniakhaltigen Aufschwemmungen von Mist, Kochen in Weinsteinlösungen.

43 Datenblätter des Conseil International pour le Development de Cuivre, Genf, freundlich überlassen vom Deutschen Kupferinstitut.

44 Die horizontalen Linien im Schmelzdiagramm Kupfer – Zinn bei 350, 520 und 586 Grad zeigen an, daß das Metall bei diesen Temperaturen in die α-Phase und die spröden Phasen am rechten Ende der Linien zerfällt. Diese spröden Phasen lassen das Material unter dem Hammer zerbrechen. Dies ist der Grund dafür, daß sich Bronzen mit höheren Zinngehalten nicht heiß schmieden oder prägen lassen, wenn auch anderes in der Literatur behauptet werden mag.

45 Analysen von Zwicker, 1984. Diese Stücke können manchmal natürlich auch zeitgenössische Fälschungen sein.

46 Die Zitate nach Craddock, Burnett, Preston 1980.

47 Caley, 1964, S.72, nach einer Analyse von Helm aus dem Jahre 1895

48 Carter, Theodory, 1980

49 Morral, 1983

50 Zwicker, 1984

51 Ebora: A. Heiss, Description Generale des Monnaies Antiques de L'Espagne 1870, Nachdr. Amsterdam 1966, Taf. 57, 3. Massilia 1: H. de la Tour, Atlas de Monnaies Gauloises, Paris 1892, Taf. 4, 1495. Arverner: H. de la Tour, Taf. 12, 3943. Sequaner 1: H. de la Tour, Taf. 17, 5629. Leuker 1: H. de la Tour, Taf. 37, 9078. Massilia 2: H. de la Tour, Taf. 4, 1673

52 siehe z.B. Blanderer, 1952

53 siehe z.B. Riederer 1981. Hier wird auch ein gefälschtes Stück Aes grave aus dem Jahr 1977 mit einer künstlichen Malachit-Patina erwähnt. Leider fehlt ein Hinweis auf eine eventuelle Unterschicht aus Oxid.

54 siehe z.B. Deutsches Kupferinstitut 1974

55 Otto, H. 1959. 1961. 1963

56 vgl. Caley, 1963. Plinius spricht [34, 2, 4] von aurichalcum, doch kommt das Wort aus dem Griechischen «Bergerz». Dies soll angeblich «natürliches» Messing bezeichnen, eine Substanz, die es nie gegeben haben kann. Wegen der falschen Ableitung von aurum = Gold und der gleichen Aussprache bei den Dichtern hat sich aurichalcum neben orichalcum durchgesetzt.

57 Craddock, Burnett, Preston, 1980

58 Otto und Witter, 1952

59 In manchen noch älteren Münzen wird bei der Spektralanalyse Zink in Spuren gefunden. Hier handelt es sich nicht um Messingmünzen, sondern um Verunreinigungen, wie sie von der Bleikomponente in Bleibronzen eingeschleppt werden können. Ein Zinkgehalt von 5 bis 10 % im Kupfer dagegen kann nicht mehr als Verunreinigung angesehen werden, sondern muß als Messing gelten.

60 Zwicker, 1984

61 siehe u.a. Marechal, 1962

62 Theopompos, FGrHist. Nr. 115, F 112, übernommen von Strabo XIII, 610. Vgl. G.S. Shrimpton, Theopompos the Historian, Montreal, London, 1991.

63 Treister, 1990

64 zitiert nach Caley, 1962

65 Treister, 1990

66 vgl. die oben erwähnte Stelle bei Theopompos

67 Vortrag von Zwicker, 1986

68 Craddock, 1987, weitere zahlreiche Mitteilungen zu diesem Thema vom gleichen Autor; siehe auch Sommerlatte, 1988.

69 Craddock, 1987

70 Plinius [34, 100–105]

71 Baylay, 1982

72 Dort nicht näher identifiziertes Ausstellungsstück im örtlichen Museum.

73 Der Autor dankt Herrn Professor Riccardo Francovich, Siena, für eine Führung zu diesem Ofen.

74 Barnes, 1973

75 Eine heute für mechanische Arbeiten vielverwendete Messingsorte hat 58% Zink.

76 Moesta, 1993

77 McKerrel und Stevenson, 1972

78 McKerrel und Stevenson, 1972

Glossar

Aes Bezeichnung für Kupfer und Legierungen auf der Basis von Kupfer wie Bronze, Messing usw.

Analyse hier stets gemeint im Sinne der chemischen Analyse, der Bestimmung der chemischen Bestandteile einer vorgelegten Substanz.

Antoninianus römische, 215 n. Chr. eingeführte Silbermünze im Gewicht von 1,5 Denarii, aber mit 2 Denaren bewertet. Seine Legierung wurde im Laufe der Zeit extrem verschlechtert.

Arbeit in der Physik das Produkt aus einer Kraft, die über einen gegebenen Weg an einem Körper wirkt. Arbeit = Kraft x Weg (vgl. «Leistung»).

As römisches Grundnominal aus Kupfer oder Aes. Seit Augustus entsprechen 16 Asse einem Denar.

Assay siehe «Probieren».

Aureus römische Goldmünze, seit Augustus im Wert von 25 Denarii.

Aurichalkum siehe «Orichalcum».

Beißprobe Primitive Probe auf Echtheit einer Goldmünze. Da reines Gold sehr weich ist, kann das Gebiß eines kräftigen (zahngesunden) Mannes durchaus einen sichtbaren Eindruck hinterlassen. Auch das Gefühl beim Beißen zeigt eine gewisse Weichheit im Gegensatz zu Münzen mit hohem Kupfergehalt, die sich im Biß «hart» anfühlen.

Billon Münzlegierung mit typischerweise 30 bis 40 Prozent Silber, Rest Kupfer.

Damaststahl, damaszieren Stahlwerkstoff, aus dünnen Lagen harten Stahls und weicheren Eisens zusammengeschweißt. Bei Waffen häufig mit schöner Musterung.

Dareikos persische Goldmünze zu 8,41 Gramm.

Denarius römische Silbermünze, ursprünglich im Wert von 10, seit 27 v. Chr. von 16 Assen; wurde im dritten Jahrhundert durch den «Antoninianus» (vgl. dort) ersetzt.

Dendriten bäumchenförmige Ketten kleiner Kristalle. Im vorliegenden Zusammenhang speziell Kristalle einer hochschmelzenden Legierungskomponente, die sich beim Abkühlen der Schmelze zuerst ausscheiden.

derb Erz-Massen ohne erkennbare Kristalle.

Dokimasie Griech., ursprünglich Münzprüfung, heute für Prüfung im Feuer gebraucht.

Dirham arabisches Standardnominal aus Silber, etwa 2,0 Gramm. Gewicht schwankt stark nach Ort und Zeit.

Drachme griechische Silbermünze, je nach Münzfuß unterschiedlichen Gewichts. Sollgewicht in Athen ca. 4,36 Gramm.

elastisch die Verformung eines Körpers, bei der nach dem Aufhören der verformenden Kräfte die ursprüngliche Form vollständig wiederhergestellt wird (Gegensatz: «plastisch»).

Elektron Gold-Silber-Legierung, ursprgl. natürlich vorkommend, im Münzwesen häufig auch künstliche Legierung.

Eutektikum Der Schmelzpunkt von Mischungen, auch bei Metallen, hängt von der Zusammensetzung ab. Zeigt der Schmelzpunkt bei einer gewissen Zusammensetzung ein Minimum, so heißt dieses Minimum «eutektischer Punkt»; entsprechend werden die Begriffe «eutektische Temperatur», «eutektische Zusammensetzung» oder kurz «Eutektikum» verwendet. Meist mikroskopisch durch besondere Struktur leicht zu erkennen.

	In der Technik finden eutektische Mischungen weite Anwendung beim Löten.
Feinheit	Maß für die Reinheit von Gold und Silber, ausgedrückt in Tausendsteln. «750 fein» heißt 75 Gewichtsprozent Gold oder Silber.
Flan	Rohling einer Münze, auch Schrötling genannt.
Follis, pl. Folles	römische Aes-Münze, eingeführt von Diocletian 294 n. Chr.
Gediegen	Metall in reiner, elementarer Form.
Gegenstempeln	Einschlagen eines kleinen Stempels in vorhandene Münzen. Meist zum Zwecke einer neuen Autorisierung als Zahlungsmittel.
Gleichgewicht	Zustand, der sich durch Extremwerte thermodynamischer Funktionen auszeichnet. In praxi dadurch gekennzeichnet, daß ein System aus jeder beliebigen Störung wieder in diesen Zustand zurückläuft.
Glockenbronze	Bronze mit sehr hohem Zinngehalt, modern eventuell auch zusätzlich Zink.
Hartbronze	Bronze mit hohen Zinngehalten.
Hekte	Sechstel jeder Einheit, auch von Münzen, besonders der frühen Elektronstatere (vgl. «Stater») von Kyzikos, Mytilene, und Phokaia mit 2,6 Gramm Gewicht.
Hemihekte	halbe Hekte.
Herd, Waschherd	flache, leicht geneigte Gerinne, über die Wasser mit feinteiligen Erzen oder Metallen geleitet wird, damit sich die schweren Bestandteile (besonders Gold) absetzen können. Häufig mit Tuch oder Fell bekleidet.
Hybride Stücke	Stücke, die beim Guß von Münzen durch Verwechslung von Formhälften gelegentlich entstehen und bei denen die Vorderseite von den Bildern her nicht zur Rückseite paßt.
Incusum	wörtl. «Einschnitt»; der vertiefte Eindruck eines «Präge_stocks». Anfangs bildlos auf der Rückseite griech. archaischer Münzen, mit Bild in Unteritalien (ca. 550–480 v. Chr.).
Karat	Maß für den Feingehalt bei Gold; Einheit 1/24. Gold mit 100 Gewichtsprozent hat 24 Karat; 18 Karat entsprechen 75 Gewichtsprozent Gold.
Komponente	jeder chemische Stoff, der zum Aufbau eines chemischen Systems verwendet wird. Im Gold-Silber-Kupfer-System sind Gold, Silber und Kupfer die «Komponenten».
Kopplung	siehe «Stempelkopplung».
Korn	in Deutschland früher gebräuchlich für Feinheit, Feingehalt. Das Wort ist wahrscheinlich aus der Probierkunst gekommen, wo die letzte Stufe der Arbeit eben ein «Korn» des reinen Edelmetalls auf der Kupelle liefert (vgl. auch «Schrot»).
Kupellation	Verbrennen (oxidieren) des Bleiteils einer Mischung von Blei mit Edelmetallen in besonderen Tiegeln (Kupellen) und Öfen, s. Kap. 5.2.1. Im deutschen Sprachgebrauch häufig «Abtreiben» oder «Silberbrennen».
Kupferstein	eine verhältnismäßig niedrig schmelzende Mischung von Kupfer- und Eisensulfiden, entsteht bei der Verhüttung von Chalkopyrit. Noch heute in den Schlacken alter Betriebe als kleine Einschlüsse von meist gelber Farbe zu finden.
Legierung	homogen erscheinende Mischung mindestens zweier Metalle.
Legierungsperiode	Zeit, innerhalb derer eine Münzstätte eine Legierung bestimmter Zusammensetzung verwendete.
Leistung	geleistete Arbeit pro Zeiteinheit.(Kraft X Weg)/Zeit; Einheit: Watt.
Libra	römische Gewichts- und Währungseinheit = Pfund, rund 327 Gramm.
Liquidus-Kurve	trennt im Schmelzdiagramm den Bereich des ausschließlich flüssigen Zustands von Zuständen mit wenigstens teilweise festen Substanzen (vgl. «Solidus-Kurve»).
Lot	Gewichtsbezeichnung: 1/16 Mark, etwa 14,6 Gramm.
Löten, Lot	Verbinden zweier Metallteile mit Hilfe eines weiteren Metalls, des Lotes, welches einen niedrigeren Schmelzpunkt haben muß als die zu verbindenden Teile (vgl. «Eutektikum»).
Lunker	Hohlräume in einem Guß- oder Schmiedestück.
Mark	Gewichtsmaß für Silber. Wiener Gewicht: 280 Gramm; Erfurter Mark (bis 1556): 235 Gramm; Kölner Mark: 234 Gramm.
Matrize	«Mutterform», von der andere Formen erzeugt werden können, in der Regel vertieftes Bild. In diesem Sinne sind Münzstempel für erhabene Bilder auch Matrizen (vgl. «Patrize»).
matte	engl. für «Kupferstein» (siehe dort).
Messing	Legierung von Kupfer und Zink. Im Altertum bis in die frühe Neuzeit durch Zementation von Kupfer mit Galmei (Zinkcarbonat) oder Zinkoxid hergestellt, maximale Zinkgehalte von höchstens 28 Prozent. Modernes Messing hat wesentlich höhere Gehalte.
Metallurgie	Lehre von der Natur und Herstellung der Metalle.

168

Mischung, binäre	Mischung aus nur zwei Komponenten.	Schmelz-diagramm	graphische Darstellung des Verlaufes von Schmelz- und Erstarrungspunkten einer Mischung als Funktion der Zusammensetzung. Wichtig ist dabei, daß die Punkte unter der Bedingung des Gleichgewichts gemessen werden.
Newton (N)	Einheit der Kraft: Ein Newton ist die Kraft, die einer Masse von 1 Kilogramm eine Beschleunigung von 1 m/s^2 (Meter pro Quadrat-Sekunde) erteilt.	Schrot	in Deutschland früher gebräuchlich für Münzgewicht im Gegensatz zum Feingehalt (vgl. «Korn»). «Von echtem Schrot und Korn» bedeutet: richtiges Gewicht und richtige Feinheit.
Numismatik	Wissenschaft, die sich mit antiken Münzen befaßt.	Schrötling	Rohling zur Münzprägung (vgl. auch «Flan»).
Oberstempel	in der Regel mit dem Rückseitenbild graviert, wird beim Prägen einer Münze auf den Schrötling gesetzt und nimmt den Hammerschlag auf (vgl. «Unterstempel»); engl. «trussel», «reverse die».	Scrupulum	auch scripulum, römisches Kleingewicht, etwa 1,13 Gramm. 24 Scrupel gehen auf die «uncia», Unze (siehe dort), 288 auf die «Libra» (siehe dort).
Obolos	Kleinmünze, entspricht 1/6 Drachme.	Seife	Ablagerungen unter Anreicherung von Erzen oder Metallen im Sande von Flüssen. Wortstamm vermutlich von althochdtsch. «siffe» = tröpfeln, feucht.
Orichalcum	Messing oder ähnliche gelbe Münzlegierung; in der frühen Kaiserzeit für Dupondius und Sesterz verwendet.	seigern	selbsttätiges Abtrennen von Komponenten (ganz oder teilweise Entmischung) einer Legierung beim Abkühlen nach dem Guß. Bewirkt häufig erhebliche Änderungen der lokalen Zusammensetzung gegenüber dem Mittelwert der ganzen Charge. Auch Bezeichnung für ein besonderes Verfahren zur Extraktion von Silber aus Kupfer.
Pascal (Pa)	Einheit des Drucks (Kraft pro Flächeneinheit); 1 N/m^2 (Newton pro Quadratmeter).		
Patrize	«Vater»-Form mit herausstehendem Bild, dient zur Erzeugung einer Form mit vertieft liegendem Bild, der «Matrize» (siehe dort). Zur Herstellung von Münzstempeln durch Einsenken in heiße Metallblöcke verwendet.	Sestertius	Münze im Wert von 4 Assen.
Phase	Gebiet oder Menge mit einheitlichen Kenngrößen, z.B. «fest» oder «flüssig».	Sichertrog	langgestreckter Trog zum Goldwaschen, meist aus Holz.
		Siglos	griech. Übertragung von semitisch «Schekel», persische Silbermünze zu 5,6 Gramm Silber. 20 Sigloi wurden 1 Dareikos gleichgesetzt.
plastisch	eine Verformung, bei der nach Aufhören der verformenden Kraft eine Formänderung zurückbleibt (Gegensatz «elatisch»).		
Prägestock	siehe «Treibstock».	Solidus	«massive» römische und byzantinische Goldmünze. Eingeführt von Constantin d. Großen 307 u. 324 n. Chr. (Gesamtreich). Bis 1435 auf hohem Standard nach Gewicht und Feinheit.
Probieren	altes deutsches Wort für Bestimmung des Gold- oder Silbergehaltes in anderen Metallen, meist durch «Kupellation» (vgl. Stichwort); engl. «assay».		
Protome	«Vorderteil»; Kopf, Hals und Vorderbeine z.B. eines Stieres, Greifen oder Löwen.	Solidus-Kurve	trennt im Schmelzdiagramm den Bereich völliger Erstarrung von Bereichen mit teilweise geschmolzenen Substanzen (vgl. «Liquidus-Kurve»).
Pulver-metallurgie	Verfahren, bei dem Metalle als Pulver gemischt, dann gepreßt und zu festen Körpern gesintert werden. Heute besonders für hochschmelzende Materialien, kann aber auch schon im Altertum etwa auf Seifengold angewendet worden sein.	Stahl	eigentlich Eisen mit einem gewissen Gehalt an Kohlenstoff (etwa von 0,2 bis 0,8 Prozent). Kann durch eine Wärmebehandlung gehärtet werden. Im modernen Sprachgebrauch wird jeder Eisenwerkstoff – auch Weicheisen – als Stahl bezeichnet.
Raffination	Reinigungsprozeß, Reinigung.		
Randlöslichkeit	Bildung von Mischkristallen am «Rande» eines Schmelzdiagrammes. Verhindert Ausscheidung der reinen Komponenten		
Scheiden	Trennen von Gold und Silber.	Standard-abweichung	statistisches Maß für die Streuung von Messungen um einen Mittelwert.
Schlich	an Edelmetallen angereicherte Fraktion eines Waschvorgangs.		

Stater	griechische Münzbezeichnung, eigentlich Münzeinheit. Größe, Gewicht und Metall sind je nach Währungssystem verschieden, oft für Goldmünzen, Di- und Tetradrachmen verwendet, ebenso für Unternominale (Hemistater usw.).
Stempel	Halbform, aus Bronze, Stahl oder Eisen, mit der eine Metallplatte zur Münze geprägt wird.
Stempelfolge	zeitliche Abfolge, die sich aus «Stempelkopplungen» (siehe dort) bei größeren Untersuchungsserien im Gebrauch der Stempel feststellen läßt.
Stempelkopplung	Lassen sich bei einer Serie von Münzen verschiedene Oberstempel bei gleichem Unterstempel (und umgekehrt) nachweisen, spricht man von «Kopplung» zwischen diesen Stempeln.
Stempelschneider	Handwerker, der die Bilder und Schriften in einen Stempel schneidet (graviert).
Strichprobe	Probierverfahren, bei dem das zu untersuchende Metall auf einem vorzugsweise schwarzen Stein gerieben und dann die Farbe des Abriebs visuell beurteilt wird. Ab dem 16. Jahrhundert auch in Kombination mit Mineralsäuren.
subaerat	Münzen, deren Inneres (Seele, anima) aus unedlem Metall mit einem dünnen Überzug aus Edelmetall «plattiert» ist, um eine gute massive Münze vorzutäuschen.

Talent	größte antike Recheneinheit im Zahlungsverkehr, entspricht 26,19 Kilogramm Silber.
Tetradrachmen	Stücke von 17,2 Gramm Silber (vier Drachmen).
Treibstock	anstelle eines Oberstempels verwendeter Stab, mit dem das Metall in das Bild des Unterstempels getrieben wird (vgl. «Incusum»).
überprägen	auf ein bereits vorhandenes Münzbild ein neues aufprägen.
Uncia	römische Unze, 1/12 «Libra», rund 27,25 Gramm.
Unterstempel	der stationär in einen schweren Amboß eingebettete Münzstempel, der in der Regel die künstlerisch anspruchsvollere Vorderseite prägt; engl. «obverse die».
Weinstein	saures Kaliumsalz der Weinsäure, häufig mit dem Kalziumsalz derselben Säure verunreinigt. Natürliche Absetzung in Behältern mit altem Wein. In wässriger Lösung ein Mittel zur schonenden Entfernung von Oxidschichten auf Metallen.
Weißsieden	Verfahren zum Hervorbringen eines Silbertones an der Oberfläche von Münzen oder Flans aus Kupfer-Silber-Legierungen, die durch Oxidation unansehnlich geworden sind, meist mit mit einem Sud von Weinstein. Nur kurzfristig wirksam.
Zementation	allgemein für Glühbehandlung eines Stoffes mit einem anderen, pulverförmigen Stoff.

Literaturverzeichnis

I. Antike Autoren

(T = Textausgabe, Ü = Übersetzung)

A

Agatharchídes — von Knidos, 2. Jahrh. v. Chr., schrieb u. a. historische Werke (*Europiaká, Asiatiká,* Über das Rote Meer). Er wurde von → Diodor benutzt. Die Fragmente bei → FGrHist. Nr. 86.

Aristotéles — von Stageiros, 384-322 v. Chr., Philosoph und Universalgelehrter, Erzieher Alexanders d. Gr. verfaßte über 400 z. T. verlorene philosophische und naturwissenschaftliche Werke, andere werden ihm zu Unrecht zugeschrieben (Ps.-Aristoteles) – T: O. Gigon – I. Bekker, 1960², 5 Bände. – Ü: P. Gohlke, 1947-61, 9 Bde.

Arrianós, — Flavius, aus Nikomedia/Bithynien, ca. 95-172 n. Chr., römischer Historiograph, Konsul, lebte in Athen. Hauptwerk die *Anabasis,* der Feldzug Alexanders d. Gr. 334-323 v. Chr. in Asien anhand zeitgenössischer Quellen. – T, Ü: G. Wirth, O. von Hinüber 1985 (Tusculum).

C

CIL — Corpus Inscriptionum Latinarum, Berlin 1863-1995ff.

D

Demókritos — von Abdera, 460-370 v. Chr., Philosoph, Verfasser von über 60 Schriften zur Physik, Astronomie, Mathematik, Ethik und Politik, andere zu Unrecht zugeschrieben. – T, Ü: H. Diels, W. Kranz, Die Fragmente der Vorsokratiker, 1966/67¹², 3 Bde.

Demosthénes — von Athen, 384-322 v. Chr., athenischer Politiker und berühmtester Redner der Antike, Gegner Philipps II. und Alexander d. Gr. von Makedonien, hinterließ zahllose Gerichts- und politische Reden, andere werden ihm zugeschrieben. – T, engl. Ü: J. H. Vince, A. T. Murray, Oxford 1956, 7 Bde.

Dessau H. — Dessau, Inscriptiones Latinae selectae, Berlin 1892-1916, ND. 1962, 3 Bde.

Diódoros — von Agyrion/Sizilien, 1. Jh. v. Chr. schrieb eine Weltgeschichte *(Bibliothéke),* nur zum Teil erhalten. – T, engl. Ü: A. Wahrmud 1866-69.

Dioskurídes, — Pedanius, von Anazarbos/Kilikien, 1. Jh. v. Chr., Arzt, verfaßte u. a. 5 Bücher "Über den Stoff der Arzneikunst" (lat. *Materia Medica*), d. h. über alle Arznei- und Heilmittel. T: M. Wallmann, 1906-14, ND. 1958; Ü: J. Berendes, 1902, ND. 1970.

F

Festus, — Sextus Pompeius, 2. Hälfte 2. Jh. n. Chr., römischer Grammatiker, fertigte vom großen Lexikon des unter Augustus lebenden Verrius Flaccus einen

FGrHist.

Auszug (*Epitomé*) an, der nur fragmentarisch erhalten ist. Paulus Diaconus machte davon im 8. Jh. nochmals einen Auszug, der komplett überliefert ist. – T: W. M. Lindsay, 1913, ND. 1965 (mit Paulus Diaconus).
F. Jacoby, Die Fragmente der griechischen Historiker, Berlin 1923-58, 15 Bde.

G

Galenós

von Pergamon, 129-199 n. Chr., berühmter Arzt, Autor zahlloser medizinischer Schriften. – T: C. G. Kühn, 1821-1833, ND. 1964-65, 20 Bde., Ü: E. Beintker, W. Kahlenberg, 1939ff.

H

Heródotos

von Halikarnassos/Karien, 484-430 v. Chr., weitgereister griechischer Historiker, schrieb 9 Bücher *Historíai* über das Zeitalter der Perserkriege. T, Ü: J. Feix, München 1963, 2 Bde. (Tusculum).

Hippokrátes

von Kos, ca. 460-370 v. Chr., berühmter Arzt, verfaßte zahllose medizinische Schriften, darunter *de natura mulieris* (Über die Konstitution der Frau) und *Coacae praenotiones* (Prognosen aus Kos, dem Heilheiligtum). – T, franz. Ü: E. Littré, Paris 1839-61, 10 Bde., ND. Amsterdam 1961-63; deutsche Gesamtübersetzung R. Kapferer, G. Sticker, Stuttgart 1933ff., 5 Bde.

Hómeros

aus Kleinasien, 2. Hälfte 8. Jh. v. Chr., der älteste griechische Dichter, Verfasser der *Ilias* und der *Odysseia*. T, Ü: Ilias H. Rupé, München 1961[2,] Odyss. A. Weiher, München 1974[4] (beide Tusculum).

Hygínus

wird ein unbekannter Autor des 2. Jhs. n. Chr. genannt, der Fabeln in lat. Sprache schrieb. – T: H. J. Rose, 1963[2], Ü: I. Mader, Griech. Sagen, 1963.

I

IG

Inscriptiones Graecae, herausg. von der Akademie der Wissenschaften zu Berlin, 1902ff.

L

Livius,

Titus, ca. 59 v. -17 n. Chr., römischer Historiker, schrieb eine Geschichte Roms *ab urbe condita*, von der Gründung der Stadt bis 9 v. Chr., in 142 Büchern. Erhalten sind 1-10, 21-45, vom Rest nur Auszüge und Fragmente. – T, Ü: J. Feix, H. J. Hillen 1960-1991 (Tusculum), Ü: K. Heusinger, O. Güthling 1925-28[2].

M

Martialis,

Marcus Valerius, ca. 40-104 n. Chr., römischer Epigrammdichter. – T, franz. Ü: H. I. Zaak, Paris 1961[2], deutsche Ü: R. Helm, Zürich – Stuttgart 1957.

P

Plinius

Secundus d. Ä., Gaius, 23/24-79 n. Chr., röm. Schriftsteller und Beamter, starb beim Vesuv-Ausbruch. Schrieb als Hauptwerk eine *Naturalis Historia* in 102 Büchern, die das Wissen seiner Zeit, besonders das naturwissenschaftliche zusammenfaßte. T, Ü von Buch 33.34 (Metallurgie): B. König, G. Winkler, München 1984/89 (Tusculum).

Plinius

Caecilius Secundus, Gaius, ca. 61/62-114 n. Chr., aus Como, röm. Politiker und Rhetor, hinterließ u. a. 10 Bücher *Epistulae*, Briefe, darunter einen Briefwechsel mit Kaiser Traianus, als dessen Legat in Bithynien. T, Ü: H. Kasten, München 1968, Berlin 1982 (Tusculum).

Plútarchos

von Chairóneia/Boiotien, ca. 50-120 n. Chr., griech. Philosoph und Biograph, Priester in Delphi, schrieb rund 230 Werke philosophischen, ethischen, rhetorischen, politischen und antiquarischen Inhalts, ferner 23 Parallel-Biographien berühmter Griechen und Römer. T: Moralia: M. Pohlenz u. a., 1925ff, 6 Bde., ND. 1959-71, Ü: O. Apelt, 1925-27, 3 Bde. – T Biographien: K. Ziegler, 1964-71, 3 Bde., Ü: K. Ziegler, W. Wuhrmann 1954-65, 6 Bde., W. Ax 1959[6].

Pollux,	eigentlich Julius Polydeukes, aus Naukratis/Ägypten, 2. Jh. n. Chr., griech. Sophist und Lexikograph, Hauptwerk das *Onomastikón*, ein nach Sachgruppen geordnetes attisches Wörterbuch anhand älterer Literatur. – T: E. Bethe, 1900-37, ND. 1967, 3 Bde.
Polýainos	aus Makedonien, 2. Hälfte 2. Jh. n. Chr., Rhetor und Advokat, stellte anekdotenhaft ca. 900 Kriegslisten, sog. *Strategiká* aus der älteren, meist. griech. Literatur zusammen. – T: J. Melber, Leipzig 1887, Ü: W. H. Blume, Stuttgart 1838.
Polýbios	aus Megalopolis/Peleponnes, ca. 200-120 v. Chr., griech. Staatsmann und Historiker, 168 v. Chr. als Geisel nach Rom verbracht, Freund Scipios d. J. Sein Hauptwerk *Historiai* umfaßt 40 Bücher von 220-144 v. Chr., in denen er den Aufstieg Roms zur Weltmacht schildert. – T. Th. Büttner-Wobst, 1889-1904, 5 Bde., Kommentar F. Walbank 1957-1979, 3 Bde., Ü: H. Drexler, 1961- 63, 2 Bde.
Ps. Aristoteles	→ Aristoteles
Ps. Demokritos	→ Demokritos
Ps. Demosthenes	→ Demosthenes

R

RE	Realenzyclopaedie der classischen Altertumswissenschaft, herausg. G. Wissowa u. a., 1894ff.

S

Strábon	von Amaseia am Pontos, ca. 64 v. -19 n. Chr., schrieb außer einem historischen Werk eine Erdkunde (*Geographiké*) anhand älterer Quellen. – T, engl. Ü: H. J. Jones, J. R. S. Sterret, London 1917-32, deutsche Ü: A. Forbiger, 1856-62.
Suda	bedeutendes, aber anonymes Lexikon des 10. Jhs. aus Konstantinopel, mit ca. 30.000 (!) Artikeln, oft fälschlich mit einem Verfassernamen als Suidas zitiert. – T: A. Adler, 1928-38, 5 Bde., ND. Stuttgart 1967-71.

Sueton	Tranquillus, Gaius, ca. 70-140 n. Chr., röm. Schriftsteller, Verfasser von Biographien berühmter Männer und der röm. Kaiser von Caesar bis Domitianus. – T, engl. Ü: J. C. Rolfe, London 1928-30, deutsche Ü: A. Lambert, Zürich 1963[2].

T

Theópompos	von Chios, ca. 377-nach 323 n. Chr., griech. Rhetor und Historiker, verfaßte u. a. einen *Helleniká* = griech. Geschichte von 411-394 und 58 Bücher *Philippiká*, eine bis auf Fragmente verlorene Universalgeschichte der Zeit Philipps II. von Makedonien (356-336 v. Chr.) – T: → FGrHist. Nr. 115.
Thukydídes	von Athen, ca. 460-400 v. Chr., griech. Historiker, des Peleponnesischen Krieges (431-404) bis 411/10. – T: O. Luschnat, Leipzig 1954-60, Ü: G. P. Landmann, 1973[3].
Tímaios	von Tauromenion/Sizilien, 4./3. Jh. v. Chr., lebte über 50 Jahre in Athen und schrieb 38 Bücher über die Geschichte des griechischen Westens bis 272 v. Chr., erstmals chronologisch nach Olympiaden und den Amtsträgern in Athen und Sparta geordnet. Nur in Fragmenten erhalten. – T: → FGrHist. Nr. 115.

V

Vitrúvius,	Pollio (?), unter Caesar und Augustus in Rom als Architekt und Ingenieur lebend, verfaßte vor 31 v. Chr. (25 v. Chr.?) 10 Bücher *de architectura*, das einzige Werk aus der Geschichte über Baukunst und Ingenieurwesen. T, Ü: C. Fensterbusch, Darmstadt 1964.

Z

Zósimos	von Panopolis/Ägypten, Ende 3./4. Jh. n. Chr., Alchemist, schrieb ein nur z. T. erhaltenes Werk über Alchemie. – T: bei M. Berthelot, Collection des anciens alchimistes grecs, Paris 1888, S. 107.

II. Moderne Autoren

A

[anon.] 1964 Die Edelmetallanalyse. Berlin, Heidelberg, New York, 1964.

[anon.) 1974 Chemisches Färben von Kupfer und Kupferlegierungen. Deutsches Kupferinstitut. Berlin, 1974.

[anon.] 1985 Tem Kenkyujyo, Japan, 1985 (ISBN 4-309-22114-9).

[anon.] 1993 Gold und Vergoldung bei Plinius d.Ä. Werkheft, hrsg. von der Projektgruppe Plinius. Tübingen, 1993.

[anon.] 1992 Gold. Mineral, Macht und Illusion. Kat. 500 Jahre Goldrausch, Ausstellung. München 1992.

[anon.] 1993 Die Welt der Metalle, hrsg. von der Metallgesellschaft AG. Frankfurt, 1993.

Agricola, G. 1546 De Re Metallica Libri XII, Bücher VII und X. Düsseldorf, 1977.

Alföldi, M.R. 1978 Antike Numismatik. 2 Bde. Mainz, 1978.

Allesch, R. 1959 Arsenik, seine Geschichte in Österreich. Klagenfurt, 1959.

Ashtor, E. 1971 Les metaux precieux et la balance des payments du Proche-Orient à la basse epoque. Paris, 1971.

Assimenos, K., Begemann, F., Doumas, C.U.A. 1983 Beiträge zur Herkunft prähistorischen Bleis und Silbers aus der Ägäis, Max-Planck-Institut für Kernphysik. Heidelberg 37, 1983.

Aulock, H. von 1957–1968 Sylloge Nummorum Graecorum, Sammlung H. von Aulock, Berlin 1957–1968 (18 Bde.), Nachdr. West Milford (USA) 1987.

B

Babelon, E. 1901 Traité des Monnaies Greques et Romaines, Vol. I–II, 4. Paris, 1901–1926.

Bachmann, H.G., Bodenstedt, F. 1978 Eine phokäische Stempelvorlage aus dem 6. Jahrhundert v. Chr. Numism. Zeitsch. 92, 1978, S. 3–9.

Bachmann, H.G. 1982 Archäometallurgische Untersuchungen zur antiken Silbergewinnung in Laurion. Erzmetall 35, 1982, S. 246–251.

Balog, P. 1955 Notes on Ancient and Medieval Minting Technique. Numism. Chron. 1955, S. 195 ff.

Barnes, J.W. 1973 Ancient Clay Furnace Bars from Iran. Bulletin of the Historical Metallurgy Group 7 Nr. 2, 1973, S. 8–17.

Barwell, F.T. 1980 Tribology in Metal Working; Developments in Perspective. Institution of Mechanical Engineers / Tribology Group (Proc. Conf.) 5, 1980, S. 51–63.

Bass, G.F. 1967 Cape Gelidonya: A Bronze-Age Shipwreck. Trans. Am. Philos. Soc. 57, 1967, S. 22–122.

Baylay, J. 1982 Roman Brass Making in Britain. Journal of the History of Metals Soc. 18(1), 1982, S. 42–43.

Bayley, J. McDonell, G. 1990 Litharge Cakes as Evidence for Silver Refining. Int. Symp. on Archeometry. Heidelberg 1990, Poster 131.

Bengtson, H. 1962 Die Staatsverträge des Altertums. München, 1962.

Bernal, J.D. 1970 Wissenschaft. Science in history II. Reinbek bei Hamburg, 1970.

Berthelot, M., Rouelle, C.E. 1987 Collection des Ancien Alchemistes Grecs. Paris, 1987, I, S. 19–73.

Biringuccio 1540/1925 Biringuccio's Pirotechnica, übersetzt und erläutert von O. Johannsen. Braunschweig, 1925.

Bishop, M.C. 1985 The Military Fabricae and the Production of Arms in the Early Principate. BAR International Series 275, 1985, S. 1–42.

Blanderer, J. 1952 Die Verarbeitung des Glanzmetalls. Erzmetall 5, 1952, S. 90.

Bodenstedt, F. 1976 Phokäisches Elektron-Geld von 600 – 326 v. Chr. Mainz, 1976.

Bodenstedt, F. 1981 Die Elektronmünzen von Phokaia und Mytilene. Tübingen, 1981.

Brill, R.H, Shields, W.R. 1972 Lead Isotopes in Ancient Coins. Royal Numism. Soc. Spec. Publ. 8, 1972_2, S. 279–303.

Burnett, A.M., Hook, D.R. 1989 The Fineness of Silver Coins in Italy and Rome during the Late Forth and Third Centuries B.C.. Quaderni ticinesi di numismatica e antichita classiche, 18, 1989, S. 151–167.

C

Cahn, H.A.	1944	Die Münzen der sizilischen Stadt Naxos. Basel, 1944.
Caley, E.R.	1926	The Leyden Papyrus X. Journ. Chem. Education 1926, S. 1149–1166.
Caley, E.R.	1962	Investigations on the Origin and Manufacture of Orichalcum. 3rd Symp. on Arch. Chem., hrsg. Levey, Univ. Pennsylvania Press 1962, S. 59 ff.
Caley, E.R.	1963	Orichalcum and Related Ancient Alloys. The American Numism. Society New York. Num. Notes and Monographs 151, 1963.
Caley, E.R.	1964	The Analysis of Ancient Metals. Oxford, 1964.
Campbell, W.	1932	Greek and Roman Plated Coins. The American Numism. Society New York, Numism. Notes and Monographs 51, 1933.
Carradice, I.A., Cowell, M.R.	1980	An Analysis of Roman Silver Coins of the Flavian Family; A.D. 80–85. Metallurgy in Numismatics I, 1980, S. 168–173.
Carter, G.F., Kimiatek, M.H.	1978	Comparison of Surface with Interior of eight Roman Copper-Based Coins. Archaeo Physica 10, 1978, S. 82 ff.
Carter, G.F., King, C.E.	1980,1	Chemical Composition of Copper Based Roman Coins, IV: Tiberius to Nero. Metallurgy in Numismatics I, 1980, S. 157–167.
Carter, G.F., Theodory, E.S.	1980,2	Chemical Composition of Copper-Based Roman Coins: Colonial Coins of Cesarea Cappadocia. Scientific Studies in Numismatics, London, 1980, S. 66 ff.
Carter, G.F.	1982	Chemical Compositions of Copper-Based Roman Coins, VIII. Israel Numism. Journal 6–7, 1982–1983, S. 22–38.
Carter, G.F.	1990	Estimation of the Number of Work Stations (Anvils) for the Production of Ancient Coins. Int. Symp. on Archaeometry, Heidelberg, 1990, Nr. 134.
Chaziteodorou, G.	1974	Der Bergbau auf Thasos. Glückauf 110, 1974, S. 574 ff.
Condamin, J., Picon, M.	1972	Changes Suffered by Coins in the Course of Time and the Influence of these on the Results of Different Methods of Analysis. Methods of Chemical and Metallurgical Investigation of Ancient Coinage. E.T.Hall, D.M. Metcalf (eds.), Royal Numism. Soc. Spec. Publ. 8, London 1972, S. 49–66.
Conophagos, C.E.	1960	A Forgotten Method of Cupellation of Argentiferous Lead Employed by the Ancient Greeks, Ann. Geol. Pays Helleniques 11, 1960, S. 137–149.
Conophagos, C. Badecca, H. Tsaimou, C.	1976	La technique athenienne de la frappe des monnaies à l'epoque classique. Nomismatika Chronika IV, 1976, S. 4–33.
Cope, L.H.	1972,1	Surface-Silvered Ancient Coins. Methods of Chemical and Metallurgical Investigation of Ancient Coinage. E.T. Hall, D.M. Metcalf (eds.), Royal Numism. Soc. Spec. Publ. 8, London 1972, S. 261–279.
Cope, L.H.	1972,2	The Metallurgical Analysis of Roman Silver and Aes Coinage. Methods of Chemical and Metallurgical Investigation of Ancient Coinage. E.T. Hall, D.M. Metcalf (eds.), Royal Numism. Soc. Spec. Publ. 8, London 1972, S. 3–48.
Cope, L.H.	1972,3	The Complete Analysis of a Gold Aureus by Chemical and Mass Spectrometric Techniques. Methods of Chemical and Metallurgical Investigation of Ancient Coinage. E.T. Hall, D.M. Metcalf (eds.). Royal Numism. Soc. Spec. Publ. 8, London 1972, S. 307–313.
Cowell, R., Lowick, M.	1988	Silver from the Panjhir Mines. Metallurgy in Numismatics II, 1988, S. 65–73.
Craddock, P.T., Burnett, A.M., Preston, K.	1980	Hellenistic Copper-Base Coinage and the Origin of Brass. Brit. Mus. Occas. Papers 18, London, 1980.
Craddock, P.T., Freestone, I.C., Gale, N.H.	1985	The Investigation of a Small Heap of Silver Smelting Debris from Rio Tinto, Huelva, Spain. Brit. Mus. Occas. Papers 48, 1985, S. 199–218.
Craddock, P.T., Hughes, M.J.	1985	Furnaces and Smelting Technology in Antiquity. London, 1985.
Craddock, P.T., Freestone, I.C. et al.	1987	Recovery of Silver from Speiss at Rio Tinto (SW Spain). IAMS 10/11, 1987, S. 8–10.

Craddock, P.T. 1987 The early History of Zinc. Endeavour 11,(4), 1987, S. 183–192.

Crawford, M.H. 1974 Roman Republican Coinage. Cambridge, 1974.

Crawford, M.H. 1981 Geld und Austausch in der römischen Welt, Wege der Forschung 552, Darmstadt 1981 = Journ. of Roman Studies 60, 1970.

Cüppers, H. 1968 Vier Prägestempel der Trierer Münze aus der Mosel. Trierer Zeitschrift 31, 1968, S. 209–221.

Cüppers, H. 1984 (Herausg.) Trier, Kaiserresidenz und Bischofssitz. Mainz 1984.

D

Darling, A.S., Healy, J.F. 1971 Microprobe Analysis and the Study of Greek Gold-Silver-Copper alloys. Nature 231, 1971, S. 443–444.

Davies, O. 1935 Roman Mines in Europe. Oxford, 1935.

Delamare, F., Montmitonnet, P., Morrisson, C. 1988 A Mechanical Approach to Coin Striking. Metallurgy in Numismatics II, 1988, S. 41–53.

Denaro, V.F. 1963 Dutch Coins and Maltese Countermarks. Numism. Chron. 3, 1963, S. 149–155.

Drescher, H. 1974 Beobachtungen und Versuche zur Herstellung römischer Münzgußformen. Berichte der staatlichen Denkmalspflege im Saarland, 21, 1974, S. 95–99.

Domergue, C.(Hrsg.) 1989 Mineria y metalurgia en las Antiguas Civilizaciones Mediterraneas Europeas, Colloqium Madrid 1985, 2 Bde. Madrid, 1989.

Domergue, C. 1990 Les Mines de la Peninsule Iberique dans l'Antiquité Romaine. Ecole Francaise de Rome, 1990.

Dörpfeld, W. 1902 Troja und Ilion. Athen, 1902. (Silberfunde auf S. 327–366).

Dutrizac, J.E., O'Reilly, J.B. 1984 The Origin of Zinc and Brass. Canadian Mining and Metallurgy Bulletin 77, 1984, S. 69–73.

E

Egg, E. 1964 Schwaz ist aller Bergwerke Mutter. Der Anschnitt 16, 1964, S. 3,3 ff.

Egg, E. 1963 Das Schmelzbuch des Hans Stöckl. Der Anschnitt 15, 1963, S. 2,3 ff.

Eluere, C., Raub, Ch.J. 1990 New Investigation on Early Gold Foil Manufacture. Archaeometry'90, 1990, S. 45–54. Basel, 1990.

Ercker, L., Beierlein, P.R. 1968 Ercker, Lazarus: Drei Schriften, bearbeitet und eingeleitet von P.R. Beierlein, hrsg. von H. Winkelmann. Bochum, 1968.

Evans, J. 1864 Coins of the Ancient Britons. London, 1864.

F

Forbes, R.J. 1940 Silver and lead in antiquity. Journal ex Oriente lux 7, 1940, S. 489–542.

Forbes, R.J. 1950 Metallurgy in Antiquity. London, 1950.

Forbes, R.J. 1967 Bergbau, Steinbruchtätigkeit und Hüttenwesen, Archaeologica Homerica. Göttingen, 1967.

Forbes, R.J. 1972 Studies in Ancient Technology, VII–IX, Leiden 1966–1972[2].

Franke, P.R. 1958 Dokumente zur Lebensgeschichte des Münzfälschers C.W. Becker. Schweiz. Münzbl. 8. 1958, S. 33–39.

Franke, P.R. 1961 Die antiken Münzen von Epirus. Wiesbaden, 1961.

Franke, P.R., Hirmer, M. 1972 Die griechische Münze. München, 1972[2].

Franke, P.R. 1975 Zur Verwendungsdauer römischer Medaillonstempel. Chiron 5, 1975, S. 407–410.

Franke, P.R. 1984 Bergbau und Münzprägung. Die Edelmetallgewinnung als Voraussetzung allgemeinpolitischer und wirtschaftspolitischer Entwicklungen. Mitt. Freunde TU Clausthal, 57, 1984, S. 17–23.

Franke, P.R. 1990 Zum Umfang der Gold- und Silberproduktion im Hellenismus. Deutsches Archäologisches Institut, Akten des XIII. Internationalen Kongresses für klassische Archäologie Berlin 1988. Mainz, 1990.

Franke, P.R. 1991 Einige Beispiele für die Auswertung von Münzfunden, Nordisk Numismatisk Årsskrift 1991, S. 19–34. (Festschr. F.K. Skaere).

Franke, P.R. 1994 Das Ende der Münzprägung der thrakischen Stadt Maroneia. Akten des 2. Internat. Thrakien-Symposions 1991. Thessaloniki, 1995.

Fritze, H. von 1912 Die Elektronprägung von Kyzikos. Nomisma 7, 1912, S. 1–38.

Furtwängler, A. 1986 Neue Beobachtungen zur frühesten Münzprägung. Schweiz. Numism. Rundschau 65, 1986, S.
153 ff.

G

Gale, N.H., 1980 Mineralogical and Geographical Silver Sources of
Gentner, W., Archaic Greek Coinage. Metallurgy in Numisma-
Wagner, G.A. tics 1, 1980, S. 3–49.

Gale, N.H. 1981,1 Cycladic Lead and Silver Metallurgy. Annual of
Stos-Gale, Z.A. the British School at Athens 1981, S. 184–221.

Gale, N.H., 1981,2 Ancient Egyptian Silver. The Journal of Egyptian
Stos-Gale, Z.A. Archaeology 67, 1981, S. 103–115.

Gale, N.H. 1982 Thorikos-Perati and Bronze Age Silver Production in the Laurion-Attica. Studies in South Attica
1. Gent 1982, S. 97–103.

Gale, N.H., 1988 The archaic Thasian silver coinage. Antike Edel- u.
Picard, O., Buntmetallgewinnung auf Thasos, hrsg. von G.
Barrondon, C. Wagner, G. Weisgerber. Bochum, 1988, S.
212–223.

Gentner, W. 1977 Naturwissenschaftliche Untersuchungen an einem
archaischen Silberschatz. Jahrbuch der Max-
Planck-Gesellschaft 1977.

Gentner, W., 1978 Silver Sources of Archaic Greek Coinage. Die Na-
Müller, O., turwissenschaften 65, 1978, S. 273–284.
Wagner, G.A.

Gentner, W. 1981 Wolfgang Gentner, Schriften und Vorträge zur
Archäometrie 1976 bis 1980. Max Planck-Institut
für Kernphysik. Heidelberg, 1981.

Gerin, D. 1993 Techniques of Die-engraving: Some Reflections
on Obols of the Arcadian League in the 3rd Century B.C., Metallurgy in Numismatics 3, 1993, S.
20–27.

Gialoglou, G., 1988 Die antiken Blei- u. Silberbergwerke auf Thasos.
Vavelidis, M. Antike Edel- u. Buntmetallgewinnung auf Thasos.
Bochum, 1988, S. 75–87.

Gilmore, G.R., 1980 The Alloy of the Northumbrian Coinage in the
Metcalf, D.M. Mid- Ninth Century. Metallurgy in Numismatics
1, 1980, S. 83–98.

Göbl, R. 1968 Der Bericht des Religionsstifters Mani über die
Münzherstellung. Versuch einer Analyse. S. B.
Österr. Akad. D. Wiss. Phil. Hist. Klasse 1968,
S.113 ff.

Göbl, R. 1973 Typologie und Chronologie der keltischen Münzprägung in Noricum. Wien 1973.

Göbl, R. 1978 Antike Numismatik. München, 1978.

Göbl, R. 1994 Die Hexadrachmenprägung der Gross-Boier.
Wien 1994.

Gordus, A.A. 1972 Neutron Activation Analysis of Coins and Coin-
streaks.
Methods of Chemical and Metallurgical Investigation of Ancient Coinage. E.T. Hall, D.M. Metcalf
(eds.). London, 1972, S. 127–148.

Gordus, A.A., 1980 Neutron Activation Analysis of the Gold Coina-
Metcalf, D.M. ges of the Crusader States. Metallurgy in Numismatics I, 1980, S. 119–150.

Grimwade, M. 1980 Grundzüge der Metallurgie für Goldschmiede.
Aurum 1, 1980, S. 26–31.

H

Hackens, T. 1969 La circulation monétaire dans la Béotie hélleni-
stique: tresors de Thébes 1935 et 1965. Bulletin
Corresp. Hellen. 93, 1969, S. 701–729.

Hall, E.T., Metcalf 1972 Methods for Chemical and Metallurgical Investi-
D.M. (Hrsg.) gation of Ancient Coinage. Royal Numism. Soc.
Special Publication 8, London, 1972.

Hansen, M. 1958 Constitution of Binary Alloys. New York, Toron-
to, London, 1958.

Hammer, P., 1982 Metallurgische Untersuchung römischer Denare
Klemm, H. mit Schlußfolgerungen auf die Herstellung. Ztschr.
f. Archäologie 16, 1982, S. 53–93.

Hammer, P. 1992 Metall und Münze. Leipzig, 1992.

Hanfmann, M.A. 1972 Letters from Sardis. Harvard Univ. Press, Cambridge, Mass., 1972.

Hanfmann, M.A., 1970,1 Excavations at Sardis. Bull. of the American
Waldbaum, J. Schools of Oriental Research 199, 1970, S. 18
ff.

Hanfmann, M.A., 1970,2 New Excavations at Sardis and some Problems of
Waldbaum, J.C. Western Anatolian Archaeology, Section III, Gold
Production at Sardis and the Wealth of Croesus.

		Near Eastern Arch. in the Twentieth Century, Garden City New York, 1970, S. 310–315.
Harrison, F.A.	1931	Ancient Mining Activities in Portugal. Mining Magazine 45, 1931, S. 137–145.
Hartmann, A.	1976	Ergebnisse spektralanalytischer Untersuchungen an keltischen Goldmünzen aus Hessen und Süddeutschland. Germania 54, 1976, S. 102–134.
Hartmann, A.	1985	Über Materialanalysen an Goldmünzen der keltischen Bojer. Jahrbuch des römisch-germanischen Zentralmuseums Mainz 32, 1985, S. 660–674.
Hauptmann, A., Pernicka, E.	1988	Untersuchungen zur Prozeßtechnik und zum Alter der frühen Blei-Silbergewinnung auf Thasos. Antike Edel- und Buntmetallgewinnung auf Thasos. Bochum, 1988, S. 88–112.
Healy, J.F.	1978	Mining and Metallurgy in the Greek and Roman World. London, 1978.
Healy, J.F.	1980	Greek White Gold and Electrum Coin Series. Metallurgy in Numismatics 1, London, 1980, S. 194 ff.
Healy, J.F.	1993	Mint Praxis at Mytilene: Evidence for the Use of Hubs. Metallurgy in Numismatics 3, London 1993, S. 7–19.
Heinrich, G.	1986	Das Erzgebirge von Laureion und seine Silberbergwerke. Studien zur alten Geschichte, I (Festschrift S. Lauffer) Rom 1986, S. 397–411.
Herodot	1974	Geschichten und Geschichte, übersetzt von W. Marg. Zürich, München, 1974.
Hetherington, R.	1980	Investigations into Primitive Lead Smelting and its Products. Brit. Mus. Occas. Papers 17, 1980, S. 27–40.
Hill, G.F.	1922	Coining Methods in Antiquity. Numism. Chronicle, 1922, S. 6 ff.
Hill, G.F.	1924	Becker the Counterfeiter, London 1924, Nachdr. 1955.
Hildebrand, L., Mohr, H.	1985	Der Bergbau bei Wiesloch. Über 2000 Jahre Silber-, Blei- und Zinkgewinnung. Lapis, 10, 1985, Heft 12, S. 15–22.
Hommel, H.	1965	Ein antiker Bericht über die Arbeitsgänge der Münzherstellung. Schweiz. Münzbll. 1965, S. 111 ff. und 1966, S. 133 ff.
Hörbe, R., Knacke, O.	1959	Dampfdruckkurve, Siedepunkt und Dissoziation des Bleioxids. Erzmetall 12, 1959, S. 321.
Hughes, M.J.	1980	The Analysis of Roman Tin and Pewter Ingots. Aspects of Early Metallurgy, London 1980, S. 41–50.
Hunt, L.B.	1976	The Oldest Metallurgical Handbook. Gold Bulletin 9, 1976, S. 24–31. I, J
Işik, E.	1992	Elektronstatere aus Klazomenai. Der Schatzfund von 1989. Saarbrücken 1992.
Jenkins, G.K., Lewis, R.B.	1963	Carthaginian Gold and Electrum Coins. Royal Numism. Soc. Spec. Publ. No. 2, London, 1963.
Joel, E.C.	1982	The Laurion Silver Mints: A Review of Recent Researches and Results. Greece and Rome 29, 1982, S. 169 ff.
Joel, E.C., Schrenk, J.L.	1990	Lead Isotope Studies of Benin Bronzes and Comparative Samples. Int. Symp. on Archaeometry, Heidelberg, 1990, Nr. 48.
Jones, J.E.	1980	The Laurion Silver Mines, a Review of Recent Researches and Results. Greece amd Rome 29, 1980, S. 169–183.
Jones, J.E.	1984	Ancient Athenian Silver Mines, Dressing Floors and Smelting Sites. Journ. of the Hist. Metallurgy Soc. 18, 1984, S. 65–81.
Jones, J.E.	1985	Laurion, Agrileza, 1977–1983. Excavations at a Silver-mine Site. Archaeological Reports London 31, 1984–85, S. 106–123.

K

Kalcyk, H.	1982,1	Das Münzsilber der attischen Tetradrachmen des neuen Stils. Numism. Nachrichtenblatt 31, 1982, S. 242–246.
Kalcyk, H.	1982,2	Untersuchungen zum attischen Silberbergbau. Gebietsstruktur, Geschichte und Technik. Europäische Hochschulschriften, Reihe III, 160, 1982.
Kalcyk, H.	1985	Der Silberbergbau von Laurion in Attika. Antike Welt 14, 3, S. 12–29.
Kaletsch, H.	1958	Zur lydischen Chronologie. Historia 7, 1958, S. 1–47.

Karageorghis, V., Gale, N.H. Stos-Gale, Z.A.   1983   Two Silver Ingots from Cyprus. Antiquity 57, 1983, S. 351–357.

Keesman, I.   1990   Naturwissenschaftliche Untersuchungen zur antiken Silbergewinnung in Südwestspanien. Int. Symp. on Archeaometry. Heidelberg, 1990, Nr. 142.

Kent, J.P.C.   1972   Gold Standards of the Merowingian Coinage. Methods of Chemical and Metallurgical Investigation of Ancient Coinage. E.T.Hall, D.M. Metcalf (eds.). London 1972, S. 69–74.

Klemm, D., Klemm, R.   1989   Vortrag beim Kolloqium «La decouverte du métal», St. Germain en Laye, 1989.

Knudtzon, C.   1915   Die El Amarna-Tafeln. Vorderasiatische Bibliothek II. Leipzig, 1915.

Kohlmeyer, E.J., Hennig, H.   1954,1   Über das Verhalten von Sauerstoff zu Silber-Blei-Legierungen. Erzmetall 7, 1954, S. 153.

Kohlmeyer, E.J., Hennig, H.   1954,2   Über die Löslichkeit von Silberoxid in Kupfer- und Bleioxid-Schmelzflüssen. Erzmetall 7, 1954, S. 330.

Kraay, C.M., Emeleus, V.M.   1962   The Composition of Greek Silver Coins. Oxford, 1962.

Kraay, C.M.   1976   Archaic and Classical Greek Coins. London, 1976.

Krauss, P., Lombard, P., Potts, D.   1983   The Silver Hoard from City IV, Qala'at al Bahrain Dilmun. Berlin, 1983, S. 161–166.

L

Lauffer, S.   1979   Die Bergwerks-Sklaven von Laureion. Forschungen zur antiken Sklaverei Bd. XI, Mainz, 1972[2].

Lauffer, S.   1980   Der antike Bergbau von Laurion in Attika. Journ. f. Gesch. 2, 1980, Heft 4, S. 2–6.

La Niece, S.   1993   Technology of Silver-Plated Coin Forgeries. Metallurgy in Numismatics 3, London 1993, S. 227–239.

Laurent, J.M., Tamain, G.   1973   L'antique mine d'argent du «Ouinto del Hierro» à Almadenejos (Ciudad Real/Espagna). Actes du 98. Congres National des Societes Savantes Saint-Etienne. Paris, 1973.

Lechtmann, H.   1971   Ancient Methods of Gilding Silver: Examples from the Old and New Worlds. Science and Archaeology, R.H. Brill (ed.). Cambridge, Mass., 1971, S. 2–30.

Le Rider, G.   1977   Le monnayage d'argent et d'or de Philippe II, frappé en Macedoine de 359 à 294. Paris, 1977.

Le Rider, G.   1982   Die Münzprägung Philipps II. und die Minen im Pangaion-Massiv. Ein Königreich für Alexander, hrsg. von M.B. Hatzopoulos und L. Loukopoulou. Bergisch Gladbach, 1982.

Levey, M.   1959   Chemistry and Chemical Technology in Ancient Mesopotamia. London, 1959.

Levey, M.   1967   Medieval Arabic Minting of Gold and Silver Coins. Chymia 12, 1967, S. 3–14.

Lewis, D.M. (Hrsg.)   1968   Essays in Greek Coinage presented to Stanley Robinson. Oxford, 1968.

Lippmann, E.O. von   1913   Chemische Papyri des 3. Jahrhunderts. Chemiker-Zeitung 37, 1913, S. 933–944.

Lupu, N.   1964   Die Münze in der dakischen Burg von Tilişca. Forsch. z. Volks- und Landeskunde (Sibua/ Rumän.) 1964, S. 5 ff.

Lupu, N.   1967   Aspekte des Münzumlaufs im vorböhm. Dakien. Jahrb. f. Num. 1967, S. 1 ff.

M

Mannsperger, D.   1992   Das Gold Troias und die griechische Goldprägung im Bereich der Meerengen. Troia, Brücke zwischen Orient und Occident. Tübingen, 1992.

Marechal, J.R.   1962   Zur Frühgeschichte der Metallurgie. Considerations sur la Metallurgie Prehistorique. Otto Junker GmbH, Lammersdorf, Aachen.

McKerrell, H., Stevenson, R.B.K.   1972   Some Analyses of Anglo-Saxon and Associated Oriental Coinage. Methods of Chemical and Metallurgical Investigation of Ancient Coinage. E.T. Hall, D.M. Metcalf (eds.). Royal Numism. Soc. Spec. Publ. 8, London 1972, S. 195–209.

Marinou, G.P., Petraschek, W.E.   1956   Laurium. Geological and Geophysical Research. Inst. for Geology and Subsurface Research IV, 1,

Athen, 1956 (neugriech. mit engl. Zusammenfassung).

Meyer, J. 1986 Visit to a Celtic Mint. Roman Coins and Culture 2, 1986, S. 4–25.

Meyers, P., Zelst, L., Sayre, E.V. 1973 Determination of Major Components and Trace Elements in Ancient Silver. J. Radioanal. Chem. 16, 1973, S. 67–78.

Moesta, H. 1983

Moesta, H. 1986 Erze und Metalle – Kulturgeschichte im Experiment. Berlin, Heidelberg, New York, 1986[2].

Moesta, H. 1993 Einige mikroskopische Beobachtungen an römischem Münzmessing aus Kleinasien. Blesa, Veröffentlichungen des Europäischen Kulturparks I, Festschrift für Jean Schaub, 1993, S. 461–464.

Mørkholm, O. 1976 A Ptolemaic Coin Hoard Paphos I. Nicosia, 1976.

Mørkholm, O. 1991 Early Hellenistic Coinage (336–188 B.C.), Cambridge 1991.

Morral, F.R. 1983 Antimony: A Chronology – about 4000 BC to 1982. Canadian Mining and Metallurgical Bulletin 76, 1983, S. 170–174.

Morral, F.R. 1984 Mercury: A Historical Review. Canadian Mining and Metallurgy Bulletin 77, 1984, S. 80–85.

Morrisson, C. Barrandon, 1982 Comptes-rendus de l'Acad. des Inscript. et Belles-Lettres, Paris 1982, S. 203–223.

Morrisson, C. Barrandon, 1985 L'or monnaye: purification et alterions de Rom a Byzance. Cahiers a Babelon. 2, Paris-Valbonne 1985.

Morrisson, C. Barrandon, Poirier 1983 Nouvelles recherches sur l'histoire monetaire byzantine. Jahrb. d. Österr. Instituts für Byzantinistik 33, 1983, S. 267–286.

N

Naster, P., Hackens, T. 1972 Bibliographie commentee des analyses de laboratoires applicees aux monnaies greques, romains et celtiques. Royal Numism. Soc. Special Publ. 8, London 1972.

Naville, L. 1951 Les Monnaies d'or de la Cyrenaique. Genf, 1951.

Neuburger, A. 1919 Die Technik des Altertums. Leipzig, 1919[4].

Nibbi, A. 1985 Gold and Silver from the Sinai. Göttinger Miszellen. Beiträge zur ägyptologischen Diskussion 57 1985, S. 35–40.

Noe, S.P. 1927 The Coinage of Metapontium. Amer. Numism. Society, Numis. Notes and Monographs 32, 1927;47, 1931, 1984[2].

Noeske, H.-C. 1977 Studien zur Verwaltung und Bevölkerung der dakischen Goldbergwerke in römischer Zeit. Diss. Frankfurt, 1977 = Bonner Jahrb. 177, 1977, S 267 ff.

Noeske, H.-C. 1979 Die vier Arbeitsverträge der Siebenbürgischen Wachstafeln. Der Anschnitt 31, 1979, S. 114 ff.

Notton, J.H.F. 1974 Ancient Egyptian Gold Refining. Gold Bulletin 7, Nr. 2, 1974, S. 50–56.

O

Oddy, W.A. 1972 The Specific Gravity Method for the Analysis of Gold Coins.
Methods of Chemical and Metallurgical Investigation of Ancient Coinage, E.T. Hall, D.M. Metcalf (eds.). Royal Numism. Soc. Spec. Pub. 8, London 1972, S. 75–87.

Oddy, W.A., Padley, N.D., Meeks, N. 1978 Some Unusual Techniques of Gilding in Antiquity. Archaeo Physica 10, 1978, S. 230–234.

Oddy, W.A. 1980 The Gold Contents of Fatimid Coins reconsidered. Metallurgy in Numismatics I, S. 99–118. D.M. Metcalf, W.A. Oddy (eds.). London, 1980.

Oddy, W.A. 1983 Assaying in Antiquity. Gold-Bulletin 15, 1983, S. 52–59.

Oddy, W.A., Cowell, M.R. 1993 The Technology of Gilded Coin Forgeries. Metallurgy in Numismatics 3, Archibald und Cowell (eds.). London, 1993, S. 199–226.

Ogden, J.M. 1977 Platinum Group Metal Inclusions in Ancient Gold Artifacts. Hist. Metals II, 1977, S. 53–72.

Oikonomidou, M. 1992 Eine Münzprägestätte im antiken Pella. 5. Internat. Kongreß über das antike Makedonien, Bd. 2, S. 1143. Thessaloniki 1992 (neugriech.)

Otto, H., Witter, W. 1952 Handbuch der ältesten vorgeschichtlichen Metallurgie in Mitteleuropa. Leipzig, 1952.

Otto, H.   1957   Die chemische Untersuchung von gefälschten Bronzen aus mitteldeutschen Museen. Wiss. Zeitschr. Univ. Halle, VII, 1, 1957, S. 203–230.

Otto, H.   1959   Röntgen-Feinstrukturuntersuchungen an Patina-proben. Freiberger Forschungshefte 37, 1959, S. 66–77.

Otto, H.   1961   Über röntgenographisch nachweisbare Bestand-teile in Patinaschichten. Naturwissenschaften 48, 1961, S. 661–664.

Otto, H.   1963   Das Vorkommen von Connelit in Patina-Schich-ten. Naturwissenschaften 50, 1963, S. 16–17.

P

Paszthory, E.   1980   Investigations on the Early Elektrum Coins of the Alyattes type. Metallurgy in Numismatics I, London, 1980, S. 151–156.

Patterson, C.C.   1972,1   Silver Stocks and Losses in Ancient and Medieval Times. Econ. Hist. rev. 25, 1972, S. 218–219.

Patterson, C.C.   1972,2   Dwindling Stocks of Silver, and their Relevance to Studies of the Metal Contents of Silver Coinage. Methods of Chemical and Metallurgical Investigation of Ancient Coinage, E.T. Hall, D.M. Metcalf (eds.). Royal Numism. Soc. Spec. Publ. 8, London 1972, S. 149–152.

Paulsen, R.   1973   Die Münzprägung der Boier, 1933. Nachdruck Wien, 1973.

Perkins, J.P.   1973   Quarrying in Antiquity, Oxford, 1973.

Pernicka, E., Bachmann H.-G.   1983   Archäometallurgische Untersuchungen zur anti-ken Silbergewinnung in Laurion. Erzmetall 36, 1983, S. 592–597.

Pernicka, E., Wagner, G.A.   1985   Lead, Silver and Gold in Ancient Greece. An Ar-chaeometric Study. PACT 7, S. 419–425.

Peter, M.   1919   Die Technik des Altertums. Leipzig, 1919[4].

Picon, M., Guey, L.   1968   Monnaies d'argent fourrees fabriquees par trempa-ge. Bulletin de la Société France de Numism. 1968, S. 318–321.

Pick, B., Regling, K.   1898   Die antiken Münzen Nordgriechenlands. Band I, 1.2 Dakien und Moesien. Berlin 1898/1910.

Pink, K., Göbl, R.   1974,3   Einführung in die keltische Münzkunde, 1950, 1960[2], 3. erweit. Auflage Wien 1974.

Pollard, A.M., Thomas, R.G., Williams, P.A.   1990   The Corrosion of Copper Alloys; An extended Source of Archaeological Information. Int. Symp. on Archaeometry. Heidelberg, 1990.

Postel, R.   1969   Ein Stempel aus Kyzikos. Jahrb. f. Numism. 19, 1969, S. 41–46.

Price, M.J.   1974   Coins of the Macedonians. London 1974.

Price, M.J.   1980   The Uses of Metal Analysis in the Study of Archaic Greek Coinage: Remarks. Metallurgy in Numis-matics I, 1980, S. 50–54.

Price, M.J.   1991   The Coinage in the Name of Alexander the Great and Philip Arrhidaeus. London und Zürich 1991.

Q

Quiring, H.   1932   Vorgeschichtliche Studien in Bergwerken Südspa-niens. Ztschr. f. Berg-, Hütten- und Salinenwesen 83, 1932, S. 492–498.

R

Raistrick, A., Jennings, B.   1965   A History of Lead Mining in the Pennines. London, 1965.

Raub, Ch.J.   1983   Vergoldung in Vor- und Frühgeschichte. Jahresbe-richt der Fachvereinigung Edelmetalle. Düssel-dorf, 1983.

Raub, Ch.J.   1984   Untersuchung keltischer Schrötlingsformen von Breisach-Hochstetten. Keltische Numismatik und Archäologie, BAR-International Series 1984, S. 200 ff.

Raub, Ch.J.   1986   Was kann der Archäologe von der Metallkunde erwarten? Fundberichte Baden-Württemberg 10, 1986, S. 333–365.

Raub, Ch.J.   1991   How to Coat Objects with Gold; Plinius, Leiden, Mappae Claviculae and Theophilus. Symp. Int. Outils et Ateliers d'Orfevres. Paris, St.Germain en Laye, 1991.

Ravel, O.   1948   Les ‹poulains› de Corinthe II. London, 1948.

Raymond, D.   1953   Macedonian Regal Coinage to 413 B.C. New York 1953.

Riederer, J. 1974 Metallanalysen römischer Sesterzen. Jahrbuch f. Numismatik und Geldgeschichte, 24, 1974, S. 73–98.

Riederer, J. 1981,1 Kunstwerke chemisch betrachtet. Berlin, Heidelberg, New York, 1981.

Riederer, J. 1981,2 Bibliographie zu Material und Technologie kulturgeschichtlicher Silberobjekte. Berliner Beiträge zur Archäometrie 5,1981, S. 229–239.

Robinson, E.S.G. 1956 Some Early Nineteenth-Century Forgeries of Greek Coins. Numism. Chron. 1956, S. 15–18, Plate II.

Rom 1961 Atti des Intern. Numism. Kongress Rom 1961, II 1965, S. 107 ff.

Rosenthaler, A. 1981 Das Rätsel um die frühen griechischen Kleinsilbermünzen. Festschrift für H.A. Cahn. Basel, 1981, S. 97–102.

Rothenberg, B., Andrews, Ph., Keesmann, I. 1986 Monte Romero September 1986. The Discovery of an Unique Phoenician Silver Smelting Workshop. Institute for Archeometallurgical Studies, London 9, 1986, S. 1–4.

Rothenberg, B., Palemeno, F.G., Bachmann, H.-G. 1989 «The Rio Tinto Enigma». Mineria y Metalurgia en las Antiguas Civilizationes Mediterraneas y Europeas, Tomo 1, ed. C. Domergues, Madrid, 1989.

RIC 1923– The Roman Imperial Coinage, herausg. von H. 1994 Mattingly und Sydenham, 10 Bde., 1923–1994.

Rutter, N.K. 1979 Campanian Coinages 475–380 B.C., Edinburgh 1979.

S

Schaub, J., Hiller, F. 1979 Un Amor dans l'atelier de monnayage gallo-romain du Heidenkopf. Cahiers Sarregeminois 12, 1979.

Schaub, J. 1986 Production locale de monnaies d'immitation à Sarreinsming en Moselle (France) sou l'empire Gaulois. Studien zur klassischen Archäologie. Festschrift für Friedrich Hiller. Saarbrücken, 1986, S. 159–186.

Schneider, H. 1992 Einführung in die antike Technikgeschichte. Darmstadt, 1992.

Schnorrer-Köhler, C., Standfuss, L. 1982 Neue Schlackenminerale aus Laurion. Der Aufschluß, 33, 1982, S. 459–462.

Schwabacher, W. 1957 Zur Technik der Stempelherstellung in griech. Münzstätten klassischer Zeit. Actes Internat. Numism. Congr. Paris 1953. Paris, 1957, S. 521 ff.

Schwabacher, W. 1958 Zu den Herstellungsmethoden der griechischen Münzstempel. Schweiz. Münzbll. 1958, S. 57 ff.

Schwabacher, W. 1965 Zur Prägetechnik und Deutung der incusen Münzen Großgriechenlands. Atti Internat. Congr. Rom 1961. Rom, 1965, S. 107 ff.

Schwabacher, W. 1966 The Production of Hubs reconsidered. Numism. Chron. 1966, S. 41 ff.

Scott, D.A. 1986 Gold and Silver Alloy Coating over Copper. Archaeometry 28/1, 1986, S. 33–50.

Sellwood, D. 1963 Some Experiments in Greek Minting Technique. Numism. Chron. 1963, S. 217–231.

Sellwood, D. 1980,1 The Production of Flans for Byzantine ‹Trachy› Issues. Metallurgy in Numismatics I, London, 1980, S. 174–175.

Sellwood, D. 1980,2 Alterations in Mint Technology for the Edwardian Penny. Metallurgy in Numismatics 1, 1980, S. 178ff.

Seltman, Ch. 1921 The Temple Coins of Olympia. London, 1921.

Smith, C.S. 1973 An Examination of the Arsenic-Rich Coating on a Bronze Bull from Horoztepe. Application of Science in Examination of Works of Art, W.J. Young (ed.). Museum of Fine Arts, Boston, Mass., 1973, S. 96–102.

Sommerlatte, H.W.A. 1988 Messing und Zink, alte Berichte aus China und neuere Grabungen in Indien. Kultur und Technik 1, 1988, S. 46–52.

Spitzlberger, G. 1986 Das Pangaion und sein Bergbau im Altertum, Studien zur Alten Geschichte I. Festschrift S. Lauffer. Rom, 1986, S. 875–901.

Stannard, C. 1993 The Adjustment al marco of the Weight of Roman Republican Denarii Blanks by Gauging, Metallurgy in Numismatics 3, ed. Archibald and Cowell. London, 1993, S.45–70.

Steinberg, A. 1973 Joining Methods on Large Bronze Statues: Some Experiments in Archaeology.

		Applications of Science in Examination of Works of Art, W.J. Young (ed.). Boston, 1973, S. 103–138.
Sterner-Rainer, R.	1926	Einige Eigenschaften der Legierungen Au-Ag-Cu. Zeitsch. Metallkunde 18, 1926, S. 143.
Stos-Gale, Z.A., Gale, N.H.	1982	The Sources of Mycenaean Silver and Lead. Journal of Field Archaeology 9, 1982, S. 467–485.
Suhling, L.	1976	Der Seigerhüttenprozeß. Stuttgart, 1976.

T

Tarn, W.W.	1938	The Greeks in Bactria and India. Cambridge, 1938.
Theophilus	1983	Diversarium Artium Schedula, Drittes Buch. Nachdruck Stuttgart, 1983.
Thompson, F.C.	1956	The Use of the Microscope in Numismatic Studies. Numism. Chron. 16, 1956, S. 329–338.
Thompson, F.C.	1972	Hardness and Brittleness in Silver-Copper Alloys. Methods of Chemical and Metallurgical Investigation of Ancient Coinage. E.T.Hall, D.M. Metcalf (eds.). Royal Numism. Soc. Spec. Publ. 8, London, 1972, S. 67–68.
Thompson, F.C., Chatterjee, A.K.	1954	The Age-Embrittlement of Silver Coins. Studies in Conservation, 1, 1954, S. 115.
Tobey, L.B., Tobey, A.G.	1993	Experiments to Simulate Ancient Greek Coins. Metallurgy in Numismatics 3, ed. Archibald und Cowell, London 1993, S. 28–35.
Toll, Ch.	1968	Al Hamdani, Die beiden Edelmetalle Gold und Silber. Dissertation Uppsala, 1968.
Treister, M.J.	1988	Spectroanalytical Study of the Kingdom of Bosporus Bronze Coins. Bulletin of the Metals Museum 13. Sendai, 1988, S. 3–21.
Treister, M.J.	1990	About the Early Production of Zink in Parthia. Bulletin of the Metals Museum 15. Sendai, 1990, S. 33–40.
Trier	1984	Trier, Kaiserresidenz und Bischofssitz. Mainz, 1984.
Tylecote, R.F.	1962	Der Gebrauch früheisenzeitlicher Münz-Gußförmchen. Numism. Chron. 2, 1962, S. 101–109.
Tylecote, R.F.	1987	The Early History of Metallurgy in Europe. London-New York 1987.

| Tyler, Ph. | 1972 | Analysis of Mid-third-century Roman Antoniniani as Historical Evidence. Methods of Chemical and Metallurgical Investigation of Ancient Coinage. E.T. Hall, D.M. Metcalf (eds.). Royal Numism. Soc. Spec. Publ. 8, London, 1972, S. 249–260. |

U

| Unger, H.J. | 1987 | Das Pangaion. Ein altes Bergbauzentrum in Ostmakedonien. Prähist. Zeitschr. 62, 1987, S. 87–112. |

V

| Vermeule, C.C. | 1954 | Some Notes on Ancient Dies and Coining Methods. London, 1954. |
| Voigtländer, H. | 1992 | Die gegossene Münze. Numism. Nachrichtenblatt 1992, S. 226 ff. |

W

Wagner, G.A., Weisgerber, G.	1979	The Ancient Silver Mine at Ayos Sostis on Siphnos. Archaeophysica 10, 1979, S. 209–222.
Wagner, G.A., Gentner, W., Gropengießer, H., Gale, N.H.	1980	Early Bronze Age Lead-Silver Mining and Metallurgy in the Aegean: the Ancient Workings on Siphnos. Brit. Mus. Occas. Papers 20, 1980, S. 63–85.
Wagner, G.A., Pernicka, E.	1982	Blei und Silber im Altertum: Ein Beitrag zur Archäometrie. Chemie in unserer Zeit 16, 2, 1982, S. 47–56.
Wagner, G.A. (Hrsg.)	1985	Silber, Blei und Gold auf Sifnos. Prähistorische und antike Metallproduktion. Der Anschnitt, Beiheft 3, 1985, 242 S. Bochum, 1985.
Weidauer, L.	1975	Probleme der frühen Elektronprägung. Fribourg, 1975.
Weisgerber, G., Heinrich, G.	1983	Laurion – und kein Ende? Kritische Bemerkungen zum Forschungsstand eines der bedeutendsten antiken Bergreviere. Der Anschnitt 35, 6, 1983, S. 190–200.
Werz, U.	1994	Zu einer unbekannten Prägedarstellung. Schweiz. Münzbll. 1994, S. 71–76.

Westermark, U. 1961 Das Bildnis des Philetairos von Pergamon. Stockholm, Göteborg, Uppsala 1961.

Y

Yener, K.A. 1983 The Production, Exchange and Utilization of Silver, Lead Metals in Ancient Anatolia. A source identification. Anatolica 10, 1983, S. 1–12.

Young, J. 1973 The Fabulous Gold of the Pactolus Valley. Appl. of Science in Examination of Works of Art, Museum of Fine Arts. Boston, 1973.

Z

Zwicker, U., Hedrich, D., Kalsch, E., Stahl, B. 1968 Untersuchungen über Plattierungen antiker Münzen mit Hilfe der Metallographie, der Spektral- und Mikroröntgenfluoreszenzanalyse. Der Münzsammler Berichte 43, 1968, S. 371–380.

Zwicker, U. 1973 Untersuchungen an goldplattierten keltischen und griechischen Münzen. Jahrb. für Numismatik und Geldgeschichte 23, 1973, S. 115–116.

Zwicker, U. 1979 Verteilung metallischer Elemente in Patina-Schichten. Microchimica Acta Wien, Suppl. 8, 1979, S. 393 ff.

Zwicker, U. 1983 Die Münzmetalle, numismatische und metallurgische Probleme am Beispiel antiker und mittelalterlicher Münzen. Mitt. Freunde der TU. Clausthal 56, 1983, S. 37–44.

Zwicker, U. 1984 Metallographische und analytische Untersuchungen an keltischen Münzen. Keltische Numismatik und Archäologie, BAR International Series 200, 1984, S. 484–512.

Zwicker, U., Greiner, H.U. 1985 Smelting, Refining and Alloying of Copper and Copper Alloys in Crucibles. Brit. Mus. Occas. Paper 48, 1985, S. 103–115.

Zwicker, U., Breme, J. 1986 Legierungsentwicklung in der mittelalterlichen Stadt Nürnberg am Beispiel des Messings. Symposium «Archäometallurgie von Kupfer und Eisen in Westeuropa». Mainz, 1986.

Zwicker, U. (Hrsg.) 1991 Lehrstuhl Werkstoffwissenschaft (Metalle) der Friedrich Alexander Universität. Erlangen-Nürnberg, 1991 (zahlreiche Untersuchungsberichte und Literatur).

Zwicker, U. 1993 Metallography and Analytical Investigations of Silver and Aes Coinage of the Roman Republic. Proceedings of the 11. Intern. Numism. Congr. Brussels, 1991, II (1993), S. 73 ff.